EL CEREBRO EN EQUILIBRIO

CAMILLA NORD

EL CEREBRO EN EQUILIBRIO

La ciencia de la salud mental

Traducción de Montserrat Asensio

PAIDÓS Divulgación

Título original: *The Balanced Brain*, de Camilla Nord

1.ª edición, enero de 2025

© Camilla Nord, 2023
© de la traducción, Montserrat Asensio Fernández, 2025
© de todas las ediciones en castellano,
Editorial Planeta, S. A., 2025
Paidós es un sello editorial de Editorial Planeta, S. A.
Avda. Diagonal, 662-664
08034 Barcelona, España
www.paidos.com
www.planetadelibros.com

ISBN: 978-84-493-4323-0
Fotocomposición: Realización Planeta
Depósito legal: B. 22.656-2024
Impresión y encuadernación en Huertas Industrias Gráficas, S. A.

Impreso en España – *Printed in Spain*

A RPL

SUMARIO

PRIMERA PARTE
EL CEREBRO COMO ARQUITECTO DE LA SALUD MENTAL

SEGUNDA PARTE
EL CEREBRO Y CÓMO MEJORAR LA SALUD MENTAL

La alegría es una de las mayores locuras humanas.

Zadie Smith

¿CUÁNDO FUE LA ÚLTIMA VEZ QUE SENTISTE ALEGRÍA PURA?

Tenía veintinueve años cuando me casé en un bosquecillo a las afueras de Cambridge en verano de 2019. Fue por los pelos. Solo un año después, cuando los compromisos de matrimonio entre mis amistades en la treintena habían alcanzado cotas máximas, las bodas se cancelaron, se pospusieron o contaron tan solo con la presencia de los testigos, debido a la pandemia. De todos modos, la noche anterior a mi boda también presagié la posibilidad de una catástrofe, aunque de una escala objetivamente mucho menor: empezó a llover sin parar. A las dos de la madrugada, la lluvia había adquirido proporciones bíblicas y me trasladé al dormitorio de invitados, donde pasé la noche en vela y con náuseas por la ansiedad que me producía imaginar las mesas, las sillas, las pacas de paja y los sofás que habíamos dispuesto en el bosque empapados y a mi familia y a mis suegros cubiertos de barro hasta las cejas y no muy dispuestos a mostrarse compasivos, dada nuestra imprudente decisión de celebrar una boda al aire libre durante el verano británico.

Sin embargo, al mediodía siguiente no quedaba ni rastro de la tormenta en el bosque. La luz del sol se filtraba entre las hojas de los árboles e iluminó los cráneos de familiares que, durante años, había creído que no asistirían a mi boda. Miré a mi mujer y, durante las diez horas que siguieron y hasta que me dormí (en un sueño profundo y sin interrupciones), no sentí otra cosa que alegría pura. No tengo ni idea de si esa noche llovió o no.

La alegría es efímera e imposible de cuantificar. Es rara e inesperada por naturaleza y señala algo extraordinario, algo muchísimo mejor de lo que anticiparíamos en nuestra vida cotidiana. La mayoría de los días no consisten en experiencias singulares que nos llenan de alegría, sino que tienen cosas buenas y malas, elementos predecibles e impredecibles, éxitos sorprendentes y pérdidas imprevistas. *El cerebro en equilibrio* trata de cómo el cerebro construye nuestra experiencia de salud mental aprendiendo a predecir la información compleja y cambiante del mundo que nos rodea.

El placer es una experiencia más cotidiana que la alegría. En general, sentimos placer al menos una vez al día.[1] Algunos investigadores creen que el placer es una manera concreta de pensar acerca de nuestra idea de bienestar, un término que normalmente se define dividiéndolo en dos categorías básicas: la primera, sentirse bien en un momento dado; la segunda, sentirse bien respecto a la vida en general. Es habitual referirse a estas dos categorías usando términos aristotélicos: Aristóteles llamó «hedonia», o sentimiento de felicidad y placer, a la primera categoría, que es la que los psicólogos tienden a evaluar en sus experimentos, y que se asocia a dos definiciones célebres de felicidad: «La posesión de placeres junto a la ausencia de dolores» (la de Jeremy Bentham)[2] y nuestro registro del placer y del dolor inmediatos (la de Daniel Kahneman).[3] Sin embargo, los sociólogos que quieren determinar lo feliz que es un país en comparación con otro tienden a medir solo la segunda categoría, la llamada «eudaimonia»: la satisfacción vital y la materialización del potencial personal. Este tipo de investigación da respuesta a preguntas como si las personas ricas están más satisfechas con su vida (la respuesta es que hasta cierto punto,[4] como veremos en el capítulo 10).

En mi opinión, las dos categorías tradicionales de bienestar tienen más puntos en común que diferencias. Los estudios de investigación han concluido que las personas que experimentan más placer en la vida cotidiana también dicen sentir más satisfacción vital; es decir, la experiencia de eudaimonia se entreteje con la de hedonia.[5] Y quizá no deba sorprendernos, porque ambas categorías están tan íntimamente relacionadas que medirlas de forma independiente resulta casi imposible. Cuando mi equipo y yo medimos la hedonia y la eudaimonia con cuestionarios diversos que se pasaron a personas de todo el mundo, hallamos una correlación casi completa (0,96), lo que plantea la duda de si diferenciar una de la otra es posible.[6] Es más: matemáticamente, las respuestas de los participantes a preguntas que aludían a la eudaimonia y a la hedonia por separado se explicaron mejor con una sola medida de bienestar que con dos constructos,[7] lo que quizá signifique que, operativamente, el placer y la satisfacción reflejan el mismo constructo de bienestar global, por mucho que se presenten como conceptos diferentes.

Hace décadas, siglos y milenios que el ser humano busca la manera de mejorar la salud mental, pero tanto la sociedad como la ciencia siguen teniendo grandes dificultades para conseguirlo. En este libro analizaremos lo que la neurociencia revela acerca de qué significa encontrarse mejor, ya sea a corto o a largo plazo. Por lo tanto, ahondaremos en el origen de la sensación de bienestar mental: ¿qué lleva a que alguien experimente hedonia a partir de un pequeño placer cotidiano? ¿Cómo nos ayuda la experiencia personal de eventos positivos y negativos a considerar positiva o negativa la vida? ¿Cómo pueden empeorar la salud mental pequeños desajustes en los mecanismos que intervienen en estos procesos? ¿Cómo reajustan esos mismos procesos mentales las cosas que hacemos para encontrarnos mejor, ya sea tomar medicación, practicar ejercicio o acudir a psicoterapia?

¿QUÉ ES LA SALUD MENTAL?

En mi laboratorio en la MRC Cognition and Brain Sciences Unit, un departamento de la Universidad de Cambridge rodeado de ríos y de campos llenos de vacas, llevamos a cabo experimentos con los que intentamos entender los procesos neurológicos que mejoran y empeoran la salud mental, sobre todo en personas con trastornos psiquiátricos. Descodificar estos procesos nos ayudaría a desarrollar tratamientos nuevos o a mejorar los ya existentes. Sin embargo, *salud mental* significa algo distinto para cada persona y ni siquiera los neurocientíficos coinciden en su definición. Tampoco lo han conseguido ni los psicólogos ni los filósofos ni ningún otro grupo al que nos pudiéramos dirigir para zanjar definitivamente la cuestión. Cabría pensar que esto supone un problema para los investigadores que, como yo, estudian la salud mental, pero lo cierto es que la mayoría de los neurocientíficos no dejamos que un mero dilema filosófico se interponga entre experimentos interesantes y nosotros. En ocasiones, la buena salud mental se entiende como una puntuación baja en un índice clínico (que mide factores como la depresión, la ansiedad o el estrés, entre muchos otros). Otras veces también se usan puntuaciones positivas en índices de bienestar, como la satisfacción vital. Y en otras ocasiones se recurre al nivel de sustancias químicas concretas circulantes en el cerebro, a conductas manifiestas en animales o personas o a la actividad de regiones específicas del cerebro para inferir algún aspecto de la salud mental (placer, recompensa, etc.). La imagen completa de la salud mental ha de incluir todos estos aspectos, que van de lo experiencial a lo biológico, y cartografiar las rutas entre los unos y los otros.

A lo largo del libro uso términos como *trastorno de salud mental*, *trastorno psiquiátrico* o *enfermedad mental* de manera casi equivalente a la hora de referirme a trastornos como la depresión mayor, la esquizofrenia, el trastorno de ansiedad generalizada, etc. Emplearé estos términos más médicos para aludir a dificultades de salud mental tan graves que interfieren con el funcionamiento cotidiano, además de cumplir criterios diagnósticos específicos. Sin embargo, el modo en que los científicos aluden a estos trastornos cambia constantemente. En algunos casos uso los términos más generales *problemas de salud mental* o *mala salud mental* para indicar que alguien tiene problemas que o bien no alcanzan el umbral de los criterios diagnósticos tradicionales, o bien no se corresponden con una sola categoría diagnóstica. Sea como sea, merece la pena recordar que las personas que sufren problemas de salud mental pueden decidir referirse a sus propias experiencias con términos más significativos para ellas (por ejemplo, como *experiencia* o *problema* en lugar de como *trastorno* o *enfermedad*, o viceversa).

En mi opinión, la salud mental en el cerebro es una especie de equilibrio. En biología, los organismos vivos sobreviven manteniendo la homeostasis: un estado bastante estable en el interior del cuerpo, con independencia de los cambios que acaezcan en otros lugares (la temperatura exterior, el nivel de glucosa en sangre, el nivel de hidratación...). Sin embargo, mantener el equilibrio exige cambiar: el cuerpo suda para bajar la temperatura, comemos una rosquilla para aumentar el nivel de glucosa en sangre, bebemos fluidos después de ganar una carrera. Eso a lo que llamamos «salud mental» también requiere una homeostasis. Al igual que la homeostasis del cuerpo, un cerebro en equilibrio ha de ser capaz de responder con flexibilidad a los cambios del entorno. Y eso incluye el entorno interno (que puede presentar dificultades, como sufrimiento emocional o infecciones), además del entorno externo, que nos enfrenta a diario a estresores vitales. La capacidad de facilitar, en lugar de entorpecer, el funcionamiento diario y aumentar así las probabilidades de supervivencia es inherente a este equilibrio. Es posible que las personas que han padecido problemas de salud mental en algún momento de su vida hayan tenido dificultades para llevar a cabo sus actividades cotidianas, disfrutar de la compañía de sus seres queridos y otras cosas cruciales para vivir bien en este mundo.

¿DE DÓNDE VIENE LA SALUD MENTAL?

La salud mental depende de múltiples procesos neurológicos, desde los que intervienen en el placer y el dolor hasta los que facilitan la motivación y el aprendizaje. La biología del cerebro y su estrecha relación con el cuerpo crean el estado mental, lo mantienen y lo protegen. Es posible que ya uses técnicas para reforzar o mejorar tu salud mental, y cada una de ellas ejercerá un efecto específico sobre dichos procesos cerebrales. Sin embargo, es probable que alguna vez te haya pasado lo siguiente: un amigo o amiga te recomienda alguna de las técnicas que le funcionan («¡Tienes que probar el yoga!») y, cuando la pruebas, a ti no te hace el menor efecto. Esto sucede porque las intervenciones para mejorar la salud mental funcionan según los procesos cerebrales (y corporales) de cada persona. Estos son constantes y dependen de diferencias genéticas, con frecuencia sutiles, que influyen en la propensión general a presentar unos patrones cognitivos, emocionales o conductuales concretos. Es igualmente importante tener en cuenta que estos procesos también están moldeados por toda una serie de experiencias tempranas (digo «tempranas» porque, por lo general, se asume que las vivencias que contribuyen a la salud o la enfermedad mental suceden durante la infancia, cuando el riesgo es mayor, aunque lo cierto es que pueden darse a lo largo de toda la vida). Estos factores están interrelacionados, en absoluto son independientes: la experiencia ambiental puede afectar a determinadas predisposiciones genéticas y, aunque el ideario popular no lo tiene tan en cuenta, la genética puede propiciar la exposición a experiencias ambientales determinadas. Sin embargo, nada de lo biológico implica una causa única: estos factores (y sus interacciones) son dinámicos y especialmente cruciales en hitos evolutivos específicos, pero son relevantes a lo largo de toda la vida.

Muchos de los elementos del sistema nervioso son plásticos y moldeables por el entorno. Cuando digo «sistema nervioso» me refiero al cerebro y a la médula espinal, pero también a su amplia red de comunicación bidireccional con el resto del cuerpo. La genética, los factores culturales, la seguridad económica, las experiencias estresantes, el mundo social en el que vivimos, la alimentación y el estado físico no son más que algunas de las numerosas variables que influyen en el funcionamiento del sistema nervioso y, a través de este, en la salud mental. Medir y cuantificar un fenómeno con unos orígenes tan diversos podría parecer imposible, y ciertamente es muy complicado, pero cada una de estas variables mejora o empeora la salud mental cambiando un proceso fisiológico concreto en el sistema nervioso. Así pues, la experiencia de mala salud mental tiene causas muy distintas, tanto del interior del cuerpo como del exterior. Tal y como descubrirás a lo largo del libro, la salud mental también se puede mejorar o tratar con una variedad igualmente amplia de estrategias internas o externas. Sin embargo, sea cual sea la causa, el cerebro es el denominador común último de la salud mental: el objetivo de todos los factores de riesgo y de todos los tratamientos.

¿Te sorprende lo que acabas de leer? Quizá la intuición te dijese que la salud mental funciona de un modo algo distinto a los trastornos de la salud física que afectan a órganos o sistemas específicos, como las enfermedades cardiovasculares o la diabetes. Quizá hasta te parezca peyorativo afirmar que los trastornos de salud mental son físicos, dada la innegable influencia que ejercen algunos factores sociales clave (aunque la influencia social no se limita a la salud mental: la de otros sistemas del organismo, como el pulmonar o el cardiovascular, también puede tener causas sociales, como la desigualdad en la exposición a contaminantes o en el acceso a alimentos saludables). Sin embargo, teniendo en cuenta que estas enfermedades con causas sociales acaban afectando a nuestra biología, la experiencia de todos los estados mentales es también un proceso físico. Tanto el bienestar mental como la susceptibilidad a la mala salud mental en distintos momentos de la vida se construyen a través de procesos biológicos que ocurren en el cerebro de forma constante. Estos moldean cómo percibimos el mundo: el entorno y el cuerpo (el mundo interior). Los cambios, ya sean en los propios procesos cerebrales o en los cálculos que estos producen, pueden hacer que las percepciones se distorsionen, se vuelvan desadaptativas y entorpezcan significativamente nuestro día a día. Todo ello causa los síntomas que asociamos a la enfermedad mental; es decir, que las emociones, los pensamientos y las conductas interfieran en gran medida con la vida cotidiana hasta el punto en el que, por ejemplo, se experimente un estado de ánimo crónicamente deprimido o se tengan ideaciones suicidas (como sucede en la depresión mayor o el trastorno bipolar), pensamientos repetitivos que impiden llevar a cabo tareas importantes (como en los trastornos de ansiedad generalizada y de ansiedad social o en el trastorno obsesivo-compulsivo) o alteraciones en el sentido de realidad (en el caso de trastornos psicóticos, como la esquizofrenia).

Un ejemplo de una función general del cerebro que sustenta la salud mental y que puede precipitar la enfermedad mental es su capacidad para aprender acerca de lo que sucede en el mundo y emitir predicciones al respecto, ya sean acerca del medio externo («¿Hay un tigre por aquí cerca?») o interno («¿Tengo hambre?», «¿Tengo sed?», «¿Tengo miedo?»). Los errores de predicción son lo más destacado e importante y lo que más llama nuestra atención, porque indican la posible necesidad de actualizar la representación del mundo, la necesidad de aprender. Este proceso de predicciones y de aprendizaje suele ser inconsciente y se entreteje en el trasfondo de las experiencias cotidianas. Por ejemplo, es posible que a lo largo de tu vida hayas aprendido que los objetos caen al suelo, aunque es probable que nadie te lo haya enseñado explícitamente. En el contexto de la salud mental, seguro que también has aprendido muchas otras cosas que afectan a tu estado de ánimo, emociones y patrones cognitivos: si esperas una respuesta positiva o negativa cuando conoces a personas nuevas, si esperas obtener mucho o poco placer de las actividades diarias o si eres especialmente sensible al dolor o a otras señales corporales (entre otros factores). Y estas expectativas influyen en la probabilidad de que experimentes mala salud mental.

Por ejemplo, uno de los rasgos comunes al bienestar, felicidad, placer, alegría y otras emociones positivas es que estas surgen cuando un resultado es mejor de lo que el cerebro preveía (dentro del rango de predicciones posibles). Esto significa que esperar cosas buenas es útil, pero que quizá lo sea aún más esperar cosas ligeramente menos buenas de lo que acaban siendo. La sorpresa positiva puede aumentar el bienestar momentáneo (véase el capítulo 3). A veces, una experiencia es muchísimo mejor de lo que se esperaba: una boda que evita por los pelos convertirse en un barrizal es una sorpresa abrumadoramente positiva que ejerce una extraordinaria repercusión sobre el bienestar inmediato. Sin embargo, en la mayoría de los casos, las sorpresas son mucho menos espectaculares: vivencias cotidianas repetidas (por lo general, mundanas; en ocasiones, decepcionantes, y, de vez en cuando, extraordinarias), que se acumulan con el tiempo y afectan en conjunto a la salud mental. Esta acumulación de expectativas sucede mediante procesos de aprendizaje en el cerebro activados por la sorpresa (ya sea positiva o negativa), que modifican de forma sutil cómo percibiremos el mundo mañana en comparación con hoy. Este proceso de expectativas, sorpresa y aprendizaje es uno de los componentes fundamentales de la salud mental, incluyendo el conocimiento de qué promueve la fortaleza emocional, qué aumenta el riesgo de desarrollar trastornos de salud mental y qué aspectos de la salud mental podrían ser objetivos clave de tratamientos e intervenciones.

El cerebro de cada uno de nosotros construye su propia representación del mundo a partir de años de experiencias y la genética personal, por lo que no hay una salud mental universal. Las diferencias en la neuroquímica cerebral (entre muchos otros factores) hacen que alguien adore lo que otro detesta. Del mismo modo, la composición única del cerebro lleva a que las maneras de mejorar la salud mental tiendan a funcionar solo con subgrupos concretos de personas. Cuando leemos un artículo popular acerca del tratamiento X o de la dieta Y y de su eficacia para mejorar la salud mental o la felicidad, en el mejor de los casos esto será aplicable al promedio de un grupo (que a veces es bastante pequeño). Sin embargo, usar solo los promedios puede ocultar la realidad: quizá el tratamiento haya logrado resultados extraordinarios en algunas personas... y pésimos en otras.

Por eso, cuando hablamos de salud mental, lo que funciona para unos puede no dar ningún resultado para otros. Esto significa también que las posibles vías para mejorar la salud mental, ya sea en un entorno médico o en uno casero basado en la alimentación o el ejercicio físico, pueden acarrear unos riesgos específicos para cada persona y llegar a ser perjudiciales debido al efecto que ejercen en su biología. La salud mental depende de un complejo mosaico de factores y la neurociencia busca activamente maneras de medirlos y, así, de predecir qué tratamiento funcionará para cada paciente, pero, en la mayoría de los casos, estas predicciones aún no han tenido éxito a gran escala.

¿POR QUÉ ES IMPORTANTE ENTENDER LA SALUD MENTAL?

Entender el origen de la mala salud mental y cómo tratarla es uno de los temas más acuciantes de nuestra era. Las enfermedades mentales son la primera causa de enfermedad; la depresión, la más frecuente de ellas, afecta a más de doscientos cincuenta millones de personas en el mundo. Se estima que el coste económico global de los trastornos de salud mental en 2010 fue de 2,5 billones de dólares, una cifra que se prevé que se haya duplicado al llegar 2030.[8] Sin embargo, lo más importante es que sufrir una enfermedad mental puede ejercer un efecto devastador sobre la calidad de vida; la gran mayoría (aproximadamente un noventa por ciento) de las personas que consuman el suicidio tienen una enfermedad mental.[9] La crisis de salud mental es mundial; el setenta y siete por ciento de los suicidios ocurren en países de rentas bajas y medias.[10] No obstante, el suicidio no es el único, y ni siquiera el principal, factor de mortalidad en las personas con mala salud mental: se estima que la esperanza de vida de quienes padecen trastornos mentales graves, como esquizofrenia, trastorno bipolar o depresión, se reduce en unos veinticinco años, sobre todo debido al aumento del riesgo de sufrir enfermedades cardiovasculares,[11] lo que subraya lo indisociables que son la salud mental y la física. Incluso en los países ricos con una atención psiquiátrica bien financiada, los mejores tratamientos (psicoterapia y fármacos antidepresivos) solo funcionan en aproximadamente el cincuenta por ciento de los casos, un misterio que motiva gran parte de la investigación de la neurociencia en el campo de la salud mental con el objetivo de encontrar mejores vías de tratamiento.

Por otro lado, la enfermedad mental no es más que uno de los elementos que determinan la salud. El bienestar y la calidad de vida de las personas que tienen la suerte de no sufrir nunca una enfermedad de las que cambian la vida dependen en la misma medida de mantener una buena salud mental. El mero hecho de estar más contento se asocia a una vida más longeva y sana, incluso teniendo en cuenta otros factores de longevidad, como el estado de salud física y mental, la edad y el estatus socioeconómico.[12] No se sabe muy bien por qué sucede: quizá tenga que ver con los cambios cardiovasculares, hormonales e inmunológicos que se relacionan con las emociones negativas.[13, 14] Por el contrario, experimentar emociones positivas se relaciona con una reducción del índice de ictus,[15] enfermedades cardiovasculares[16] e incluso síntomas de resfriado común.[17] Si bien hay todo un mundo de diferencia entre estar decaído y sufrir una enfermedad mental, sí que hay cierto paralelismo en cómo afectan ambas circunstancias al cuerpo y al cerebro. La principal fuente de información de que disponemos acerca de cómo el cerebro favorece la salud mental procede del estudio de cerebros de personas que han sufrido enfermedades mentales y de la reflexión acerca de qué nos dicen estos acerca de los procesos neurológicos que contribuyen al bienestar, la felicidad y otros fenómenos positivos para la salud mental.

Quizá te sorprendas al leer sobre lo que se sabe acerca de qué propicia la buena salud mental. Cosas que cabría considerar malas, como comer azúcar, beber cerveza o salir hasta altas horas de la noche, podrían ejercer efectos positivos a corto o a largo plazo sobre esta. Cada una de estas cosas *malas* para la salud representa una de las múltiples maneras de conectar con los diversos sistemas neurológicos que sustentan la salud mental. Por ejemplo, y no es una exageración, reír con los amigos mientras vemos un programa de televisión activa en el cerebro el mismo sistema que la heroína (véase el capítulo 1).

Este libro no te aconsejará que renuncies a todo lo divertido, desde el azúcar hasta los juegos en línea, para sentirte mejor. Tampoco te dirá que la solución reside en practicar el *mindfulness* tres veces al día o en tomar probióticos. No. Lo que hará es poner sobre la mesa todo lo que la neurociencia ha revelado acerca del funcionamiento de la salud mental.

Por el camino, conoceremos desde algunos de los primeros experimentos modernos acerca de la neurociencia del placer hasta ensayos innovadores que investigan fármacos nuevos, pasando por terapias o intervenciones distintas que podrían mejorar la salud mental. En cada capítulo del libro analizaremos unos elementos científicos de la salud mental, algunos de ellos más obvios (como la neurobiología del placer) y otros no tanto (como los procesos neurológicos que sustentan la motivación), pero todos esenciales. Asimismo, hablaremos de cómo contribuyen a la salud mental algunos neurotransmisores específicos, como la dopamina, la serotonina y los opioides. Y, si bien la salud mental surge de procesos que se dan en el cerebro, este está íntimamente relacionado con el resto del cuerpo. Así, veremos fascinantes estudios recientes que han analizado esa relación entre el cuerpo y la salud mental, incluida la función que desempeñan el intestino y el sistema inmunitario al respecto. Esta relación cuerpo-cerebro podría ser la clave para entender cómo algunos estados mentales positivos, como la felicidad, mejoran la salud física y por qué mejorar la salud física con ciertas actividades, como el ejercicio, influye en la salud mental.

Recorreremos la vasta historia de la búsqueda del ser humano para mejorar la salud mental, desde el descubrimiento de los antidepresivos hasta experimentos modernos con setas alucinógenas; desde los efectos del *mindfulness* sobre el cerebro hasta cambios en el estilo de vida (como la mejora del sueño o el ejercicio físico), pasando por innovadores tratamientos eléctricos para combatir la depresión. En todas estas vías encontraremos factores comunes: redes y procesos neurológicos que apuntalan la salud mental e impulsan la recuperación de la enfermedad mental. Estas vías comunes podrían ser la clave en el desarrollo de tratamientos personalizados para trastornos mentales: el futuro de la neurociencia de la salud mental.

Antes o después, todos sufriremos dolor o malestar mental o físico y muchos de nosotros buscaremos algún tipo de tratamiento, aunque a la mayoría de nosotros nos decepcionará esa píldora o esa medida de la que todo el mundo habla: la cura milagrosa de uno es el placebo de otro. Sin embargo, son muchas las cosas que podemos hacer para intentar mejorar la salud mental, como cambiar el estilo de vida, prestar más atención al sueño o probar el arsenal de psicofármacos y psicoterapias eficaces para los trastornos más incapacitantes.

Cada vez que se descubre un tratamiento o un factor del estilo de vida asociado a una mayor felicidad, en el mejor de los casos funcionará solo para algunas personas, idealmente para muchas, pero nunca para todas. Afrontar esta complejidad exige un cambio de paradigma en la salud mental, uno que se aleje del concepto de que algo funciona o no y se abra a entender en qué procesos influye y a qué personas concretas podría ayudar. Espero que este libro sea una guía hacia ese nuevo paradigma y, por un lado, te presente lecciones que te resulten provechosas de la investigación en neurociencia para mejorar tu propia salud mental y, por el otro, te aclare qué información puedes pasar por alto.

Primera parte

EL CEREBRO COMO ARQUITECTO DE LA SALUD MENTAL

Capítulo 1

SUBIDONES NATURALES: EL PLACER, EL DOLOR Y EL CEREBRO

Hay personas con experiencias del dolor y del placer radicalmente distintas: placer intenso, dolor crónico o ausencia de dolor. De hecho, una de las maneras en que el placer se relaciona con la salud mental es que la anhedonia (la pérdida de interés o placer en actividades normalmente placenteras) es uno de los síntomas fundamentales de varios trastornos de salud mental, como la depresión y la esquizofrenia. «Normalmente placenteras» es subjetivo, pero no implica un juicio: podría tratarse de comer algo delicioso, leer un libro favorito, tener un orgasmo u otras cosas más excéntricas que le gusten a alguien. La anhedonia hace que cosas que antes nos producían placer ahora parezcan insulsas y menos valiosas, por lo que no nos merece la pena invertir el esfuerzo necesario para hacerlas. La alteración del placer influye negativamente en la salud mental.

El dolor también se relaciona estrechamente con la salud mental, aunque de distintas maneras. Las personas con depresión dicen sentir más dolor subjetivo en su vida cotidiana, posiblemente porque tienen un umbral del dolor más bajo.[1] Esta relación es bidireccional: las personas que padecen alguna enfermedad que causa dolor crónico, entre las que me incluyo, corren un riesgo mayor de sufrir problemas de salud mental.[2] En general, cuanto mayor sea la frecuencia con que se experimentan dolor y experiencias desagradables, más probable es que se tengan problemas de salud mental.[3]

¿Por qué la salud mental está tan íntimamente ligada al placer y al dolor? En este capítulo hablaremos de que la relación entre el dolor y el empeoramiento de la salud mental se explica, en parte, por cambios neurológicos comunes al dolor crónico y a los trastornos de salud mental. Hablaremos de cómo suele procesar el cerebro las experiencias agradables y las desagradables, y de la relación de esto con las diferencias entre lo que nos gusta y lo que no. La experiencia subjetiva de algo como agradable, asqueroso o doloroso es uno de los principales elementos del estado de ánimo, pensamientos y conductas, y por lo tanto de la salud mental. Lo agradables o desagradables que nos parezcan las cosas en el mundo influye también en lo que el cerebro aprende (algo de lo que hablaremos en el capítulo 3), además de en lo que nos sentimos motivados a buscar o evitar (capítulo 4). Del mismo modo, el empeoramiento de la salud mental también puede cambiar cómo experimentamos el mundo y, por ejemplo, amortiguar el placer y realzar el dolor. Por eso, los cambios en la experiencia del dolor y del placer son una señal de alarma que nos avisa de que la salud mental está empeorando. Entonces, tratar los sistemas neurológicos que intervienen en el dolor y el placer podría ser una de las maneras de proteger la salud mental.

EL SUBIDÓN NATURAL DEL DOLOR

¿Te has fijado alguna vez en que, después de una experiencia que te ha producido un dolor o temor intenso, paradójicamente, notas una sensación de euforia repentina? Se trata del fenómeno al que la biología denomina «analgesia inducida por el estrés». Lo puedes sentir durante o después de algo muy peligroso (saltar en paracaídas) o bastante mundano (darte un golpe en el dedo gordo del pie). Sea como sea, ese breve subidón que experimentas reduce de forma temporal la sensibilidad al dolor.

Ante la persecución de un depredador o el ataque de un enemigo, sobrevivir es el único objetivo del cuerpo. En ese momento, cuando huimos o nos enfrentamos a una situación que supone una amenaza para la vida, sentir niveles de dolor normales sería muy inoportuno; de hecho, reduciría la probabilidad de supervivencia. Lo último que necesitamos en esa situación es vernos obligados a sentarnos para ocuparnos de un tobillo roto o un ojo hinchado. Cualquier dolor nos distraería de la tarea de mantenernos con vida, por eso contamos con la analgesia inducida por el estrés: aumenta las probabilidades de sobrevivir a un encuentro muy estresante. Quizá, en la historia evolutiva, cuando los encuentros estresantes eran muy frecuentes, los animales que contaban con la habilidad de inhibir el dolor durante el estrés tenían más probabilidades de seguir vivos y transmitir esa capacidad a sus descendientes.

Ni siquiera ahora todo el mundo experimenta la analgesia inducida por el estrés de la misma manera, lo que sugiere que este rasgo varía entre la población. Esto se puede evaluar midiendo el umbral del dolor antes y después del estrés. Algunas personas (y animales) presentan cambios mucho más drásticos en el umbral del dolor que otras, es decir, son mucho más sensibles a la analgesia inducida por el estrés.[4] Para ellas, el estrés agudo podría ejercer un efecto muy positivo en el estado de ánimo, de modo que el peligro se volviera euforizante. Si, como yo, no tienes demasiado interés en buscar situaciones muy estresantes, es más que probable que tu nivel de analgesia inducida por el estrés sea más mundano (quizá la sientas cuando te golpeas el dedo gordo del pie, pero no tengas la menor intención de repetirlo).

En la década de 1980 se llevaron a cabo experimentos con «baños fríos y calientes», como me gusta llamarlos, para evaluar la analgesia inducida por el estrés. Los investigadores estudiaron a ratas nadando en agua a distintas temperaturas durante periodos de tiempo específicos. Tras sacar a las ratas de los baños fríos y calientes (y secarlas con una toalla), los investigadores medían las respuestas de dolor de los animales. Los baños cortos en agua fría —por ejemplo, tres minutos en agua a 15 °C— reducían las respuestas de dolor de las ratas. Aunque a muchos de nosotros nos gustan los baños calentitos, es posible que hayas oído (y no te hayas atrevido a comprobar) que bañarse o nadar en agua fría tiene efectos euforizantes. Las personas dispuestas a soportar el breve dolor inicial se decantan por la natación en agua fría.

La analgesia inducida por el estrés existe porque los mamíferos contamos con un sistema químico integrado en el cerebro que se activa con el dolor o las experiencias estresantes, al que conocemos como «sistema opioide endógeno». Estas sustancias químicas asociadas a la supresión del dolor (como sabe toda persona que haya tomado fármacos opioides, como la codeína) también producen cierta sensación de euforia.

Nadar durante poco tiempo en agua fría, una situación en cierto modo estresante, ejerce un efecto analgésico porque activa la liberación de unos neurotransmisores concretos, los opioides.[5] Quizá hayas oído hablar de las endorfinas, su nombre más conocido. El término surge de la contracción de *morfina endógena* (aquí, *endógena* significa que procede del interior del cuerpo): los fármacos como el opio y la morfina se ligan a los receptores de opioides del cerebro. Los fármacos opioides no hacen más que imitar el efecto de las endorfinas. Cuando los opioides, ya sean endógenos o no, se ligan a esos receptores, desencadenan una cascada de procesos celulares, como la inhibición de la actividad de algunas neuronas y el bloqueo de la liberación de otros neurotransmisores.[6] A su vez, esta cascada de procesos celulares altera la comunicación entre las áreas cerebrales habitadas por los receptores de opioides y otras áreas cerebrales que, junto con la médula espinal, inhiben las señales de dolor del cuerpo.[7] Las endorfinas suscitan un subidón natural (euforia, relajación y mareo) que resulta placentero y reduce la sensibilidad al dolor. Esto significa que, en algunas circunstancias, el estrés moderado hace que nos sintamos bien porque se liberan opioides (entre otros neurotransmisores) en el cerebro. (Si tienes la suerte de ir a los balnearios de Budapest, cuyas aguas termales van de calentitas a dolorosamente heladas, comprobarás el efecto de los baños calientes y fríos.)

Por supuesto, tal vez no te apetezca mucho nadar en agua fría. De ser así, estás de suerte: hay una enorme diversidad de experiencias brevemente estresantes que inducen la liberación de opioides endógenos en el ser humano. Algunas actividades nada habituales en nuestra historia evolutiva (como saltar de un avión) activan el mismo sistema opioide que la respuesta de supervivencia y liberan opioides en el cerebro para reducir el dolor agudo y (al menos para algunas personas) suscitar respuestas placenteras ante el estrés a corto plazo. En un estudio, saltar en paracaídas redujo la sensibilidad al dolor, como hicieron los baños en agua fría para las ratas, lo que indica la liberación de opioides.[8] Cuando se les administró a los paracaidistas justo antes de saltar un fármaco que inhibía la transmisión de opioides, estos conservaron una sensibilidad al dolor superior a la del grupo de participantes a quienes se les administró un placebo, lo que confirmó que la reducción de la sensibilidad al dolor tiene que ver con el sistema opioide endógeno. Sin embargo, fue un estudio pequeño y la sensibilidad al dolor no se comprobó hasta después de que los paracaidistas hubieran llegado a tierra (hay límites en cuanto a lo que se puede hacer en pleno vuelo y supongo que medir las respuestas de dolor fue demasiado incluso para estos intrépidos investigadores).

Al igual que sucede con el paracaidismo en los seres humanos, hay una variedad sorprendente de cosas que causan analgesia inducida por el estrés en ratas. El dolor en sí mismo es una de ellas: los opioides endógenos liberados tras una descarga eléctrica breve pero dolorosa reducen el dolor de la rata, medido justo después.[9] Hacer girar a las ratas a una velocidad determinada tiene un efecto similar[10] (¡por favor, no lo pruebes con tus mascotas!). Todos estos estresores, como la temperatura del agua y el paracaidismo, tienen algo en común: son leves y temporales.[11] Incluso hacer girar a una rata a demasiada velocidad (en principio, parece que ha de provocar una sensación más desagradable que si se la hace girar poco a poco) basta para que no se active la liberación de opioides;[12] podemos imaginar por qué. Suprimir el dolor temporalmente es útil porque ayuda a demorar la muerte inminente o a huir de un depredador a pesar de las heridas, por ejemplo. Sin embargo, si el estrés extremo a largo plazo suprimiera también el dolor, se reduciría la motivación para escapar de situaciones estresantes o perjudiciales o para evitar las fuentes de dolor.

El dolor es una señal útil e importante. Las personas insensibles al dolor debido a alteraciones genéticas raras sufren consecuencias físicas graves, como quemaduras, fracturas y lenguas mordidas con tanta fuerza que se cercenan. El dolor y el estrés son desagradables, pero tienen la capacidad de hacer que sintamos placer hasta que salimos del peligro y, por muy desagradables que sean, nos ayudan a sobrevivir.

Quizá te preguntes qué tendrá que ver la analgesia inducida por el estrés con la salud mental. La constelación personal de placer y dolor (así como de sus equivalentes secundarios, como lo que nos gusta y nos disgusta) conforma la hedonia de la vida cotidiana y contribuye tanto al estado mental actual como a la salud mental a largo plazo. Las diferencias interpersonales alcanzan cotas máximas en las reacciones ante situaciones incómodas y dolorosas. Y no hay mejor ejemplo de ello que el dolor crónico a largo plazo, que ejerce un efecto devastador sobre la salud mental de quien lo sufre.

EL COSTE DEL DOLOR CRÓNICO

Si el dolor es prolongado, puede dar lugar al efecto contrario que la analgesia inducida por el estrés: el cerebro y el sistema nervioso se vuelven cada vez más sensibles ante él. Es lo que se conoce como «hiperalgesia» (en contraposición a «analgesia», la ausencia de dolor).[13] La hiperalgesia suele aparecer tras una lesión o cualquier otro ataque fisiológico debido a cambios localizados en el tejido dañado. Estos cambios locales provocan una hipersensibilidad al dolor (a veces, incluso al tacto o movimiento) que mantiene a la persona alerta para evitar más lesiones y proteger el cuerpo. La hiperalgesia es muy útil a corto plazo, pero cuando se trata de dolor crónico puede permanecer incluso tras la recuperación del tejido dañado; esto es, el dolor se intensifica a pesar de que la necesidad de proteger al cuerpo de más lesiones ha desaparecido. Se cree que esto sucede como consecuencia de cambios en las áreas del cerebro que intervienen en la conciencia corporal, atención y emoción.[14] Estas siguen enviando señales a las áreas sensoriales del cerebro y a lo largo de la médula espinal, de modo que causan en el cuerpo un dolor cuyo origen está en el cerebro. Esto significa que, aunque no haya una sensación dolorosa en el cuerpo (por ejemplo, una fractura ósea que ya se ha curado del todo), en el cerebro permanece una señal de dolor que indica que al cuerpo le duele algo.

Las personas con dolor crónico presentan una probabilidad mucho mayor de desarrollar una enfermedad mental. Un amplio estudio de la Organización Mundial de la Salud concluyó que la incidencia de trastornos ansiosos y depresivos se cuadriplicó en personas que experimentaban un dolor persistente durante más de seis meses. En mi opinión, la estrecha relación entre el dolor crónico y la salud mental se explica de dos maneras. La primera (y quizá la más evidente, la que se nos ocurre antes) es que el dolor es una experiencia claramente incómoda y desagradable que interfiere con la vida cotidiana, por lo que es natural que la salud mental empeore. Esta explicación me es muy familiar. Hace dieciséis años tuve un accidente tras el que desarrollé osteoartritis en un pie y, desde entonces, sufro de brotes intermitentes de dolor crónico. Todo el que haya sufrido dolor crónico conoce de primera mano la carga mental que supone estar a merced de los caprichos del cuerpo: es notable y obliga a ceder ante las imperiosas órdenes del dolor por mucha fuerza de voluntad que se tenga; escapar es imposible. Así pues, no resulta en absoluto sorprendente que la salud mental empeore. Sin embargo, la causalidad no va solo en esta dirección.

La asociación entre dolor crónico y salud mental es bidireccional, independientemente del país y de la cultura.[15] Las personas con dolor crónico tienen más probabilidades de desarrollar una depresión, pero es que las personas con depresión también tienen muchas más probabilidades de desarrollar dolor crónico.[16] ¿Cómo se explica eso?

El dolor crónico podría ser más habitual en las personas con depresión si la susceptibilidad a la depresión también confiriera una susceptibilidad especial al dolor crónico o si modificara cómo responde el cerebro ante este. Hay pruebas que sustentan ambas posibilidades. Los mecanismos biológicos que causan dolor crónico comparten muchas características con los que intervienen en la depresión. Se ha encontrado un solapamiento anatómico significativo entre las áreas cerebrales alteradas de las personas con dolor crónico y las de aquellas con depresión o ansiedad[17] (y, probablemente, con otros trastornos mentales), lo que resulta muy revelador. Se cree que muchos de los procesos fisiológicos que aparentemente propician el dolor crónico, como el aumento de la inflamación, desempeñan también un papel causal en los trastornos mentales.[18] Esto también revela algo acerca del dolor crónico. A lo largo de mi extensa experiencia con el dolor crónico he descubierto que a los médicos que te hablan de ello cuando eres su paciente les parece muy importante insistir en que el dolor no es algo mental, sino real. Sin embargo, mi experiencia como científica y paciente me dice que esto no es exactamente así.

Los estudios neurocientíficos acerca del dolor crónico demuestran que esta discapacidad tiene más en común con un trastorno de salud mental que con el dolor a corto plazo. El dolor a corto plazo a consecuencia de una lesión o cualquier otro daño del cuerpo activa los nociceptores, unos receptores del dolor que transmiten la información acerca del tejido dañado a través de los nervios de la médula espinal y, desde esta, se propaga hasta los circuitos sensoriales del dolor en el cerebro. Podemos verlo como la vía de abajo arriba del dolor, que envía al cerebro señales sobre el dolor en alguna parte del cuerpo. Con el tiempo, es posible que los receptores del dolor se sensibilicen o se habitúen y, de este modo, aumenten o reduzcan respectivamente las respuestas ante el dolor.[19] Sin embargo, una vez la señal de los nociceptores llega al cerebro, la cantidad de dolor que se acaba sintiendo no es un reflejo directo de la información que los nociceptores han transmitido al cerebro. Además de la sensación física de dolor, tenemos una experiencia emocional y cognitiva mucho más amplia: algo que nos altera, nos distrae y atrapa nuestra atención, lo que también forma parte de lo que llamamos «dolor». Por lo tanto, y aunque la experiencia de dolor crónico se origine en las sensaciones de dolor, también podría surgir de un lugar distinto: otros procesos cognitivos en el cerebro.

Es un concepto difícil de asimilar cuando se es la persona que sufre el dolor. Cuando uno puede señalar la parte del cuerpo que le duele, explicar la causa y qué lo alivia, parece imposible que el dolor proceda de un lugar distinto a la fuente que ha identificado. Sin embargo, la experiencia de dolor depende del hambre, nivel de activación, estrés, distracción, experiencias previas con el dolor y genética, entre otros factores.[20, 21] El dolor que experimentamos se origina en el cerebro mediante procesos inconscientes, como las expectativas y las predicciones acerca del cuerpo. En ocasiones se trata de procesos tan potentes que no necesitan el estímulo de los nociceptores para enviar señales de dolor a los sistemas sensoriales.

En el dolor crónico, las expectativas acerca de la importancia del dolor aumentan la intensidad de este.[22] Por ejemplo, interpretarlo como una amenaza puede intensificar su percepción.[23] Por su parte, las experiencias previas asociadas al dolor pueden causar dolor por sí mismas y generalizar la respuesta de dolor a estímulos no dolorosos.[24] Por eso podría suceder que el estado del cerebro cause el dolor crónico o lo mantenga: es posible percibir dolor sin que haya información alguna ascendiendo desde los nociceptores y que solo esté en la cabeza.

Si, como yo, sufres de dolor crónico, todo esto esconde una buena noticia. Si el dolor se mantiene con procesos muy similares a los trastornos de salud mental, no siempre se necesitan analgésicos: se puede tratar cambiando las expectativas al respecto.

Viví este proceso por casualidad hace ya varios años cuando un cirujano ortopédico me recetó infiltraciones de esteroides en la zona de la antigua lesión por si me aliviaban el dolor lo suficiente como para demorar la intervención (la alternativa era que me pusieran una prótesis en una de las articulaciones del pie). Me había diagnosticado una osteoartritis bastante grave a partir de una resonancia, pero los esteroides son muy eficaces y alivian el dolor en algunos pacientes, al reducir la inflamación en el área de dolor. Me infiltraron y fui una de las personas afortunadas: funcionó.

Sin embargo, resultó que fui afortunada por partida doble: se suponía que el efecto de la infiltración se pasaría al cabo de unos seis meses, pero hace ya ocho años de aquello y nunca he vuelto a experimentar tal nivel de dolor. Aunque aún me duele casi a diario, ya no es tan incapacitante y no he necesitado que me operen. No sé qué diría el cirujano al respecto, pero yo tengo mi propia hipótesis. La infiltración de esteroides alivió temporalmente parte del dolor de abajo arriba generado por la inflamación del pie. Sin embargo, ese alivio temporal ejerció un efecto mucho más duradero sobre el nivel de dolor percibido, algo que solo podría explicarse por cambios en el cerebro. Esto supone que, si bien parte de mi dolor se originaba necesariamente en la inflamación del pie, lo que sentía estaba en gran medida condicionado por el cerebro. Es posible que años de dolor hubiesen modificado mis vías neuronales, que se habían acostumbrado al dolor, lo controlaban, lo esperaban y habían empezado a intensificar la sensación de dolor en el cuerpo.

No suelo hablar mucho de mi experiencia personal con el dolor crónico porque mi historia no es más que una anécdota, no son datos. Y, ciertamente, esto no es una solución rápida para todos; además, lo más probable es que acabe necesitando una intervención quirúrgica porque la infiltración de esteroides (por eficaz que resulte) no frena el deterioro del cartílago a consecuencia de la osteoartritis. Sin embargo, mi anécdota demuestra que, a veces, el cerebro interviene incluso cuando el dolor tiene una causa externa visible. En mi caso, esto significó que los efectos de un tratamiento localizado a corto plazo llegaron mucho más allá de lo esperado. En el caso de otras personas es posible que el dolor incapacitante originado en el cerebro se perciba de un modo tan real como el producido por una lesión, incluso en ausencia de una fuente de dolor externa visible.

En algunas situaciones, el cerebro puede crear el dolor o intensificarlo porque quizá haya aprendido a esperarlo, a temerlo o a detectar el daño potencial incluso a niveles muy bajos que no suponen peligro. En otras, la influencia del cerebro sobre el dolor ejerce un efecto paliativo, semejante al de un placebo (los placebos tienen mala fama, pero a veces son fantásticos, como veremos en el capítulo 5). En definitiva, el dolor crónico puede estar en la cabeza, por mucho que lo sintamos fuera de ella. Algunos científicos han llegado incluso a afirmar que el dolor siempre está en la cabeza, pues no hay ninguna experiencia de dolor que no se vea modulada o afectada por funciones cerebrales superiores, como la atención o la distracción. El verdadero problema reside en la idea de que algo que está en la cabeza no es real: ya hablemos del dolor o la depresión, algo que está en la cabeza es tan real y fisiológico como una lesión o infección.

¿EN QUÉ PARTE DEL CEREBRO HABITA EL PLACER?

Aunque de momento solo he mencionado la capacidad del estrés leve y del paracaidismo para suscitar placer, imagino que se te ocurren otras fuentes de placer más habituales. No te recomiendo que te sometas a un dolor leve solo para sentirte bien momentáneamente. Por suerte, la liberación de opioides, junto con la de otros neurotransmisores que generan placer, no solo depende del dolor o el estrés a corto plazo. Muchas de las cosas que asociaríamos al placer, como la comida, el sexo, el ejercicio físico, las interacciones sociales o la risa, ejercen un efecto similar sobre el cerebro: todas ellas activan la liberación de opioides que causan placer (además de generar otros cambios neuroquímicos en el cerebro).

Al igual que la analgesia inducida por el estrés, causada por cambios químicos en el cerebro, y la oleada de señales entre el cerebro y la médula espinal que todos esos pequeños cambios químicos provocan, las cosas placenteras también tienen la asombrosa capacidad de reducir el dolor. Por ejemplo, la actividad sexual puede inducir analgesia en ratas macho y hembra;[25] algunos estudios indican que esto también sucede en humanos. Hace mucho que contamos con casos anecdóticos de personas con migrañas que indican que el sexo alivia el dolor, y se han llevado a cabo encuestas amplias que corroboran que esto funciona para aproximadamente el sesenta por ciento de los afectados. De todos modos, un aviso: el sexo puede tanto mejorar como empeorar (de hecho, esto segundo es lo más probable) el dolor de las personas que sufren cefaleas en racimos.[26] Por lo tanto, si no está claro el tipo de dolor de cabeza que se tiene, es mejor no arriesgarse.

¿En qué parte del cerebro se origina el placer? ¿Por qué puede el placer reducir el dolor? Hay muchos experimentos que ayudan a responder a estas preguntas (y a otras cuestiones relacionadas que veremos a lo largo del libro). Podemos estudiar animales y seres humanos o simular procesos con un ordenador, podemos observar cómo funciona algo o intervenir en la función natural para ver qué sucede, pero lo más difícil es identificar las áreas cerebrales que generan la respuesta de placer, porque intervienen en muchos otros procesos que no tienen que ver con este. Entonces, ¿cómo lo han hecho los investigadores?

En primer lugar, hay que determinar cómo medir qué hace el cerebro. Por lo general, medir los disparos neuronales exige abrir el cráneo y observar las descargas eléctricas de las neuronas con electrodos diminutos. Sin embargo, no se suele considerar ético someter a este proceso a humanos sanos, por lo que, para determinar la neurobiología concreta del placer tendríamos que empezar, por ejemplo, por registrar la actividad del cerebro de una rata mientras hace algo que le gusta y compararlo con lo que sucede cuando hace algo que le gusta menos. Esto plantea un segundo problema: ¿cómo sabemos qué le gusta y qué no? Podríamos tener en cuenta factores como cuánto esfuerzo está dispuesta a invertir (ya sea pulsando un botón, corriendo hacia una recompensa, etc.), pero, y tal y como veremos en el capítulo 4, las ratas (y los seres humanos) a veces invierten mucho esfuerzo en cosas que no necesariamente les producen placer. Entonces, ¿cómo podemos saber si a un animal le gusta algo o no? Otra de las estrategias posibles es observar las expresiones faciales del animal. Ya en tiempos de Darwin, los científicos hacían referencia a expresiones faciales de agrado comunes a muchos animales; entre ellos, los seres humanos, los primates y las ratas.[27, 28] Puedes comprobar en qué consisten poniendo agua azucarada en la lengua de una rata o un bebé: ambos sacarán la punta de la lengua de forma rítmica (se relamerán). Un científico podría cuantificar el placer de una rata, por ejemplo, contando cuántas veces se relame y viendo qué electrodos cerebrales se corresponden con los lamidos: hete ahí la sede del placer en el cerebro de las ratas.

Sin embargo, este método plantea algunos inconvenientes importantes. ¿Y si el placer no es lo único que hace que una rata se relama? ¿Y si no todos los tipos de placer hacen que se relama, sino que solo lo hace cuando el placer tiene que ver con la comida? El problema de interpretar que sacar la lengua es una muestra de placer radica en la imposibilidad de comprobar si la rata disfruta de verdad del sabor. En este experimento, estaríamos cayendo en lo que la neurocientífica de las emociones Lisa Feldman Barrett llamó «falacia de inferencia mental». Esto significa que, como los animales no pueden explicarnos lo que piensan, la interpretación de una experiencia (placer) en función de una métrica observable (sacar la lengua) es, por definición, una conjetura.

Por lo tanto, quizá tendríamos que resignarnos a que es imposible llevar a cabo este experimento a no ser que sepamos exactamente qué siente el animal: necesitamos saber si se trata de felicidad, tristeza, asco, ira o placer. Siendo así, todo sería mucho más fácil si el animal con el que experimentamos fuera un ser humano, pues a este se le puede preguntar si siente placer y esperar que responda la verdad (yo he tomado esta decisión en todos mis experimentos y mi vida es mucho más sencilla).

Una vez decidimos medir el placer en humanos, nos topamos enseguida con otros obstáculos. A diferencia de lo que sucede en los experimentos con animales, en humanos no resulta sencillo medir los disparos de neuronas individuales (excepto en casos muy concretos, como los registros de neuronas que se llevan a cabo durante intervenciones de neurocirugía). Entonces se recurre a las técnicas de diagnóstico por imagen para medir en directo la actividad eléctrica del cerebro o a mediciones que nos den una estimación de la actividad cerebral.

Los primeros experimentos con técnicas de diagnóstico por imagen usaron la tomografía por emisión de positrones (PET), que, entre otras cosas, mide la actividad metabólica del cerebro, que se corresponde aproximadamente con la actividad neuronal. La PET funciona inyectando al paciente un marcador radiactivo; de este modo, las áreas del cerebro (o del cuerpo) con una actividad metabólica elevada acumulan una radiactividad también elevada, que se puede grabar y, gracias a ello, obtener una imagen que muestra la zona aproximada de actividad neuronal en el cerebro.

En la actualidad, para medir la actividad cerebral con mayor precisión anatómica, la mayoría de los científicos usan la resonancia magnética funcional (RMf), una técnica algo más moderna. Es probable que hayas visto imágenes de RMf en la televisión: son como manchas de colores en distintas partes de una resonancia magnética (RM). Cuando vemos en las noticias (o leemos en este libro) que una parte concreta del cerebro interviene en una función determinada, la información se suele basar en el promedio de muchas medidas de una misma persona (por ejemplo, alguien tendido en el escáner mirando una sucesión de imágenes parecidas), que luego se promedia con el de otras personas (cuantas más, mejor, por motivos estadísticos).

La RMf ofrece una aproximación de la actividad neuronal midiendo el nivel de oxigenación de la sangre en el cerebro. La resolución de las imágenes que se obtienen es superior a la que se consigue con la PET, en algunos casos en áreas de solo un milímetro cúbico. Sin embargo, el nivel de oxígeno en sangre sube y baja muy despacio, en segundos, mientras que las neuronas disparan mucho más deprisa. Por lo tanto, la RMf no puede seguir el ritmo de la actividad cerebral real y lo que ofrece son aproximaciones de la actividad cerebral a lo largo del tiempo y el espacio. Los retos técnicos que plantea la RMf (y otras técnicas de diagnóstico por imagen) exigen a los neurocientíficos colaborar estrechamente con físicos, que han descubierto cómo modificar los campos magnéticos generados por las máquinas de RM y optimizarlos para crear las mejores imágenes posibles. Sin embargo, incluso una vez superadas estas cuestiones técnicas, la RMf presenta límites insalvables: no mide directamente la actividad químico-eléctrica del cerebro y carece de la resolución necesaria para captar la señal de una sola neurona; solo un milímetro cúbico, que es una resolución muy respetable para los experimentos con RMf en humanos, contiene un millón de neuronas. Por lo tanto, las pruebas más convincentes son las convergentes: cuando los experimentos con humanos confirman lo que ya ha demostrado un experimento con animales.

Esto nos devuelve al experimento sobre el placer y al intento de encontrar las áreas cerebrales donde este se origina. En el contexto del placer, obtener pruebas convergentes exige hacer dos experimentos: uno que mida con precisión la actividad cerebral en ratas, pero con una medida (o medidas) imperfecta del placer, y otro que ofrezca una aproximación de la actividad cerebral en humanos, pero con una medida verificada del placer subjetivo.

Ahora hay que decidir con qué estamos convencidos de poder inducir placer en los participantes. Una opción muy habitual es administrarles batido de chocolate en la boca, habiendo confirmado antes que a todos les guste el chocolate (este es también un método de consumo de alcohol en algunas fiestas, pero no son el mejor entorno para llevar a cabo experimentos científicos). Administrar un líquido directamente en la boca de un voluntario ofrece un beneficio único en el contexto de las RM: no exige masticar ni ningún otro movimiento, pues permanecer inmóvil es esencial para obtener una imagen de RM clara y de buena calidad (por ese mismo motivo, no conviene escanear el cerebro de los participantes mientras comen rosquillas: obtendríamos RM muy borrosas).

Una vez decidido qué cuenta como placer en el experimento, lo siguiente que hay que hacer es observar qué pasa en el cerebro mientras los voluntarios lo experimentan. Tras introducir a los participantes en el escáner uno a uno, analizaríamos las imágenes obtenidas (se tarda muchísimo en conseguirlas y no sucede durante el escáner, por mucho que en las series de televisión parezca lo contrario). «¡Ajá!», pensamos cuando vemos que en todos los voluntarios se activan las mismas áreas cerebrales mientras beben el batido: esas han de ser las zonas del placer.

Sin embargo, luego comentamos el fascinante descubrimiento acerca del área cerebral del placer con otro amigo científico mientras nos tomamos una copa y resulta que, por casualidad, él ha hecho experimentos con un grupo de pacientes de ictus con daño cerebral específico en una de las áreas que hemos identificado en la red del placer del chocolate. Según nuestros resultados, ese daño cerebral tendría que significar que la persona ha perdido la capacidad de experimentar placer, así que le pedimos a nuestro amigo que lo compruebe en sus experimentos. No obstante, los pacientes experimentan un placer normal en todas las medidas, por lo que es evidente que el área cerebral que hemos identificado, aunque se correlaciona con beber chocolate en nuestro primer experimento, no puede ser la responsable de generar placer, pues perderla no ha eliminado la experimentación de placer.

Esto se debe a un error estadístico clásico. Muchas personas aficionadas a la estadística que lo conocen disfrutan exclamando «¡Correlación no es causalidad!» cada vez que lo detectan (quizá no sean tan aficionadas a las interacciones sociales). Esto significa lo siguiente: que dos cosas sucedan a la vez no significa que haya una relación causal entre ellas. Siempre que se hable acerca de áreas cerebrales o de neurotransmisores que causan una experiencia o conducta, es importante que recuerdes que eso no tiene por qué ser cierto, a no ser que el experimento haya manipulado el área o neurotransmisor en cuestión para ello (por ejemplo, usando un fármaco, estimulación cerebral u otro método que cambie el área y provoque un resultado concreto) y no se haya limitado a obtener imágenes del cerebro. También es importante valorar distintos experimentos, incluyendo con animales (porque es más fácil aplicar métodos causales), además de con humanos (porque es más fácil saber qué siente el participante), para estar seguros de qué áreas cerebrales o neurotransmisores causan placer, dolor u otras experiencias. Por supuesto, este problema no es exclusivo de la obtención de imágenes del cerebro. A lo largo del libro hablaremos acerca de correlaciones sólidas y creíbles en humanos o de pruebas causales convincentes en animales (o ambas cosas, en el caso del microbioma intestinal) que no son necesariamente causales cuando hablamos de la salud mental en humanos.

Por lo tanto, si algún día lees en el periódico, por ejemplo, que comer chocolate mejora la depresión porque modifica el cerebro, deberías intentar determinar lo siguiente: ¿Existe de verdad una relación causal entre el consumo de chocolate y la reducción de la depresión o podría ser que, sencillamente, las personas comen más chocolate cuando están más contentas? E, incluso si se trata de una relación causal, ¿solo pasa con el chocolate o con cualquier otro dulce? ¿Y qué parte del chocolate sería la causa?, ¿el sabor?, ¿un ingrediente clave?

Muchos investigadores han llevado a cabo estudios parecidos a nuestro experimento hipotético con el batido de chocolate y han concluido que son varias las áreas cerebrales que intervienen en la experiencia de comer algo que nos gusta. Por ejemplo, las neuronas de la corteza orbitofrontal (detrás de los ojos) llevan un cuidadoso análisis de lo placentero que resulta un alimento determinado; la actividad de estas neuronas se correlaciona estrechamente con el placer. No obstante, este emparejamiento placer-actividad no es exclusivo de la comida que nos gusta. Muchos habrán experimentado el placer divino que evocan fragmentos concretos de una obra musical. Hace dos décadas, Anne Blood y Robert Zatorre usaron PET para medir la actividad cerebral mientras los participantes de un estudio escuchaban música. Como la música que nos conmueve es algo muy personal, los investigadores permitieron que los voluntarios eligieran la suya (la misma música que lleva al éxtasis a una persona puede provocar arcadas a otra, lo que habría echado a perder el experimento). Midieron la frecuencia cardiaca y respiratoria, la actividad cerebral y los informes subjetivos de escalofríos durante la escucha de todos los participantes. A medida que los escalofríos de los voluntarios aumentaban, la actividad de la corteza orbitofrontal hacía lo propio, al igual que la de otras áreas cerebrales que se activan con la comida, el sexo, las drogas y otras cosas placenteras.[29] Estas áreas cerebrales controlaban el placer musical subjetivo de los participantes.

Sin embargo, como ahora ya sabes, que la corteza orbitofrontal se correlacione estrechamente con la experiencia placentera no significa que cause placer. Al contrario de lo que sería de esperar si la corteza orbitofrontal causara placer, los pacientes con daños en esta área conservan la capacidad de sentir placer, aunque las decisiones y las expresiones emocionales asociadas sí que cambian.[30, 31] Esto significa que la corteza orbitofrontal interviene en el placer, pero no lo causa.

Sin embargo, algunas áreas cerebrales sí causan placer directamente. El cerebro cuenta con varias zonas diminutas repartidas a las que se conoce como «puntos calientes hedónicos» y cuya actividad es fuente de placer. Estos deben su nombre a la geología: los puntos calientes son regiones distribuidas por todo el planeta en las que el magma alcanza las temperaturas más elevadas, lo que propicia la aparición de volcanes, mientras que los puntos calientes hedónicos son zonas repartidas por casi todo el cerebro que propician la aparición de placer.[32]

El primer hallazgo sobre las áreas que causan placer (puntos calientes hedónicos) tuvo lugar midiendo respuestas semejantes al placer en roedores (relamerse, etc.) después de que los investigadores hubieran inyectado fármacos en partes cerebrales muy específicas. Esto les proporcionó un mapa de zonas objetivas y precisas de puntos calientes hedónicos en el cerebro. Ahora, estos puntos calientes se pueden contrastar (y en algunos casos se ha hecho)[33] en estudios humanos con RMf y otras técnicas.

Aunque los puntos calientes son pequeños y están repartidos, también funcionan como una red de placer. Estos son «análogos a islas separadas que forman un mismo archipiélago», dijeron los aclamados neurocientíficos expertos en placer Morten Kringelbach y Kent Berridge. De hecho, que sean islas independientes dispersas podría ser ventajoso, pues estar ubicadas en áreas diferentes permite a las fuentes de placer desempeñar funciones diversas en distintos procesos cerebrales, ya que interactúan con zonas específicas del cerebro. Cuando se estimulan directamente (por ejemplo, en animales o con un fármaco), los puntos calientes intensifican el placer que proporciona una experiencia: causan placer directamente. A pesar de que es posible estimularlos con fármacos (como la morfina o el cannabis), en la mayoría de las ocasiones se hace de forma natural con experiencias concretas, como la risa, el sexo o la música. Estos puntos calientes hedónicos constituyen el mapa del placer del cerebro y su biología nos ofrece una manera de entender la función del placer en la salud mental.

LOS PELIGROSOS Y NO TAN PELIGROSOS CAMINOS DEL PLACER EN EL CEREBRO

Una de las lecciones que nos dan los puntos calientes hedónicos es que son muchos los caminos que llevan al placer en el cerebro, pues este abarca una amplia red de áreas. Veamos uno de ellos, un área de un milímetro cúbico de tamaño en el núcleo *accumbens* en las ratas (de aproximadamente un centímetro cúbico en humanos). En las ratas, cuando se inyecta en esta área un fármaco que estimula los receptores de opioides, las respuestas de placer de los animales (protrusiones de la lengua) ante el agua azucarada se cuadriplican en comparación con antes de la inyección.[34] Si quisiéramos caer en la falacia de inferencia mental, esto se podría interpretar como que el placer se origina en esta área. Sin embargo, también contamos con pruebas convergentes, porque los fármacos y las drogas que estimulan estos mismos receptores, como el opio, la heroína y la codeína, suscitan el mismo nivel de placer en personas.[35]

Los opioides no son la única vía química al placer en este punto caliente, sino que los endocannabinoides, otra clase de neurotransmisores, también lo activan. Tal y como indica su nombre, son sustancias naturales relacionadas con los cannabinoides de origen vegetal y una de ellas es el ingrediente principal del cannabis. Las inyecciones de un endocannabinoide en este punto caliente hedónico también causan un aumento drástico de las respuestas de placer de los animales ante sabores dulces,[36] de un modo similar al que muchas personas obtienen del cannabis. Por lo tanto, dos neurotransmisores muy distintos pueden provocar un placer similar en la misma área cerebral.[37]

Es posible que todo esto suene a ciencia ficción, cuando lo que nos ocupa es la felicidad humana real. No se me habrá ocurrido sugerir que los opioides o el cannabis sean el secreto de la felicidad, ¿verdad? No, al menos no para la mayoría de las personas. Sin embargo, la ciencia nos dice que el cerebro cuenta con múltiples vías para obtener resultados similares en cuanto al placer. Y hay cosas en la vida cotidiana que, como los fármacos y las drogas, estimulan la liberación de opioides o de cannabinoides, entre otros neurotransmisores (como la risa social, de la que hablaremos más adelante en este mismo capítulo). Esto podría ser útil en lo que al alivio del dolor se refiere, además de para comprender mejor cómo funciona nuestro sistema de placer.

Hace mucho que la medicina explota con fines analgésicos la función que el sistema opioide del cerebro desempeña en el alivio del dolor. La mayoría de las personas que han tomado fármacos opioides, como codeína, hidrocodona, oxicodona, etc., pueden dar fe del ascenso del umbral del dolor mientras el fármaco hace efecto y, a veces, también indican que les proporciona sensaciones subjetivamente placenteras (es posible que esto suceda porque alivia emociones disfóricas y desagradables). Esta propiedad es muy útil desde el punto de vista clínico, pero, como ya sabemos ahora, los fármacos opioides son muy peligrosos y pueden provocar dependencia y sobredosis, incluso si se toman por prescripción médica.

En 2021, 80.816 personas murieron por sobredosis de opioides en Estados Unidos,[38] donde es habitual prescribir este tipo de fármacos. Y el ochenta por ciento de las personas que abusan de la heroína lo hicieron antes de un opioide recetado por un médico. Es una situación muy compleja, porque los fármacos opioides son vitales para el tratamiento del dolor y seguros para la mayoría de la gente, siempre que su uso se controle cuidadosamente. (En el Reino Unido también ocurren sobredosis de opioides, pero es menos habitual que estos hayan sido recetados por un médico que en Estados Unidos. Los lectores estadounidenses quizá se sorprendan al leer que a los británicos solo se les recetan analgésicos convencionales para intervenciones como la extracción de la muela del juicio, mientras que en Estados Unidos se recetaría una cantidad considerable de hidrocodona para la misma intervención.)

La cualidad adictiva de los fármacos opioides es otra demostración de la estrecha relación entre el dolor y la salud mental. Esto sucede porque los opioides no solo reducen el dolor de origen externo: si se pregunta a personas que los hayan tomado, muchas de ellas dicen que estos también alivian el dolor interior, al reducir la desesperanza o eliminarla. Sin embargo, tal y como ahora sabe todo el mundo, calmar el dolor (ya sea físico o mental) con opioides puede tener consecuencias catastróficas a largo plazo. Además, las situaciones vitales complicadas o los problemas preexistentes de salud mental llevan a que el alivio que proporcionan los opioides sea aún más intenso y, por lo tanto, más peligroso. Es muy, pero que muy difícil resistirse a la posibilidad de escapar del dolor emocional.

Esto significa que es de una importancia vital contar con tratamientos analgésicos alternativos. Esto incluye el desarrollo de fármacos con propiedades analgésicas sin el riesgo de adicción o sobredosis (ya hay muchos disponibles); sin embargo, tal y como veremos más adelante en el libro, también incluye terapias psicológicas para modificar los pensamientos y las conductas en relación con el dolor, una estrategia eficaz para algunas personas porque altera los procesos cognitivos superiores que contribuyen a la percepción del dolor, como, por ejemplo, las expectativas y el aprendizaje. Asimismo, habría que modificar los tratamientos analgésicos a corto plazo, como las infiltraciones de esteroides, para que ejercieran un efecto más generalizado sobre el sistema de supresión del dolor del cerebro.

Los opioides endógenos también alivian el dolor, aunque intervienen en actividades placenteras tan triviales que podríamos caer en la tentación de pensar que no son importantes, y nos equivocaríamos. Reír con los amigos es un ejemplo de las cosas sencillas que activan la liberación de opioides de modo natural, como demostró el maravilloso experimento del neurocientífico finlandés Lauri Nummenmaa y su entonces doctoranda Sandra Manninen, que usaron la tecnología PET para medir el nivel de opioides endógenos en humanos sanos.[39] Antes de la tomografía, los voluntarios estuvieron con sus amigos viendo series cómicas. Tras solo treinta minutos, su cerebro empezó a liberar opioides en distintas regiones y refirieron sentirse más tranquilos y felices.[40] Aún más convincente resulta saber que la cantidad de veces que el voluntario reía en un minuto se correlacionaba con su capacidad de sentir placer derivado de los opioides: cuantos más receptores de opioides tenía la persona en la corteza frontal (que incluye la corteza orbitofrontal), más reía. Así pues, la biología del cerebro está directamente relacionada con la experiencia del placer y la risa social activa los mismos sistemas que los fármacos opioides, que no hacen más que conectarse a un sistema diseñado para facilitar la risa y otras vías que llevan a la liberación de opioides endógenos.

Además, como sucede con los fármacos opioides, reír con los amigos tiene propiedades analgésicas; es decir, alivia el dolor. Este mismo experimento concluyó que ver vídeos graciosos con amigos aumentaba la cantidad de tiempo que los voluntarios podían pasar haciendo sentadillas contra la pared (apoyarse en la pared con las piernas en ángulo recto hasta que las piernas duelen tanto que ya no nos sostienen. Si no crees que sea para tanto, pruébalo y verás). Como la risa social libera opioides, aumenta el umbral del dolor y nos vuelve más resistentes ante el malestar. (Y, a diferencia de los fármacos opioides y hasta donde yo sé, ver vídeos graciosos con los amigos no supone riesgo alguno.) Sin embargo, una advertencia: no toda la televisión, ni siquiera cuando la vemos en compañía, tiene esta mágica capacidad analgésica. Las sentadillas eran más dolorosas después de ver series dramáticas que cómicas. Por supuesto, el efecto analgésico es menor que si los experimentadores hubieran administrado fármacos opioides a los voluntarios, pero aun así es una demostración fantástica de que la risa social activa la liberación de opioides endógenos y la analgesia.

Es una propiedad extraordinaria para algo tan cotidiano. ¿Cuál es el propósito de que el sistema de placer del cerebro sea tan sensible a la risa social que esta reduzca algo tan relevante como el dolor? La interpretación de Nummenmaa es que los resultados indican que la actividad opioide es una señal de seguridad que calma y relaja a las personas con el objetivo de facilitar la cohesión social. Esto tiene que ver con una teoría evolutiva acerca del objetivo de la risa social: facilitar el vínculo y la cohesión del grupo, algo esencial para la supervivencia de la especie y, por lo tanto, consolidado por este potente sistema de placer. La cohesión del grupo es muy ventajosa desde el punto de vista evolutivo y se cree que, en otras especies, el acicalamiento social la promueve, y resulta que este también depende del sistema opioide: los fármacos que alteran los niveles de opioides modifican la conducta de acicalamiento en los monos.[41] Según esta teoría evolutiva, la risa funciona como una extensión del acicalamiento que fomenta la cohesión social liberando opioides, causando así placer y analgesia. En comparación con el acicalamiento, la risa tiene la ventaja de que no requiere contacto físico y, por consiguiente, se puede extender a grupos mucho más amplios. Además, es tan contagiosa que, con frecuencia, basta con oír reír a alguien para que uno se eche a reír también. Así, se podría aprovechar el efecto contagioso de la risa para facilitar la cohesión social, ya que activa la liberación de opioides en masa y a una escala mucho mayor que la que se consigue con el acicalamiento individual.

Tres de mis amigas son expertas en risa (un tema maravilloso en el que especializarse). Las neurocientíficas londinenses Sophie Scott, Carolyn McGettigan y Nadine Lavan han colaborado en varios experimentos para medir la risa en el cerebro y determinar qué nos hace reír. Su teoría es que la función de la risa va más allá de la mejora del vínculo social: también regula las experiencias emocionales negativas.[42] Esto significa que la risa podría tener consecuencias positivas a corto plazo sobre el estado emocional, además de consecuencias positivas a largo plazo en las relaciones sociales. La risa podría, por sí misma, mantener relaciones duraderas y sanas. Pensemos, por ejemplo, en una pareja en plena discusión, una fuente de un estrés psicológico y mental considerable para la mayoría de la gente. Por lo general, cabría suponer que, cuando una pareja discute, los signos fisiológicos de estrés en ambas personas se disparan: aceleración de la frecuencia cardiaca, sudoración, aumento de la tensión arterial, etc., pero un estudio demostró que estos no aumentan de la misma manera en todos los casos. Algunas de las parejas estudiadas no presentaron el mismo nivel de estrés fisiológico cuando hablaron de un tema motivo de conflicto entre ellas; estas afortunadas parejas fueron también las que rieron más durante la conversación.[43] Además, la reducción del nivel de estrés no se limitó a la conversación estresante: cuantas más expresiones emocionales positivas como la risa manifestara una pareja durante la conversación, mayor era la puntuación que asignaban a su nivel de satisfacción con la relación. Así pues, la capacidad de la risa para reducir el estrés en las relaciones podría ser clave para el bienestar general de personas en relaciones a largo plazo, porque la satisfacción con la pareja está íntimamente ligada a la satisfacción vital.[44] Por lo tanto, parece que la risa social desempeña múltiples funciones relacionadas con el placer, desde el bienestar pasajero hasta el alivio del dolor o la facilitación del vínculo social..., y quizá incluso la mejora de la calidad de vida global.

DE GUSTIBUS NON EST DISPUTANDUM

Aunque hay cosas que gustan o disgustan de manera casi universal (risa, sexo, etc.), la constelación específica de qué suscita placer en cada uno de nosotros es bastante personal. O quizá todos disfrutemos satisfaciendo las mismas necesidades básicas (alivio del dolor o del hambre, reproducción, conexión social...), pero lo hagamos de distinta forma. Esto se vuelve más evidente cuando constatamos que la respuesta cerebral de cada persona varía: las diferencias entre lo que nos gusta y no nos gusta se reflejan en los cambios en la liberación de opioides endógenos, endocannabinoides y otros neurotransmisores.

Veamos, por ejemplo, la comida, una fuente de placer habitual. Los estudios con animales indican que cuánto nos gusta un alimento concreto depende de si este suscita la liberación de opioides endógenos en el cerebro.[45] Sin embargo, no debemos confundirnos y pensar que solo porque algo cuente con una base biológica es innato (es decir, que está presente desde el nacimiento). Al igual que sucede con toda la fisiología cerebral, nuestro nivel de liberación de opioides, por ejemplo, ante una porción de tarta, depende tanto de la genética como de las experiencias con tartas (y de otras experiencias). El entorno y las vivencias configuran la respuesta biológica del cerebro ante todas las situaciones y se combinan con la predisposición genética. La tarta le gusta a casi todo el mundo porque la comida rica en grasa y en azúcar aporta energía rápida y accesible y activa la liberación de opioides endógenos. Además, la liberación de opioides tras la ingesta de grasa y azúcar incluso contrarresta impulsos naturales como el de saciedad.[46] Esto explica por qué, al final de la cena, cuando sentimos que ya no nos cabe nada más, de repente descubrimos que nuestro apetito resucita milagrosamente en cuanto nos ponen delante un delicioso pastel de chocolate (si el chocolate nos gusta, claro). No obstante, si se impide la liberación de opioides, el efecto desaparece. En un experimento, ratas con el estómago lleno no mostraron ningún interés en su postre (nata) después de que los experimentadores hubieran bloqueado la liberación de opioides endógenos.[47] Por lo tanto, contamos con un mapa cerebral personal que cartografía la comida que nos gusta y la que no, cocreado por los genes y las vivencias, que se reelabora cada vez que tenemos experiencias nuevas con comida.

Tenemos un mapa similar para lo que no nos gusta. Al igual que los puntos calientes de los que hemos hablado al principio del capítulo, el cerebro también cuenta con puntos fríos hedónicos o áreas que inhiben el placer cuando se activan. Los puntos fríos acostumbran a estar muy cerca de los calientes (por ejemplo, uno de ellos es vecino del punto caliente de opioides y endocannabinoides que he mencionado). Si se inyectan opioides en estos puntos fríos en ratas, sucede justo lo contrario que cuando se hace en los puntos calientes: se reprimen las respuestas de agrado.

En la vida cotidiana, cuánto nos gusta o disgusta algo suele tener relación con los puntos calientes y fríos que se activan en el cerebro. El neurocientífico de Cambridge Andy Calder trabajaba en mi departamento hace un par de décadas cuando descubrió que un punto caliente identificado en el *pallidum* ventral de las ratas se activaba también en seres humanos cuando se mostraba a los voluntarios en el escáner imágenes de tartas de chocolate, helados y otros alimentos deliciosos, en comparación con platos aburridos.[48] Aún más interesante: cuanto más refería el voluntario que le gustaba el chocolate, el helado o lo que fuera, más se activaba el punto caliente de esa área cuando se le mostraban imágenes de ese postre concreto. La actividad del área se correlacionaba con el placer subjetivo de la persona (hasta qué punto le gustaba esa comida).[49] Sin embargo, como también sucede en el cerebro de las ratas, este punto caliente en el cerebro de los voluntarios contaba con un punto frío colindante. Cuando se les mostraban imágenes de comida asquerosa o podrida, se activaba un área justo delante del punto caliente del *pallidum* ventral. Esto también se asociaba con el asco subjetivo: cuanto más asqueado refería estar el voluntario, más activación presentaba el punto frío.[50] El disfrute de un helado o el asco ante una verdura podrida se relaciona directamente con la actividad en estos puntos calientes y fríos del cerebro.

Dado que los puntos calientes y fríos acostumbran a estar no solo relacionados, sino vinculados al placer, se han hallado casos de cambios drásticos en lo que gusta y disgusta a personas que han padecido lesiones en esas zonas del cerebro. En un estudio con participantes con lesiones cerebrales, un paciente de treinta y cuatro años sufrió un ictus que dañó el punto caliente del *pallidum* ventral identificado en el experimento de Andy Calder. Tras el ictus, el paciente perdió la capacidad de sentir placer en muchos ámbitos de su vida y sufría una depresión grave. Sin embargo, esto tuvo un efecto positivo sorprendente: antes del ictus, era alcohólico y adicto a otras drogas, pero, después, su ansia por consumir alcohol y drogas cesó. Por asombroso que parezca, dijo: «Beber alcohol ya no me produce placer alguno».[51]

Las diferencias en la biología del cerebro (determinada por la experiencia además de por la genética) dan lugar a variaciones drásticas en lo que gusta y disgusta a cada persona. La próxima vez que te guste algo que no le gusta a nadie más o que no te guste algo que le encanta a todo el mundo, piensa en tus patrones únicos de actividad en lo que a los puntos fríos y calientes se refiere. En cuanto a mí, no soporto la mayonesa, mientras que a mi mujer (y a muchas otras personas) les encanta. Aunque no lo he comprobado con un escáner cerebral, supongo que, cuando como mayonesa, se activan en mi cerebro puntos fríos (como el del *pallidum* ventral), algo que no sucede en el cerebro de los millones de personas que la adoran; de hecho, es posible que ese mismo sabor les active puntos calientes. El patrón de activación de los puntos calientes y fríos ante comidas distintas es un mapa de nuestros gustos. Lo que sí está claro es que el placer y el asco (sea cual sea su origen) resultan muy útiles, tanto para cada uno de nosotros en cuanto que individuos como para la sociedad (igual que sucede con la risa social). Quizá la mayor utilidad del placer resida en que refuerza la salud mental y la mantiene. Es semejante al modo en que el dolor agudo es útil como ayuda a corto plazo para la supervivencia y como indicador de qué debemos evitar en la vida en general. El placer nos dice qué nos sienta bien a corto plazo, pero también puede tener efectos duraderos y globales sobre la satisfacción vital.

LA HEDONIA Y LA SALUD MENTAL

La capacidad de obtener placer es clave para la salud mental. No porque tengamos que sentirlo todo el tiempo (la hedonia constante no es deseable para el cerebro, y seguramente tampoco posible), sino porque ser un poquito hedonista tiene sus ventajas. La motivación para buscar el placer a corto plazo puede tener consecuencias positivas para la salud mental a largo plazo, pues experimentarlo habitualmente se asocia con un mayor bienestar mental. Las personas que apenas tienen placer en su vida cotidiana tienden a asignar puntuaciones bajas a su satisfacción vital, mientras que, cuanto más placer siente alguien en su día a día, más elevadas son las puntuaciones que asigna a su bienestar.[52]

«¡Un momento! – oigo decir a los escépticos –. ¿No estarás cayendo también en el error de vincular la correlación y la causalidad?» Bueno, sí. Es posible que esta asociación aluda, sencillamente, a la manida observación de que las personas con mayor nivel de bienestar también disfrutan más de las cosas, no que el disfrute de las cosas cause el bienestar. Sin embargo, disponemos de pruebas convergentes en consonancia con la segunda idea: parece que aquello que causa placer, como la risa social, hace que las personas se sientan más felices en su día a día. En el caso de la risa, esto se podría explicar por sus efectos fisiológicos: sus propiedades analgésicas mediante el sistema opioide, que reducen las respuestas de estrés. Por supuesto, la relación entre el bienestar y la risa también va en dirección contraria: es de esperar que las personas más felices rían más. Así pues, lo más probable es que el bienestar y el placer se retroalimenten en una especie de bucle de placer y bienestar perpetuo, lo que suena ideal si tenemos la suerte de estar en él, pero no tanto si no lo estamos.

Muchas de las personas de todo el mundo que han sufrido depresión y otros trastornos de salud mental que reducen el placer también se encuentran en un círculo vicioso, pues sentir menor bienestar causa menos risa, que implica menor liberación de opioides, lo que reduce aún más el bienestar. Las pruebas de que la ausencia de placer empeora la salud mental proceden, en parte, del síntoma clínico de la anhedonia. Tradicionalmente, esta se concebía como la incapacidad de experimentar placer, pero la definición se ha ampliado e incluye la pérdida de interés en actividades que antes resultaban placenteras. Esta es una de las maneras habituales en que se evalúa la anhedonia en un cuestionario de salud mental:[53]

Rodee con un círculo la afirmación que mejor refleje su situación.

1. Las cosas que hago me satisfacen tanto como antes.
2. No disfruto de las cosas como antes.
3. Ya no disfruto de verdad con nada.
4. Todo me aburre o me molesta.

Si has marcado el 1, no presentas anhedonia, pero, si has marcado el 3 o el 4, podría ser un indicador de que la padeces. La anhedonia es un síntoma de varios trastornos mentales y uno de los dos síntomas fundamentales de la depresión (el otro es el estado de ánimo negativo). También es un elemento fundamental de la esquizofrenia, pues forma parte de lo que se conoce como «síntomas negativos» que llevan a las personas con psicosis a sentir menos emociones y a aislarse socialmente. Asimismo, los cambios en cómo se procesa el placer aparecen en muchos otros trastornos, como en las adicciones y en los trastornos de la alimentación. Sin embargo, la anhedonia no solo se correlaciona con el empeoramiento de la salud mental, sino que precede a varios trastornos mentales o los precipita, lo que indica que también es un factor de riesgo para tener una peor salud mental; por ejemplo, en la adicción a sustancias, se cree que las recaídas se deben al aumento del nivel de anhedonia.[54] Esto significa que, si se pasa de sentir un placer o interés normal a la anhedonia, el riesgo de desarrollar un trastorno mental será mayor, o, en el caso del uso de sustancias, de pasar de un consumo recreativo al abuso.[55]

Hay quien ha llegado a afirmar que la anhedonia es tan básica en la mala salud mental que trasciende los diagnósticos clínicos específicos. Esto da a entender que la pérdida de interés o de placer en actividades que resultaban placenteras es un factor de riesgo transdiagnóstico, es decir, un componente que aumenta la vulnerabilidad a la mala salud mental en general (con independencia del trastorno mental concreto), pues nos hace menos resistentes ante los estresores (biológicos y sociales) que pueden causar trastornos de salud mental. La capacidad de anticipar el placer, representarlo y aprender de él es un factor de protección contra el empeoramiento de la salud mental, mientras que la anhedonia es una señal de alarma.

El efecto que el placer ejerce sobre el aprendizaje y la motivación, dos procesos en los que ahondaremos en los capítulos 3 y 4, es una de las razones por las que protege la salud mental. Por ejemplo, los mecanismos de aprendizaje nos permiten establecer relaciones entre elementos de nuestro entorno y experiencias placenteras, un fenómeno con efectos muy profundos sobre la motivación: en qué estamos dispuestos a invertir esfuerzo y en qué no. En un experimento, los investigadores condicionaron a ratas para que asociaran una chaqueta para roedores con el placer sexual (imagino un chaleco de alta visibilidad, pero en realidad no sé cómo era). Los experimentadores descubrieron que el condicionamiento chaqueta-sexo era tan eficaz que presentaban «déficits copulatorios drásticos» cuando no llevaban la chaqueta (¡las ratas, no los científicos!).[56] ¡Una chaqueta sexual para ratas! Podemos criticar muchas cosas a los científicos, pero que sean aburridos no es una de ellas.

PRESTAR ATENCIÓN AL PLACER

La idea de que, si queremos proteger nuestra salud mental y reforzarla, tenemos que llevar una vida severa y no demasiado agradable está muy extendida: hacer ejercicio físico, reducir el consumo de alcohol y, quizá, tomar medicación o ir a terapia. Analizaremos todas estas estrategias en capítulos posteriores, y es innegable que son útiles para mucha gente, pero, si el placer es un elemento tan fundamental para la salud mental, la severidad no puede ser la única manera de conseguirla. Para algunas personas, quizá las que son vulnerables, pero no sufren ningún trastorno mental, empezar a prestar atención a las experiencias placenteras y valorarlas es una manera de prevenir el empeoramiento de la salud mental. Por otro lado, en cierta medida, incluso lo que parece un castigo contribuye a la salud mental mediante el placer: por ejemplo, se sabe que, a corto plazo, el ejercicio físico causa hedonia (el subidón del corredor) y una mayor tolerancia al dolor (analgesia). Esto se debe en parte, aunque no por completo, a la acción de los opioides. De cualquier forma, no todo el ejercicio físico es igual en este sentido: el ejercicio breve de alta intensidad tiene este efecto; no así el de baja intensidad de una hora de duración[57] (recuerda los baños de agua fría, que también siguen la regla de Ricitos de Oro para causar analgesia). En capítulos posteriores examinaremos los procesos inherentes a la anticipación y la motivación para buscar experiencias placenteras, dos procesos muy importantes cuando se sufre un trastorno mental, quizá incluso más que la propia sensación de placer. «Disfruta más» no es una sugerencia razonable para quienes padecen un trastorno mental crónico que puede haber alterado estos otros procesos que intervienen en la consecución de experiencias placenteras. Ciertamente, es más fácil hacer que el sistema de placer siga funcionando que reactivarlo una vez se estropea.

No obstante, prestar atención al placer no es tan trivial como parece a primera vista. Ya hemos visto que el dolor crónico comparte circuitos con la mala salud mental; del mismo modo, el placer los comparte con la salud mental positiva. Por desgracia, no hay atajos a los circuitos cerebrales que favorecen la hedonia. Los fármacos opioides, por ejemplo, nos ayudan a sentir placer durante un breve periodo de tiempo, aunque nos arriesgamos a sufrir los efectos marcadamente anhedónicos de su retirada. Asimismo, cabe recordar que tanto los opioides como los cannabinoides farmacéuticos actúan en los receptores de todo el cerebro. Sin embargo, a excepción de los puntos calientes hedónicos, la mayoría de las áreas no tienen que ver específicamente con el placer. Muy al contrario, la red de zonas que codifican el placer también interviene en la recompensa, el dolor, el hambre, la saciedad y muchas otras sensaciones. De hecho, las áreas del placer del cerebro están relacionadas con multitud de factores que influyen en la salud física y mental.

Por consiguiente, el placer no es una sola cosa para el cerebro. Me he centrado en neurotransmisores, áreas y causas específicos, pero esto no es más que un ápice de su naturaleza. El placer reside en varias áreas cerebrales y cada una de ellas desempeña múltiples funciones. Una misma área interviene tanto en recompensas primarias (como la comida o el sexo) como en placeres artísticos y sociales. Así pues, ni siquiera en los puntos calientes hedónicos hay una receta única para el placer. Un punto caliente solo causa placer cuando lo activa su cóctel de neurotransmisores específico en su área anatómica exacta, por lo que requiere una combinación de ingredientes precisa.[58]

Lo que nos gusta a cada uno es único, pero sus fundamentos son comunes a todos nosotros. Un aspecto importante de esto es que el placer y el dolor siempre dependen del estado actual y del que se prevé en el futuro, lo que significa que la percepción de la salud mental va mucho más allá de si disfrutamos de las sensaciones inmediatas de una experiencia o no. Por ejemplo, es posible que algo nos guste de momento, pero que luego nos deje agotados y exhaustos y decidamos que ya no nos satisface en absoluto. Esta reflexión interna exige la capacidad de evaluar el estado general y predecir cómo nos harán sentir determinadas experiencias. El resultado de todo ello es que el placer y el dolor son distintos en función del contexto.

Uno de los contextos más importantes para el placer, el dolor y otras experiencias mentales es el interno: el estado del cuerpo. El cuerpo es clave a la hora de sentir placer y dolor. Cuánto nos gusta algo cambia en función de las necesidades homeostáticas del cuerpo. Lo has vivido cada vez que comes con el estómago vacío: todo parece delicioso, todo está suculento. Sin embargo, ¿alguna vez has comido algo cuando tenías mucha hambre que te ha gustado tanto que repites plato en una ocasión en la que no tienes tanto apetito y te decepcionas al ver que te parece normalito? Eso pasa porque el estado del cuerpo y las necesidades homeostáticas de este modulan la interpretación que el cerebro hace del placer: el hambre intensifica las expresiones faciales de placer, mientras que la saciedad las reduce.[59] La mayoría de las personas dicen disfrutar menos de la comida cuando están llenas que cuando tienen hambre.

El estado del cuerpo controla incluso el sistema opioide. Cuando los científicos privan a las ratas de la fase de sueño de movimientos oculares rápidos (REM, por sus siglas en inglés), nadar en agua fría ya no inhibe el dolor de un modo tan eficaz: tener sueño en comparación con haber descansado bien mitiga la respuesta del sistema opioide ante el estrés. Sorprendentemente, lo mismo sucede con la morfina, un fármaco opioide: en ausencia de sueño REM, pierde eficacia analgésica.[60] Todo esto quiere decir que la capacidad del cerebro para percibir placer y alivio del dolor depende en gran medida del estado del cuerpo. En el capítulo siguiente analizaremos dónde se origina la experiencia del estado del cuerpo, por qué se solapa con la experiencia emocional y cómo influye el estado del cuerpo en la salud mental.

Capítulo 2
EL EJE CEREBRO-CUERPO

En enero de 2018, el *Oxford English Dictionary* añadió la palabra *hangry* a su léxico: combina *hungry*, 'hambriento', y *angry*, 'enfadado', y denota el estar enfadado o irritado como resultado del hambre. Es posible que *hangry* sea la expresión que relaciona el cuerpo y la emoción más famosa, pero la idea de que los estados corporales influyen en los estados emocionales es algo generalizado en los campos de la psicología y la neurociencia. El hambre, la sed, la inflamación y muchos otros aspectos de nuestro cuerpo influyen en gran medida en nuestros pensamientos, emociones y conductas. Esto sucede porque el cuerpo envía al cerebro un torrente continuo de información, que se transmite desde una enorme variedad y cantidad de fuentes en el cuerpo, como el corazón, los pulmones, el intestino, el sistema inmunitario, los vasos sanguíneos o la vejiga. Los científicos están empezando a demostrar que los cambios microscópicos en todo el cuerpo afectan significativamente a la salud mental. Del mismo modo, muchos trastornos mentales vienen acompañados de alteraciones en procesos físicos fuera del cerebro, como el sistema inmunitario.

¿Por qué nos enfadamos cuando tenemos hambre? Un estudio de 2022 siguió a un grupo de personas a lo largo de su jornada y concluyó que los picos de enfado coincidían con los momentos en que los participantes decían sentir más hambre (esta también se asocia a la irritabilidad y la reducción del placer).[1] Hay un par de explicaciones comunes de este fenómeno. Una de ellas lo atribuye a las sustancias químicas que se liberan cuando la glucosa en sangre cae. En concreto, un descenso en la glucosa disponible en sangre activa la liberación de hormonas de estrés, con el evidente objetivo de comunicarnos que tenemos que conseguir comida lo antes posible. Las hormonas de estrés que se liberan con el hambre se solapan con las que asociamos a la ira y a la irritabilidad, pero, como tampoco tenemos tantas hormonas de estrés, este solapamiento puede confundir al cerebro y hacerle pensar que estamos enfadados cuando, en realidad, tenemos hambre. Comer algo reduce el nivel de las hormonas de estrés, lo que alivia el mal llamado «enfado».

Esta explicación tiene parte de verdad: el estrés fisiológico y el psicológico suscitan respuestas de estrés corporales similares. Sin embargo, esta explicación no me convence del todo, pues asume que el cerebro es pasivo, un mero receptor que se limita a atender a las sustancias del cuerpo que hacen que sienta enfado, hambre, etc. No obstante, sabemos que, aunque es innegable que el cerebro atiende al cuerpo, no es en absoluto un receptor pasivo que se confunde con facilidad ante señales químicas parecidas, sino que actúa activamente interpretando la información corporal, haciendo predicciones y regulando. Además, esta explicación asume que el solapamiento entre sustancias químicas es mera coincidencia y que la irritabilidad por hambre sucede porque los estados de ira y de hambre activan por casualidad la liberación de las mismas sustancias. Como explicaré en este capítulo, creo que el solapamiento no es casual y que, con toda probabilidad, si se da es por un buen motivo. Como ocurre con los circuitos compartidos por el placer y el dolor que hemos visto en el capítulo 1, este solapamiento es una característica clave del cerebro.

Otra teoría ligeramente distinta de los orígenes del enfado por hambre plantea que el fenómeno se explica por la necesidad de energía del cerebro. Según esta interpretación, cuando el cerebro se queda sin combustible ve reducida su capacidad para inhibir las emociones, pues esto exige energía. Por tanto, se asume que hay cierto nivel de irritabilidad antes de que aparezca el hambre, que no hace más que debilitar el control emocional.

Aunque esta hipótesis también es verosímil, tampoco creo que lo explique todo. Por lo general, en cualquier momento dado sentimos múltiples emociones leves, por lo que, si el hambre no hiciera más que debilitar el control emocional, ¿por qué casi nunca oímos que alguien tiene miedo, se sobresalta o se siente asqueado cuando tiene hambre? Esta teoría no explica el enfado por hambre.

Creo que, si queremos entender de verdad de dónde surge el enfado por hambre, lo primero que debemos hacer es determinar el origen de la emoción, pues la naturaleza de los estados emocionales está estrechamente relacionada con la de los estados corporales. Y los orígenes del enfado por hambre también nos aportan información básica acerca de la salud mental.

ESCUCHA AL CORAZÓN

Hace más de un siglo que numerosos científicos afirman que los estados del cuerpo influyen en los estados emocionales; la aceleración de la frecuencia cardiaca nos hace estar más alerta ante el peligro, el estómago revuelto exacerba el asco, las mariposas en el corazón nos llevan a pensar que estamos enamorados. La comunidad científica considera de forma generalizada que el estado del cuerpo influye de algún modo en las emociones que sentimos. Aun así, el cuerpo no es la causa directa de la emoción: el cerebro es un mediador esencial en cómo interpretamos el estado corporal. Las señales del cuerpo influyen en las emociones que sentimos, pero quienes construyen la emoción son las interpretaciones del cerebro acerca de qué significan esas sensaciones concretas. Se parece a cómo experimentamos otros impulsos más básicos: el cuerpo no causa la sensación de hambre, sed o dolor directamente, sino que todas ellas dependen de la interpretación del cerebro.

Este planteamiento implica que la experiencia de una emoción está influida por:

- el estado del cuerpo (la percepción que tenemos de los órganos y de los sistemas fisiológicos) y
- el estado del cerebro (qué esperamos sentir y cómo interpretamos las sensaciones).

Estas influencias duales también muestran que el cerebro procesa simultáneamente dos tipos de contexto: uno interno (el cuerpo) y otro externo (qué vemos, oímos, etc.), que el cerebro combina para determinar el estado emocional. Juntos, permiten al cuerpo estimar la causa más probable de la activación fisiológica del cuerpo (¿el corazón se me ha acelerado porque tengo miedo o porque estoy subiendo escaleras a toda prisa?). El resultado de la estimación es que interpretamos la experiencia como una única emoción o como varias.

En una de las demostraciones más célebres de la función que el contexto desempeña en la experiencia de la emoción, un equipo de investigadores de la década de 1960 inyectaron vitaminas a los participantes de un estudio (o al menos eso les dijeron).[2] Los científicos les explicaron que el objetivo del experimento era determinar el efecto de los suplementos vitamínicos sobre la visión (estos experimentos son objeto de controversia, tanto por cuestiones éticas como científicas). Sin embargo, actuando como era típico en la psicología de esta década, los experimentadores no habían dicho la verdad: no les administraron vitaminas, sino adrenalina. La adrenalina (que se produce de forma natural, por ejemplo, durante el estrés, pero que también se puede inyectar) aumenta la capacidad pulmonar, acelera el corazón y eleva la tensión arterial, por lo que es posible que el rostro se ruborice o se tengan palpitaciones. La adrenalina no es una vitamina.

En el experimento se avisó de los posibles efectos secundarios a algunos participantes, mientras que a otros se les dijo que no habría ninguno. La hipótesis de los experimentadores era que, cuando los participantes experimentaran síntomas físicos que no podían explicar (taquicardia, rubor), buscarían otras explicaciones para su estado corporal, como la emoción.

Tras la inyección, los investigadores condujeron a cada participante a una sala de espera donde había otro participante mientras la vitamina *hacía efecto*. Sin embargo, ese otro participante era un cómplice (estaba compinchado con los experimentadores) que había recibido instrucciones para que actuara eufórico o enfadado. Si se le pedía que actuara con euforia, elaboraba aviones y catapultas de papel y, al final, encontraba un *hula-hoop* en la sala de espera y lo usaba. Si se le pedía que actuara enojado, a él y al participante real se les entregaba un cuestionario que tenían que rellenar, el cual era inofensivo al principio, pero se iba volviendo cada vez más insultante (por ejemplo: «¿Con cuántos hombres, además de con su padre, ha mantenido relaciones sexuales su madre?»). Al final del cuestionario, el cómplice se mostraba abiertamente furibundo. El participante real observaba cómo sucedía todo esto.

A los científicos les interesaba observar la influencia combinada de la adrenalina y el cómplice. Con independencia de la situación a la que se hubiera sometido al participante, los científicos lo observaban en secreto y puntuaban si se mostraba contento o enfadado. Al final del experimento, los participantes respondieron a una batería de preguntas, la mayoría de ellas acerca de síntomas irrelevantes para ocultar el verdadero propósito del experimento, pero entre ellas había dos preguntas clave acerca del nivel de ira o felicidad que sentían. Los científicos descubrieron que la conducta del cómplice influyó emocionalmente en los participantes a quienes no se había advertido acerca de los posibles efectos secundarios de la inyección. Como no estaban avisados y no sabían qué esperar físicamente, cuando sintieron los efectos de la adrenalina, buscaron una explicación alternativa y, como estaban en compañía del cómplice, atribuyeron a la emoción los efectos secundarios de la inyección. Dado que no preveían el aumento de la frecuencia cardiaca ni el rubor por los efectos del fármaco, se sintieron más felices, y actuaron en consonancia, cuando el cómplice manifestó felicidad, mientras que se sintieron más enfadados, y así lo demostraron, cuando el cómplice manifestó ira. Por el contrario, los voluntarios a quienes sí se les había advertido de los posibles efectos secundarios atribuyeron las mismas palpitaciones y rubor a una causa conocida, y no emocional. Conocer el origen de sus síntomas llevó a que la influencia emocional de la conducta del cómplice fuera mucho menor.

En la época se interpretó que los resultados indicaban que etiquetamos nuestros estados fisiológicos en función de la causa que el cerebro crea más probable, es decir, les atribuimos una causa. Así, cuando parece que una emoción es la causa más probable para nuestro estado fisiológico, interpretamos que el estado fisiológico es la emoción. Los resultados del experimento también nos dicen que la emoción con la que decidimos etiquetarlo no es fija (a continuación veremos las limitaciones de esta interpretación): no hay una relación única entre el estado del cuerpo y cada emoción concreta;[3] al menos en lo que a algunos estados corporales se refiere, la emoción con la que podríamos interpretarlos es maleable y dependiente del contexto.

Sin embargo, desde la publicación de este trabajo, aunque algunos estudios presentan resultados similares para la felicidad y la ira,[4] experimentos posteriores dan a entender que algunas de las conclusiones del experimento original no son ciertas. Muchos otros experimentos no han podido replicar los efectos concretos de la adrenalina que describe el estudio original, sobre todo en la reacción positiva (eufórica).[5] Esta irreplicabilidad sucede con bastante frecuencia en los primeros experimentos psicológicos y, si bien son varios los factores que contribuyen a ello, uno de los motivos más importantes es que las muestras pequeñas pueden hacer que las conclusiones parezcan mucho más potentes de lo que son en realidad o incluso dar lugar a resultados erróneos. En un estudio posterior, las inyecciones de adrenalina no intensificaron el miedo durante una película de terror más que en ausencia de ella (si los resultados del trabajo original fueran ciertos en términos generales, se esperaría que la adrenalina incrementara el miedo cuando este pareciera una explicación probable).[6] Este y otros estudios también indican que es más probable que las personas interpreten de modo negativo la activación inexplicada (la adrenalina), independientemente de la emoción que los experimentadores intenten inducir.[7] Esto es muy distinto a lo que indicaba el experimento original con la adrenalina: la activación no es tan flexible como los científicos creyeron en un principio.

No obstante, algunos de los principios generales del estudio original siguen vigentes. Aunque la interpretación del estado emocional no es del todo flexible, las señales fisiológicas del cuerpo ejercen una influencia significativa sobre ella. Sin embargo, no siempre funciona influir directamente en esa interpretación en los experimentos (con un cómplice, una película, etc.). Quizá esto sea porque las personas seguimos normas generales a largo plazo que guían cómo interpretamos nuestros estados fisiológicos, las cuales analizaremos en el capítulo siguiente. Podría ser que esas normas generales se impusieran a las influencias a corto plazo; por ejemplo, es posible que a lo largo de la vida hayamos aprendido que las sensaciones físicas que produce la adrenalina se explican con frecuencia, aunque no siempre, por algo negativo. Esta información con que contamos, que suele deberse a algo malo, se podría imponer a señales contextuales positivas inmediatas: un colaborador eufórico no es lo bastante potente como para cambiar la experiencia de toda una vida. Además, el grado en que experimentamos la activación y cómo la interpretamos varía de una persona a otra,[8] por lo que hay quienes tenderán más a experimentar la activación e interpretarla o malinterpretarla. Por último, la activación no es un fenómeno único, sino muchos distintos que cada persona experimenta o interpreta de una manera.[9] Así, aunque la capacidad de los investigadores para engañarnos y hacer que sintamos emociones distintas no es tan simple ni tan sólida como concluyó el experimento original, la idea general (que la experiencia subjetiva de estados corporales internos y su interpretación influyen en la experiencia emocional) está respaldada por pruebas y sigue siendo una teoría popular en la ciencia de la emoción actual.[10]

Volviendo al enfado por hambre, una de las explicaciones posibles es que el estado físico del cuerpo (el hambre) sea tal que una emoción (irritación o ira) lo explicara. Sin embargo, que consideremos las sensaciones del cuerpo originadas en el estado emocional dependerá de múltiples factores y de si contamos con una explicación alternativa para nuestro estado fisiológico (por ejemplo, que no hayamos comido nada desde hace horas). Y, si tenemos mucha hambre, en ausencia de otra explicación, la emoción con la que interpretemos nuestro estado corporal dependerá, al menos en parte, del contexto: el estado actual de la mente y el entorno influirán en nuestra estimación de cuál es la causa de nuestras sensaciones corporales. Por lo tanto, en función del contexto, atribuiremos tener el corazón acelerado a una enfermedad o a la ansiedad. O quizá malinterpretemos el hambre como ira, una emoción con una respuesta fisiológica parecida.

En última instancia, la relación entre la glucosa en sangre, las hormonas y la ira no es casual. Tanto si tenemos hambre como si estamos enfadados o experimentamos cualquier otra emoción o sensación, el cerebro se vale de cálculos similares para determinar el origen del estado fisiológico. Y, en ocasiones, se equivoca.

¿Por qué tiene el cerebro que limitarse a estimar qué causa nuestro estado fisiológico?, ¿por qué no puede identificar lo que sucede en el cuerpo? Hay varios motivos por los que una estimación aproximada es la mejor estrategia. Uno de ellos es que muchos de nuestros estados fisiológicos son inciertos, confusos. Para separar la paja del grano, el cerebro se vale de experiencias pasadas a fin de inferir la posible causa de un estado fisiológico determinado.

Por ejemplo, imaginemos que empezamos a tener sensaciones extrañas en el estómago y notamos que se contrae y nos molesta. Esto podría significar varias cosas: tenemos hambre o náuseas o nervios... La única manera en que el cerebro puede determinar cuál de estos estados estamos experimentando en realidad y motivarnos a actuar en consecuencia (comer, vomitar o abandonar una situación estresante) es generar una suposición congruente basada en las experiencias pasadas y las señales del entorno. Se trata de un proceso relativamente inconsciente; de lo que sí somos conscientes es de la conclusión, aunque nos plantea cierta duda («Creo que voy a vomitar»). Las distintas señales de la situación harán que una interpretación parezca más probable que el resto (¿Cómo han sido las náuseas antes? ¿Cuánto llevo sin comer? ¿Estoy a punto de hacer algo que me asusta?). Recurrir a la información del pasado y del contexto actual es lo más inteligente que puede hacer el cerebro, porque una misma señal del cuerpo puede querer decir cosas distintas.

Sin embargo, como cabe esperar, porque al fin y al cabo no es más que una suposición, la interpretación del cerebro es imperfecta e influenciable. Muchos otros factores pueden engañar al cerebro y hacer que confunda un estado con otro (una emoción en vez de un estado fisiológico, y viceversa). En este capítulo hablaremos de cómo nos pueden llevar a malinterpretar algún estado corporal los cambios en la atención que prestamos al cuerpo, qué esperamos sentir (y dónde) o qué estados corporales hemos experimentado con anterioridad. Esto nos remite al dolor crónico del que hablábamos en el capítulo 1. La experiencia de un cambio debilitante en las emociones puede exacerbar el dolor crónico: los síntomas de estrés postraumático lo empeoran durante los meses posteriores a un accidente.[11] Por otro lado, modificar las expectativas acerca del cuerpo, por ejemplo, durante un proceso de psicoterapia, puede cambiar la experiencia física del dolor,[12] gracias a la interpretación imperfecta que hace el cerebro.

EL EFECTO DEL INTESTINO, EL SISTEMA INMUNITARIO Y EL MICROBIOMA SOBRE LA SALUD MENTAL

Después de los célebres experimentos con la adrenalina de la década de 1960, las teorías científicas populares acerca de la influencia del cuerpo sobre las emociones regresaron al cénit de la moda científica a comienzos del siglo XXI. Y, como muchas de las cosas que se ponen de moda, volvieron con una imagen renovada: se ponía el foco en un concepto llamado «interocepción» (aunque el término ya se había acuñado en 1906). La interocepción es la percepción del estado fisiológico del cuerpo,[13] el filtro por el que interpretamos el estado corporal, y surge de una combinación de señales procedentes del cuerpo (que se envían al cerebro) y la experiencia del cerebro con el cuerpo, que genera expectativas acerca de cómo se sentirá este último en distintos contextos. La interocepción consiste en la conciencia del estado interno (como el hambre o la sed), pero también en la influencia menos consciente de los órganos, como el corazón o los pulmones. Esto la distingue de otros sentidos, como la exterocepción, que capta el estado del mundo mediante la visión o el oído, o el sistema vestibular, que identifica la ubicación de las extremidades en el espacio. Esta definición no está consolidada aún: los científicos disfrutan discutiendo acerca de qué cuenta como interocepción y qué no.[14] Otras fuentes de información interoceptiva de las que hablaremos son el sistema inmunitario y el microbioma intestinal, cuyo papel resulta fundamental en la salud y la enfermedad mental para algunos científicos.

Muchos de los experimentos más influyentes acerca de la interocepción consisten en escuchar al corazón, literalmente hablando, pues hay una relación muy estrecha entre la frecuencia cardiaca y la emoción. La información acerca del corazón llega al cerebro mediante receptores diminutos que indican cuándo late el corazón (y con qué intensidad), los cuales se callan entre latido y latido. Esto significa que incluso un solo latido transmite información importante para el cerebro. Los neurocientíficos Sarah Garfinkel y Hugo Critchley descubrieron que a las personas se les daba mejor identificar un rostro temeroso cuando se les presentaba en una pantalla en el momento exacto en el que el corazón les latía (la sístole cardiaca, cuando la sangre es bombeada al cuerpo) que cuando se hacía en el intervalo entre latidos (la diástole, cuando el corazón se relaja y luego vuelve a llenarse de sangre).[15] Y no es solo que se les diera mejor identificar el rostro temeroso, sino que también lo percibían con más temor cuando este se les mostraba al mismo tiempo que el latido. Esto quiere decir que el latido del corazón controla la percepción de las emociones.

La capacidad del corazón para controlar la percepción de las emociones también se refleja en el cerebro: la amígdala, que señala eventos emocionales o importantes, entre otras cosas, es más activa cuando se muestra un rostro temeroso a la vez que el latido que entre latidos.[16] Esto significa que la influencia del cuerpo sobre el cerebro se puede sincronizar con precisión y de forma específica con el funcionamiento de los sistemas del organismo.

Pero ¿por qué cambia el cerebro su manera de procesar las emociones durante el latido del corazón? Si viéramos algo peligroso en el mundo real, querríamos identificar la amenaza lo mejor posible. Cuando nos sentimos amenazados, el corazón empieza a latir deprisa, lo que significa que hay más latidos que aumentan fisiológicamente nuestra capacidad para detectar la amenaza y responder en consecuencia. Por eso, el cerebro siempre escucha las señales del corazón (de las que aprende y que interpreta) y nos ayuda a seguir vivos a pesar de las amenazas en el entorno.

Son más los órganos del cuerpo que influyen en las emociones, algunos más sorprendentes que otros. Hace poco, mi colega y amigo Edwin Dalmaijer hizo un descubrimiento muy curioso acerca de la emoción del asco. Registró los movimientos oculares de participantes a quienes se mostraba una larga serie de imágenes asquerosas y no asquerosas en la pantalla de un ordenador.[17] Descubrió que, por mucho que durara el experimento y por aburridos que los participantes estuvieran de mirar la misma pantalla, siempre evitaban las imágenes asquerosas.[18] Y eso es sorprendente, porque cuando se muestran imágenes que asustan no sucede lo mismo: al principio, los participantes apartan la vista, pero con el tiempo se habitúan a ellas, dejan de evitarlas y empiezan a mirarlas directamente.

La habituación a cosas que nos asustan constituye la base de la terapia de exposición, un tratamiento psicológico muy eficaz para trastornos de ansiedad, fobias o trastorno de pánico. En la terapia de exposición, un paciente con aracnofobia (miedo a las arañas) se vería expuesto a arañas cada vez más grandes y, poco a poco, se lo retaría a que se fuera acercando a ellas. Con el tiempo, en la gran mayoría de los casos, el miedo del paciente a las arañas se reduciría hasta el punto de que podría tocar una e incluso cogerla. Sin embargo, misteriosamente, la terapia de exposición de este tipo no funciona con pacientes con un asco extremo patológico que se muestran extremadamente evitativos de las cosas que les dan asco (esto puede suceder después de un trauma que les produjo asco, por ejemplo). El estímulo les sigue produciendo asco por mucho que se expongan a él, como en el experimento de Edwin.

Hace unos años, mientras reflexionaba acerca de este misterio, me pregunté si el asco es tan resistente a la habituación (tanto en los experimentos como en terapia) porque su respuesta fisiológica es distinta. A diferencia del miedo, influido por el sistema cardiovascular, una de las principales señales del asco está en el estómago.

El estómago, como el corazón, tiene un ritmo: se contrae y se relaja para impulsar la comida a lo largo del tracto digestivo. Sin embargo, cuando vemos algo asqueroso o tenemos náuseas, el estómago cambia el ritmo de las contracciones. Muchas veces, esto sucede por debajo del umbral de percepción consciente: el ritmo del estómago puede cambiar cuando vemos algo asqueroso sin que seamos conscientes de tener náuseas. Así pues, me pregunté si las contracciones del estómago serían uno de los factores implicados en la incapacidad de la terapia de exposición para tratar el asco, es decir, si el estómago es una de las causas de la evitación en el asco.

Edwin y yo decidimos poner a prueba mi idea y usamos un fármaco que hace que las contracciones del estómago recuperen el ritmo normal (la domperidona, que se suele recetar contra las náuseas). Administramos a los participantes o bien el fármaco contra las náuseas, o bien un placebo en días distintos, y medimos su conducta ocular mientras miraban imágenes asquerosas. Ni nosotros ni los voluntarios sabíamos qué había tomado cada uno. Hallamos un cambio evidente en la conducta de los participantes. Tras mirar imágenes asquerosas mientras estaban bajo los efectos del fármaco, los participantes evitaban menos la imagen, algo que no sucedía cuando habían tomado el placebo. Al cambiar el estado del estómago de la persona (al devolverlo a un estado en el que no sentía ni asco ni náuseas), esta se empezaba a habituar a las imágenes asquerosas.[19] Esto demuestra que el estado del estómago es el motivo por el que evitamos cosas asquerosas y, potencialmente, uno de los motivos por los que no es fácil habituarse al asco. En el futuro me gustaría comprobar si este fármaco mejora también la terapia de exposición para las personas que sufren de asco patológico. Podría ser una vía inesperada hacia una mejor salud mental, una vía que pasaría por el estómago.

El estómago y el corazón son fuentes de señales fisiológicas bastante localizadas y específicas. Algunos estados fisiológicos se extienden por todo el cuerpo, lo que puede dar lugar a síntomas físicos y fisiológicos también mucho más generalizados. La activación del sistema inmunitario es un ejemplo clásico de uno de estos estados fisiológicos. ¿Alguna vez has sentido decaimiento, desmotivación o irritabilidad solo porque tienes un resfriado? Esto va más allá de la *gripe masculina*,[20] pues las infecciones y los virus causan cambios visibles en el cerebro, la conducta y la salud mental.

Muchos estudios con muestras grandes han hallado relación entre el estado de ánimo deprimido y la inflamación en el cuerpo. Lo sabemos porque podemos medir el nivel de los marcadores de inflamación en sangre (proteínas circulantes y otros elementos de la sangre que aumentan cuando hay infección, heridas o enfermedad). En un amplio estudio poblacional (16.952 italianos), las personas que sufrían de depresión y las que presentaban niveles inferiores de salud mental general tenían niveles superiores de marcadores inflamatorios en sangre.[21] Por el contrario, la buena salud mental se asoció a menos marcadores de inflamación en sangre.[22]

Los escépticos dirán que el empeoramiento de la salud mental se relaciona con los marcadores de inflamación en sangre porque las personas con una salud mental peor también tienen problemas de salud física que causan un aumento de la inflamación, y es un argumento válido. No obstante, la estadística permite controlar esta posibilidad; por ejemplo, podríamos incluir indicadores de la salud física de los participantes en el modelo estadístico que mide la relación entre la inflamación y la salud mental. Si esto hace que la relación inflamación-salud mental desaparezca, se explicaría la relación inicial; es decir, la relación inicial dependería de la salud física. En este estudio concreto, incluir los problemas de salud física en el modelo no explicó la asociación entre la inflamación y la salud mental, por lo que la asociación inicial se mantuvo.[23] Sin embargo, la enfermedad no es la única medida de la salud física. Los autores también incluyeron factores de estilo de vida en el modelo estadístico que evaluaba la asociación entre la inflamación y la salud mental (como fumar, poca actividad física o un IMC elevado), pues se sabe que estos también se asocian tanto al empeoramiento de la salud mental como al aumento de la inflamación. Cuando los investigadores incluyeron factores del estilo de vida en el modelo estadístico, la relación entre la salud mental y la inflamación general desapareció. Esto significa que fumar, no practicar ejercicio o tener un índice de masa corporal (IMC) elevado, por ejemplo, sí que explicaba la asociación original entre el empeoramiento de la salud mental y el aumento de la inflamación general. Una observación: hubo marcadores de inflamación específicos (como las proporciones de los distintos tipos de células inmunitarias) que mantuvieron la asociación con el empeoramiento de la salud mental incluso después de haber incluido factores del estilo de vida en el modelo estadístico, por lo que es posible que el estilo de vida solo repercuta en el aumento de la inflamación en general.[24]

Este estudio puso sobre la mesa la relación entre el estilo de vida y la mala salud mental. Hay múltiples motivos que explican esta relación, y otros experimentos podrían mostrar qué factores del estilo de vida en concreto se asocian a un empeoramiento de la salud mental. Una interpretación del bienestar respecto a la relación entre los factores de estilo de vida y la mala salud mental podría ser que modificar los factores del estilo de vida asociados a la inflamación permite contrarrestar el empeoramiento de la salud mental o incluso prevenirlo. Por ejemplo, podríamos comenzar por seguir una dieta concreta o aumentar el nivel de actividad física; aunque es posible que esto resultara útil (véase el capítulo 10), dudo que lo explique todo. Una de las relaciones más sólidas que se hallaron fue entre la depresión y el tabaquismo.[25] Sin embargo, no conozco ningún estudio que haya encontrado pruebas de que fumar cause depresión o que dejar de fumar la cure, por lo que parece más sensato asumir que sucede justo lo contrario: es más probable que las personas que padecen algún trastorno mental, como depresión, adopten más conductas que elevan la inflamación (como fumar) y menos que la reducen (como practicar ejercicio), en lugar de al revés. Estas diferencias en el estilo de vida son parte del motivo por el que las personas con depresión presentan niveles superiores de inflamación. Por otro lado, o además, quizá haya factores de riesgo comunes para la mala salud mental y estilos de vida concretos —por ejemplo, estresores vitales o predisposición genética— que aumentan la probabilidad de que alguien tenga mala salud mental y de que fume, practique menos ejercicio o coma peor. Estas otras explicaciones son importantes, aunque con frecuencia se pasan por alto.

En resumen, la inflamación se asocia a una peor salud mental, pero los estudios de este tipo no permiten determinar hasta qué punto ciertos factores del estilo de vida causan este nivel superior de inflamación, lo curan o lo alteran. Si este fuera el único tipo de estudio que existe, no podríamos saber si la inflamación empeora la salud mental por sí misma.

Por suerte, este no es el único tipo de estudio que existe. Los estudios poblacionales amplios permiten determinar la existencia de una asociación, pero casi nunca explican por qué existe dicha asociación (la correlación y la causalidad no son lo mismo). Para eso sirven los estudios de laboratorio. Varios experimentos de neurociencia en animales humanos y no humanos se han planteado lo siguiente: ¿El aumento de la inflamación causa síntomas de depresión? Parece que la respuesta es que, a veces, sí.

En estos experimentos, los científicos administran a humanos o animales sanos un fármaco o vacuna que aumenta los niveles de inflamación. Tras hacerlo, el cuerpo desarrolla una inflamación temporal: el nivel de factores inflamatorios en sangre aumenta brevemente y luego recupera la normalidad. En muchos estudios, este incremento temporal de la inflamación también causa síntomas depresivos, como bajo estado de ánimo[26, 27] y cambios cerebrales en regiones similares a las que se alteran con la depresión.[28]

Quizá lo hayas experimentado también si te has sometido a alguna intervención médica que aumente la inflamación. Por ejemplo, algunas de las personas (en absoluto todas) que se vacunan de la gripe sufren un descenso temporal del estado de ánimo, que se asocia a una respuesta inflamatoria mayor ante la vacuna.[29] El efecto es más notable cuando se administra a pacientes con hepatitis un tratamiento que aumenta significativamente la inflamación: al cabo de tres meses, el cuarenta por ciento de ellos presenta un episodio de depresión mayor.[30] En conjunto, hay pruebas convincentes de que aumentar la inflamación causa mala salud mental y de que la inflamación es uno de los factores que contribuyen a la enfermedad mental (en algunas personas).

¿Por qué la inflamación, la respuesta del cuerpo ante la enfermedad, habría de modificar el estado de ánimo? Como en el caso del corazón y el intestino, esto sucede porque lo que ocurre en el sistema inmunitario afecta al cerebro. El aumento de la inflamación causa algunos de los cambios en la cognición y en el cerebro que se asocian a la depresión, los cuales modifican el procesamiento de la recompensa y de la emoción, así como los circuitos neurales asociados. En un experimento, tras recibir la vacuna contra la fiebre tifoidea, los participantes fueron más sensibles a los castigos que a las recompensas en las áreas responsables del procesamiento de la recompensa (cuerpo estriado ventral) y de la interocepción (ínsula).[31] Esto refleja una sensibilidad mayor a los castigos y cambios interoceptivos, lo cual se aprecia en personas que pasan por un episodio depresivo, un fenómeno del que hablaremos en el capítulo siguiente.

La próxima vez que sientas decaimiento durante un resfriado, sabrás que el malestar no se debe solo a la nariz congestionada o la tos, sino que te encuentras peor debido a que el resfriado varía cómo te sientes emocionalmente en relación con el mundo, lo que reduce tu bienestar como consecuencia de cambios en los circuitos cerebrales implicados en la conciencia corporal y en el procesamiento de la recompensa.

Creo que las pruebas de que la inflamación física empeora la salud psíquica son muy convincentes, pero examinarlas de cerca revela algo más: esto no se da en todas las personas (ni en todos los experimentos). Si la inflamación causa depresión, ¿por qué las vacunas o fármacos que provocan inflamación no hacen que todo el que los recibe se sienta decaído?, ¿por qué es frecuente, pero no universal? Porque hay otros factores que llevan a cada persona a responder de una forma distinta a los mismos estados físicos, tanto por parte del cerebro como del sistema inmunitario. He hablado como si los factores de inflamación fueran una sola cosa que o bien está elevada, o bien no lo está, pero, como no podría ser de otro modo, hay múltiples mediciones al respecto, como la cantidad de cada tipo de leucocitos o la cantidad de las moléculas señalizadoras del sistema inmunitario que producen los leucocitos. Aunque estos factores acostumbran a ir de la mano, cada uno de ellos afecta de un modo a la salud mental y establece relaciones causales distintas. Dos personas con depresión y niveles de inflamación elevados podrían no tener el mismo tipo de inflamación elevada originada por el mismo mecanismo, sino que esta podría ser consecuencia de dos tipos biológicos de inflamación solapados.

En línea con esta idea, los neurocientíficos y psiquiatras de Cambridge Mary-Ellen Lynall y Ed Bullmore descubrieron hace poco que podría haber subgrupos de depresión, algunos de ellos asociados a una mayor activación del sistema inmunitario (depresión inflamada), mientras que otros no (depresión no inflamada). Además, en el subgrupo de depresión inflamada habría subgrupos adicionales: personas con distintos tipos de factores inflamatorios que podrían estar provocando su depresión.[32] Esto nos dice que la sencilla explicación de que la inflamación causa depresión no es tan sencilla.

La inflamación puede causar depresión en algunas personas y es posible que lo haga mediante rutas inmunitarias distintas para cada una. Actuar en el sistema inmunitario podría ser una nueva ruta para el tratamiento de la salud mental o su mejora, pero exigiría identificar con precisión las dianas inmunitarias correctas y diseñar tratamientos específicos para cada persona en función del origen de sus cambios inmunitarios.

Llegada a este punto, cuando ya he aburrido a otro amigo más con historias acerca de por qué el cuerpo es tan importante para la salud mental, no tardan en preguntarme acerca de otra parte del cuerpo: «¿Y qué hay del microbioma?», me dicen. Si soy sincera, me encantaría poder responder a esa pregunta. Hay literatura científica fascinante y enriquecedora que nos explica que los billones de microorganismos que habitan en el intestino, a los que conocemos en conjunto como «microbioma intestinal», tienen mucho que ver con la salud, tanto física como mental.[33] Se sabe que el microbioma se comunica con el cerebro, que parece que influye en la conducta y que hay muchos factores que determinan su composición bacteriana (como la genética, el estrés, la dieta, la infección o la medicación, entre otros).[34]

Es un tema fascinante y cuesta mucho que te deje indiferente. El único problema que plantea esta apasionante ciencia en relación con la salud mental es que la mayoría de los estudios causales fiables al respecto se han hecho con roedores. Algún día me encantaría referenciar toda una retahíla de intervenciones en el intestino para mejorar la salud mental de eficacia probada, pero todavía no existen estudios sólidos concluyentes. Hasta entonces, esto es lo que sabemos hoy acerca del microbioma y la salud mental.

En primer lugar, ¿cómo es posible que la composición bacteriana del intestino influya en la conducta, los pensamientos y el estado de ánimo? Los microorganismos intestinales pueden hablar con el cerebro porque producen moléculas señalizadoras que pasan al torrente sanguíneo, además de usar otras rutas químicas e inmunitarias. La teoría entre los científicos que estudian la relación entre el microbioma y la salud mental es que estas señales comunican al cerebro cosas acerca del estado del intestino y que esa información altera la salud mental. Quizá haya etapas tempranas concretas durante las que el cerebro es más sensible a esas señales acerca del microbioma, como el periodo perinatal o la adolescencia.

Los mamíferos carecen de microbioma mientras están en el útero. Los bebés humanos que nacen por vía vaginal adquieren su primer microbioma cuando pasan por el canal de parto, pero[35] esto no sucede con aquellos que nacen por cesárea, que adquieren una comunidad bacteriana distinta; es decir, el microbioma de los bebés que nacen por cesárea es distinto al de los que nacen vaginalmente.[36] ¿Es importante esa diferencia? En los ratones de laboratorio, sí. Al igual que los seres humanos, los ratones que nacen por cesárea tienen un microbioma intestinal distinto[37] y, además, luego presentan cambios prolongados en la conducta social, incluyendo comportamientos asociados a la ansiedad.[38] El déficit de microbios se corrigió luego con suplementos dietéticos administrados desde el nacimiento que estimulaban el crecimiento de una cepa bacteriana concreta.[39] (Incluso sin los suplementos dietéticos, la conducta ansiosa se redujo cuando los ratones nacidos por cesárea convivieron con ratones nacidos por vía vaginal. Así, es probable que convivir con compañeros nacidos vaginalmente mejore los déficits del microbioma intestinal porque los ratones son coprófagos: se comen las heces. Esto transfiere la microbiota de los unos a los otros, lo que acaba con las diferencias en el microbioma de los ratones nacidos por cesárea. Asqueroso, sí, pero fascinante.)

No obstante, el parto vaginal no garantiza el desarrollo de un microbioma óptimo. Por ejemplo, debido a su acción antibacteriana, la exposición a antibióticos también altera la composición del microbioma humano;[40] por lo general, este vuelve a la normalidad en cuestión de semanas tras el cese del tratamiento, aunque hay estudios que indican que los efectos podrían durar varios meses.[41] La investigación con animales muestra que hay ventanas evolutivas durante las que el microbioma es más vulnerable. Por ejemplo, administrar antibióticos a ratones adolescentes durante solo tres semanas causa cambios a largo plazo en el microbioma y aumenta la conducta ansiosa,[42] mientras que esto no sucede en los ratones adultos, cuyo microbioma vuelve a la normalidad una vez terminado el tratamiento. Así pues, al menos en ratones, el desarrollo representa un periodo crítico durante el que el intestino es muy sensible a los cambios en su composición bacteriana, lo que significa que los cambios en el microbioma a determinadas edades podrían tener efectos a largo plazo sobre la conducta y la salud mental.

Sin embargo (y es un «sin embargo» mayúsculo), los estudios con ratones permiten controlar el entorno, la comida e incluso la genética de todos y cada uno de ellos durante el experimento. Esto es imposible con humanos, lo que significa que muchos de los resultados no tienen por qué ser aplicables. E, incluso si lo fueran, aún no se han probado concluyentemente. Se cree que varias enfermedades, como la enfermedad de Crohn o la alergia a la leche, se deben en gran medida al desarrollo del microbioma en etapas tempranas.[43] Por el contrario, si hablamos de salud mental, los humanos nacidos por cesárea no tienen más riesgo de desarrollar depresión o psicosis[44] (sí que presentan índices superiores de autismo y de trastorno por déficit de atención con hiperactividad, pero esto se podría deber a otras causas, como a factores de riesgo de las madres a las que se practica la cesárea o a la genética).[45] Lo más cerca que la investigación con humanos ha estado de los experimentos con ratones han sido estudios con niños a los que se ha tratado con antibióticos durante su desarrollo.

Al igual que sucede con los ratones, el uso de algunos tipos de antibióticos durante la infancia se asocia a cambios duraderos en la composición del microbioma,[46] una mayor incidencia de asma y otros problemas de salud,[47] así como a un aumento del riesgo de desarrollar trastornos de ansiedad y del estado de ánimo.[48] Sin embargo, a no ser que decidamos aleatoriamente qué niños van a recibir tratamientos con antibióticos a largo plazo y cuáles un placebo (idealmente, en entornos con un microbioma controlado, como con los ratones), no podemos saber si los cambios relativos a la salud mental se deben a los antibióticos. Podría haber otra causa que nos hiciera relacionarlo: que los niños a quienes se recetan antibióticos tengan también peor salud mental; por ejemplo, factores genéticos o ambientales que aumenten tanto la probabilidad de necesitar antibióticos concretos como el riesgo de desarrollar problemas de salud mental.

Sea cual sea la causa, es muy probable que exista una correlación entre el microbioma y la salud mental. En un amplio estudio poblacional con belgas flamencos, la presencia de dos tipos de bacterias, *Faecalibacterium* y *Coprococcus*, se asoció claramente con una mejor calidad de vida.[49] Las poblaciones de dos tipos de bacterias (una de ellas el *Coprococcus*) específicas eran muy reducidas en personas con depresión, incluso teniendo en cuenta el uso de fármacos antidepresivos, que afectan al microbioma y, en ocasiones, hace que se lo relacione erróneamente con la salud mental.

Si creemos que las pruebas indican que aumentar la diversidad del microbioma intestinal mejora la salud mental, ¿qué se puede hacer con un microbioma que no es el óptimo? Es ahí donde entran en juego la alimentación y los suplementos dietéticos, como los probióticos y los prebióticos, que además proporcionan pruebas causales útiles (evitan tener que recurrir a la coprofagia). Los prebióticos son nutrientes que alimentan al microbioma y los probióticos son microorganismos vivos que promueven su diversidad. Muchos estudios en animales han demostrado que ambos influyen positivamente en la recuperación del microbioma y su salud. En humanos hay menos estudios al respecto, pero estos indican que los prebióticos y los probióticos pueden cambiar el cerebro,[50] el cuerpo[51] y la conducta,[52] así como aliviar las respuestas hormonales de estrés y aumentar la conducta emocional positiva en algunos casos.[53] Si estos estudios se replicaran con muestras más grandes, se abriría la posibilidad de que mejorar el microbioma intestinal fuera otra manera de favorecer la salud mental.

De todos modos, por sembrar cierta duda respecto a este tema tan apasionante, aún no sabemos explicar por qué la salud mental mejora después de empezar a tomar suplementos dietéticos. Aumentar experimentalmente la inflamación en humanos tuvo enormes repercusiones en lo referente a la salud mental, pero, hasta donde sabemos, los cambios temporales en el microbioma intestinal (como cuando tomamos antibióticos) no empeoran la salud mental de un modo visible. Aún tenemos que probar que exista una relación directa entre la diversidad del microbioma y la salud mental en humanos. Otra explicación sería que el microbioma intestinal altera otros factores de salud que predisponen a las personas a tener una peor salud mental. Quizá sufrir menos problemas digestivos mejore la salud mental por sí solo. Quizá el intestino envíe señales importantes acerca de la salud física en general (lo que incluye los factores de inflamación), señales que modifican indirectamente nuestra salud mental mediante cambios en la interocepción y otras funciones relacionadas. Así, si bien es posible que el microbioma intestinal no sea la clave de la recuperación de la salud mental, sí que podría ser una señal importante de la salud física interna, que contribuye a la sensación de bienestar general del cerebro, al igual que sucede con otros sistemas corporales.

Si sientes curiosidad y te preguntas si adoptar una dieta que enriquezca el microbioma intestinal mejoraría tu salud mental o si te planteas empezar a tomar suplementos que aumenten la diversidad del microbioma o contengan un probiótico concreto, has de saber que retomaremos estas cuestiones en el capítulo 10, donde hablaremos de cambios en el estilo de vida, como, por ejemplo, en la alimentación, entre los que se encuentran la toma de psicobióticos, que está en auge; estos son probióticos o prebióticos que se cree que mejoran el estado de ánimo.

LA INFLUENCIA DEL CEREBRO SOBRE EL CUERPO

Hasta ahora, este capítulo se ha centrado fundamentalmente en el efecto que ejerce sobre los estados mentales el cuerpo (y nuestra interpretación de este mediante la interocepción): un eje cuerpo-cerebro. Sin embargo, se trata de un eje bidireccional: el cerebro envía señales a los sistemas corporales y estas señales pueden modificar el cuerpo.

La salud mental puede influir de modo directo sobre el cuerpo. El efecto del estado mental sobre el intestino es tan conocido que se describió por primera vez en la década de 1800 gracias a un paciente llamado Alexis St. Martin. Este era un francocanadiense que en 1822 recibió un disparo accidental en el estómago del que lo trató el cirujano William Beaumont. Entre los terribles efectos secundarios, la herida causó la apertura de la pared del estómago de St. Martin: literalmente, una ventana abierta al sistema digestivo. Tras muchos intentos infructuosos de cerrar el orificio y de un largo periodo de recuperación, St. Martin regresó a la consulta del cirujano, que llevó a cabo una serie de experimentos en su sistema digestivo. Beaumont se valió de la ventanita para suspender trozos de comida de un cordel e investigar así cómo funcionaba el sistema digestivo. Una de sus sorprendentes observaciones fue que el estado de ánimo de St. Martin afectaba al proceso de la digestión; por ejemplo, cuando estaba irritado, la comida se descomponía más despacio.[54, 55] Así pues, el estado mental tenía una consecuencia directa en el cuerpo.

Los estados mentales afectan al cuerpo de maneras obvias y no tan obvias. La ansiedad afecta a muchos sistemas corporales: el corazón se acelera, las palmas de las manos sudan, se sienten náuseas o se tiene la necesidad imperiosa de orinar. Estos son solo algunos de los ejemplos de cómo el cerebro controla el cuerpo, pero es probable que ya lo supieras si los has experimentado las veces suficientes. No obstante, el cerebro influye en el cuerpo de otras formas menos obvias y más inesperadas, aunque es posible que nunca te des cuenta de cómo cambia la digestión en función del estado de ánimo; al fin y al cabo, no tienes una ventana abierta al estómago. El sistema interoceptivo del cerebro también capta los síntomas que te causa una enfermedad; como estos son subjetivos, las señales cerebro-cuerpo cuentan con una propiedad extraordinaria: crear síntomas que escapan a tu control consciente.

Se trata de síntomas que a la medicina le cuesta mucho clasificar, y eso es un problema, porque le encantan las categorías. Por ejemplo, una discapacidad con una causa clara en el cuerpo (un hueso roto) es, evidentemente, un problema físico. En lo referente al cerebro, la medicina separa los trastornos que le afectan en dos categorías: neurológicas y psiquiátricas. Los trastornos con problemas estructurales claros, como un tumor cerebral o un ictus, se consideran neurológicos, mientras que aquellos sin una causa estructural clara se consideran psiquiátricos. Por ejemplo, la mayoría de los casos de depresión o psicosis no se deben a un daño estructural claro en el cerebro, por lo que se clasifican como trastornos psiquiátricos.

Sin embargo, la línea que separa la salud física y la salud mental es muy difusa. Muchos de los trastornos que hoy se consideran neurológicos, como la epilepsia, antaño se consideraban psiquiátricos. De hecho, todo este capítulo está dedicado a las variables físicas que afectan a la función mental. En el contexto de la enfermedad, la línea es aún más difusa. Se sabe que las lesiones cerebrales, las infecciones y la demencia (por nombrar solo algunos problemas estructurales) también pueden causar depresión, psicosis y otros problemas de salud mental: es lo que se conoce como «trastornos psiquiátricos orgánicos».[56] Por su parte, los trastornos psiquiátricos típicos (es decir, sin daños estructurales visibles) vienen acompañados de cambios complejos en la función cerebral, algo de lo que hablaremos en el capítulo siguiente.

Desde el punto de vista científico, las imprecisas líneas entre la salud física y la mental resultan fascinantes. Sin embargo, tienen consecuencias graves que interfieren en gran medida con la vida de los pacientes cuyos trastornos no acaban de encajar en ninguna de las dos categorías. Uno de los grupos de pacientes que se hallan en esta situación excepcionalmente compleja son los que sufren un problema médico cuyo origen es probable que se encuentre en alteraciones en la conexión cerebro-cuerpo: el trastorno neurológico funcional («neurológico» porque, a excepción de características concretas, se asemeja a otros trastornos neurológicos, y «funcional» para distinguirlo de los trastornos neurológicos estructurales).

Se suele decir que el trastorno neurológico funcional es la enfermedad médica más habitual de la que nunca se oye hablar. Cerca de un dieciséis por ciento de los pacientes en la sala de espera de un neurólogo[57] tienen uno y muchos más presentan síntomas relacionados. Yo no oí hablar del trastorno neurológico funcional hasta poco después de graduarme, mientras observaba rondas en una clínica de neuropsiquiatría en Londres. Allí conocí a Robert, un hombre afable que iba en silla de ruedas porque estaba paralizado de cintura para abajo. Hacía diez años que padecía un dolor extremo en el abdomen, que habían tratado gastroenterólogos, y un dolor incapacitante al orinar, por el que había consultado a urólogos; desde hacía dos años sufría también una parálisis parcial, el motivo que lo había llevado a la clínica de neurología. Este conjunto de síntomas incapacitantes había obligado a Robert a dejar el trabajo y a mudarse a casa de su hija, y lo había sometido a una investigación médica constante desde los sesenta años.

En el hospital, Robert estaba a cargo de un equipo multidisciplinar de médicos y los resultados de las pruebas a que lo sometían eran complejos. Tras varios exámenes físicos detallados, los neurólogos determinaron que, según las pruebas estándar, no estaba paralizado, a pesar de que le resultaba imposible moverse por mucho que se esforzara. Los gastroenterólogos concluyeron que los resultados de las pruebas típicas a que lo habían sometido indicaban que su estómago funcionaba con normalidad, pero eso no explicaba su intensísimo dolor, por el que incluso se había sometido a una intervención quirúrgica. Y los urólogos no hallaron el origen de su dolor al orinar, aunque al final le tuvieron que colocar un catéter para aliviarlo.

En una primera valoración, el trastorno neurológico funcional se asemeja a un trastorno neurológico (o a varios): el paciente experimenta cambios sensoriales o motrices, como debilidad, parálisis, temblores, convulsiones o ceguera. Sin embargo, cuando el neurólogo lo evalúa, los signos clínicos y los resultados de las pruebas son incompatibles con una causa neurológica. Aquí, «incompatible» no significa solo que el médico no vea ningún signo en las pruebas y los análisis, sino que el paciente presenta síntomas que no pueden ser consecuencia de daños estructurales: se trata de una distinción fundamental. Antes se entendía el trastorno neurológico funcional como aquel al que recurrir cuando todas las pruebas neurológicas eran normales (es lo que se conoce como «diagnóstico por exclusión»), pero este se puede (y se debería) diagnosticar mediante evaluaciones clínicas meticulosas.[58] Por ejemplo, examinando patrones reflejos específicos que deberían estar presentes o ausentes en función de la causa de los síntomas del paciente. Si estos se deben a un trastorno neurológico funcional, los patrones reflejos serán distintos a los que se deben a un daño estructural en el cerebro o la médula espinal. Y es entonces cuando se puede establecer un diagnóstico.

Sin embargo, lo primero que hemos de saber acerca de los trastornos funcionales, y se trata de un malentendido muy habitual, es que tampoco se deben a que el paciente finja los síntomas. Para este, tener un trastorno neurológico funcional no es muy distinto a que la debilidad, parálisis, temblores, convulsiones o cegueras se deban a una enfermedad neurológica. De hecho, las personas con un trastorno neurológico funcional presentan un patrón de actividad cerebral distinto al de quienes fingen esos mismos síntomas.[59] Los trastornos neurológicos funcionales tampoco son menos graves (esta idea es similar a la de que las personas con depresión se tienen que esforzar y espabilarse). Este es uno de los aspectos más insultantes y que más enfurecen a quienes padecen un trastorno funcional: que haya gente que asuma que, como algo es funcional, puede ser falso o, al menos, más fácil de superar porque no se trata de una enfermedad *real*. Por desgracia, las enfermedades funcionales pueden ser tan incapacitantes como las enfermedades neurológicas estructurales comparables.

Aunque los cambios que se observan en el cerebro en relación con los trastornos psiquiátricos también se podrían considerar funcionales, esto no implica que los trastornos neurológicos funcionales se deban necesariamente a problemas de salud mental.[60, 61] Uno de los principales factores de riesgo para los trastornos neurológicos funcionales es haber sufrido una lesión previa: el treinta y siete por ciento de los pacientes habían tenido accidentes de tráfico, caídas o lesiones deportivas antes de que los síntomas aparecieran.[62] Por eso, es muy probable que los trastornos funcionales tengan mucho en común con el dolor crónico, que también se puede deber a cambios funcionales en el cerebro, los cuales suelen desencadenarse a consecuencia de una lesión física (como sucede con el trastorno neurológico funcional).

Una vez, un paciente me dijo que creía que los trastornos neurológicos funcionales son de los diagnósticos más duros que hay: «Acabas pasando como una pelota entre el psiquiatra y el neurólogo, sin que ninguno de los dos te quiera en realidad y sin que ninguno de los dos te ofrezca una solución real» (por supuesto, esto no siempre es así: hay neurólogos y psiquiatras excelentes, así como otros especialistas como fisioterapeutas que no solo quieren tratar a pacientes con trastornos funcionales, sino que tratan con éxito a muchos de ellos. Sin embargo, también es un reflejo triste de la realidad de ser un paciente con este diagnóstico).

Los trastornos neurológicos funcionales ejemplifican la capacidad del cerebro para alterar significativamente el cuerpo. A algunos médicos les gusta definir a los pacientes como problemas de *software*, en lugar de *hardware*, en el cerebro. No obstante, las propiedades de *software* del cerebro que causan síntomas físicos no se limitan a este diagnóstico: los trastornos neurológicos funcionales no son más que un ejemplo muy claro de ello, por lo incapacitantes que pueden llegar a ser. De hecho, en relación con los ejemplos anteriores acerca de cómo el cerebro afecta al cuerpo, si te han sudado las manos antes de pedirle una cita a alguien, si has tenido náuseas antes de dar un discurso o si has tenido que orinar en repetidas ocasiones la mañana de un examen importante, has experimentado síntomas funcionales. En realidad, tus manos no estaban demasiado calientes, no te había sentado mal nada y tampoco tenías la vejiga llena, pero tu cuerpo sintió lo que sintió debido a cambios en la función, al *software* del sistema nervioso. Por suerte, los síntomas probablemente fueron transitorios y tenían un origen identificable, como el nerviosismo. Sin embargo, ¿y si los síntomas no hubieran desaparecido y tampoco hubiera una causa obvia a la que atribuirlos? En ese caso, el cerebro podría haberlos atribuido a cambios físicos, como una incapacidad o trastorno en el cuerpo.

¿Qué causa los síntomas funcionales? Aunque la ciencia aún no ha zanjado el debate, te explicaré qué piensan algunos científicos acerca del tema. Al igual que la sensación de hambre o la emoción de la ira, los síntomas físicos se originan en (1) el estado del cuerpo y (2) en el estado del cerebro; esto ocurre con todos ellos, no solo con los funcionales. Mucho después de que nos hayamos recuperado de una lesión, enfermedad o cualquier otro cambio físico, el cerebro se puede volver mucho más sensible a la información sobre el malestar del cuerpo, pues ha aprendido a intensificar estímulos que de otro modo no percibiríamos para evitar el peligro. Esto podría llevar a que el cerebro predijera inconscientemente síntomas físicos (entre otras cosas). A veces, las predicciones son tan potentes que producen los síntomas.

La intensificación de los síntomas físicos en el cerebro puede ocurrir tras algo muy localizado, como un tobillo roto, pero también puede deberse a cambios más generales en el cuerpo. Si el cerebro se ha vuelto hipersensible al sistema inmunitario tras una infección aguda (una reacción adaptativa que permite controlar los síntomas y promueve la recuperación), puede empezar a predecir síntomas que se asemejan a los de una infección, intensificarlos o incluso generarlos a partir de señales menores del cuerpo (tengamos en cuenta también que las señales inflamatorias en el cuerpo cambian después de la infección, al igual que se dan otros cambios periféricos y cerebrales que causan los síntomas). Cuando hablamos de trastornos funcionales, diversas experiencias, como enfermedades físicas previas o actuales, pueden llevar al cerebro a controlar determinados síntomas físicos y a esperarlos. Los trastornos funcionales son habituales en pacientes con enfermedades neurológicas tradicionales, como la esclerosis múltiple[63] o la epilepsia:[64] hasta el veinte por ciento de las personas que sufren convulsiones *funcionales* también tienen epilepsia, mientras que el doce por ciento de las personas con epilepsia tienen convulsiones funcionales (medir la actividad eléctrica en el cerebro durante las crisis permite diferenciar entre las crisis epilépticas y las funcionales).[65] Esto significa que, además de los síntomas a consecuencia de los cambios estructurales en el cerebro, muchos pacientes con trastornos neurológicos tradicionales también experimentan síntomas motivados por los cambios en las expectativas y las interpretaciones del cerebro respecto al cuerpo. Las dos categorías de síntomas parecen igual de reales; la única diferencia reside en los procesos cerebrales que los originan.

El cerebro ha de interpretar una enorme cantidad de sensaciones procedentes del cuerpo. En la mayoría de las ocasiones, añadir expectativas a estas interpretaciones para intensificar algunas sensaciones o reprimirlas es un proceso útil y muy adaptativo, pero, a veces, da origen a una discapacidad profunda.

Cuando nos preguntamos «¿Tengo hambre?», «¿Tengo sueño?» o «¿Me duele algo?», evaluamos la representación actual que el cerebro hace del cuerpo. Sin embargo, la respuesta a la pregunta (la percepción de nuestro estado físico) no es un reflejo directo del estado físico real. Lo que sentimos depende de múltiples factores subjetivos, como lo sensibles que seamos a los cambios en el cuerpo y lo acertados que estemos a la hora de identificar dónde se originan. Hasta qué punto (mal) interpretamos los estados físicos del cuerpo como emociones depende de cada cual; por ejemplo, no todo el mundo siente irritabilidad por hambre. Algunas personas tienden más que otras a atribuir señales físicas (como el hambre) a estados emocionales (como la ira). Por otro lado, todos conocemos a gente que come cuando está triste, y una manera de entenderlo es que las emociones se interpretan erróneamente como estados físicos (lo contrario de la irritabilidad por hambre). Es más, diría que estos dos tipos de personas no son mutuamente excluyentes: quizá, algunas de ellas experimentan estados internos más confusos y solapados, por lo que se pueden interpretar como estados fisiológicos o emocionales en función del contexto en el que aparecen.

Las personas con trastornos mentales sufren cambios en la percepción de su estado físico (interocepción)[66] y en cómo representa el cerebro esas señales.[67] Algunos de ellos se originan incluso en diferencias físicas, como la hiperlaxitud (flexibilidad extrema en las articulaciones) o la sensibilidad a los cambios de postura, que se correlacionan significativamente con un mayor índice de mala salud mental. Por ejemplo, las personas con hiperlaxitud tienen hasta dieciséis veces más probabilidad de sufrir trastornos de pánico.[68] La científica y médico Jessica Eccles ha investigado con exhaustividad la hiperlaxitud y ha planteado la hipótesis de que las diferencias en el tejido conjuntivo (el responsable de la flexibilidad de las articulaciones) cambian el modo en que el cuerpo responde a los retos físicos, lo que afecta a la interocepción,[69] probablemente mediante cambios anatómicos en áreas cerebrales, como la amígdala.[70] Esto puede llevar a que personas que presentan ciertas experiencias físicas sean más vulnerables a padecer problemas de salud mental. Las diferencias en las señales procedentes del cuerpo y en cómo las interpreta el cerebro podrían influir tanto independiente como colectivamente en cómo estimamos nuestra salud mental.

En mi opinión, los trastornos de salud mental lo son también de salud física con mucha frecuencia: pueden causar síntomas físicos (cansancio, dolor, alteraciones del apetito o de la libido) y ser consecuencia tanto de cambios en el cuerpo (por ejemplo, en el sistema inmunitario) como en algún punto de la relación bidireccional entre el cerebro y el cuerpo. Por lo tanto, parece razonable que haya personas que buscan el bienestar modificando aspectos de este mundo interno con medicamentos antiinflamatorios o haciendo cambios en la alimentación o actividad física. Sin embargo, al igual que sucede con lo que nos gusta y lo que nos disgusta, así como con lo que queremos y lo que nos gratifica, la relación entre el cuerpo y el cerebro es única, por lo que las diferencias entre los circuitos cuerpo-cerebro de cada persona dan lugar a resultados distintos: la dieta milagrosa de una puede ser peligrosísima para otra. Es algo de lo que hablaremos más adelante en el libro.

Las expectativas del cerebro pueden alterar el dolor, el placer e incluso la fisiología del cuerpo. Sin embargo, no nacemos con ellas, sino que las aprendemos a partir de lo que experimentamos en la vida. El cerebro está en un ciclo constante de observación y actualización que le permite recalibrar sus predicciones para que sean tan útiles como sea posible. Esto nos ayuda a interpretar un mundo ambiguo e incierto y, así, maximizar las probabilidades de sobrevivir en él. En el capítulo siguiente ahondaremos en este proceso de aprendizaje y veremos que la dopamina es uno de los cimientos a la hora de conocer el mundo.

Capítulo 3

APRENDER A ESPERAR ESTAR BIEN

Es muy probable que lo más importante de todo lo que aprende el cerebro, que es mucho, sea sobrevivir. Cuando conseguimos cosas que nos ayudan a sobrevivir, como comida, dinero o recompensas más abstractas (por ejemplo, experiencias agradables), el cerebro aprende rápidamente a repetir el proceso. Aprende muy pronto qué experiencias conducen a recompensas y qué acciones debe llevar a cabo para conseguirlas. Cuando experimentamos lo contrario (dolor, hambre, rechazo social), el cerebro aprende a evitar lo que sea que haya conducido a esos desagradables resultados.

Este mecanismo de aprendizaje es fundamental para mantener la salud mental, lo que nos lleva a pensar que el origen de una experiencia de dolor crónico como la que hemos visto en el capítulo 1 podría deberse a los mecanismos diseñados para ayudarnos a sobrevivir. Cuando nos lesionamos, si llevamos a cabo movimientos concretos, los nociceptores envían al cerebro señales de dolor por medio de la médula espinal. Enseguida, el cerebro aprende qué movimientos causan dolor y, por lo tanto, cuáles ha de evitar. Y, para reducir al mínimo la probabilidad de sentir dolor, el cerebro empieza a preverlo como respuesta a ciertos movimientos incluso antes de hacerlos. Al final, incluso una lesión curada podría producir el dolor aprendido sin necesidad de señales por parte de los nociceptores: así es como el cerebro está implicado en el dolor crónico. Un proceso parecido explicaría la ansiedad: el cerebro ha aprendido qué acciones ha de evitar y anticipa (o hiperanticipa) las consecuencias psicológicas negativas de realizarlas.

Incluso las recompensas abstractas a largo plazo que buscamos para mantener el bienestar general (como tener relaciones duraderas o evitar la inseguridad de la vivienda) dependen de procesos que el cerebro ha de aprender. Estas recompensas y castigos más complejos los procesa el mismo sistema diseñado para ayudarnos a sobrevivir: conseguir comida y evitar depredadores. Entender cómo aprende el cerebro acerca de lo bueno y lo malo en el mundo podría ser una manera de promover la buena salud mental; a medida que la ciencia va avanzando en este campo, va descubriendo maneras ingeniosas de tratar la enfermedad mental.

La historia que te quiero contar comenzó hace un par de décadas, con un experimento con monos que revolucionó lo que sabemos acerca de cómo aprende el cerebro.

ERRORES DE PREDICCIÓN

¿Cómo aprende el cerebro acerca del mundo? Si bien son muchas las áreas cerebrales y los neurotransmisores que intervienen en el aprendizaje, hay una señal biológica muy importante. Se la conoce como «error de predicción» y señala cuándo ha errado el cerebro en sus predicciones con el propósito de que aprenda y actualice sus expectativas para estar mejor preparado en el futuro.

Cometemos errores de predicción a diario. Si hace meses que tomamos café en nuestra cafetería preferida, tenemos una idea muy clara de cómo ha de saber incluso antes de dar el primer sorbo. Si un día el café sabe mejor de lo habitual, nos sorprendemos y experimentamos un error de predicción positivo, que indica al cerebro que ha de actualizar el nivel de recompensa que espera del siguiente café que tomemos o lo delicioso que prevemos que será. Por el contrario, si un día el café sabe peor de lo habitual, también nos sorprenderemos, aunque en este caso será un error de predicción negativo, que reducirá el nivel de recompensa que esperamos obtener del café la próxima vez. Quizá, tras una experiencia así, desconfiemos de la cafetería de siempre y, por lo tanto, cambiemos de local o dejemos de tomar café fuera de casa. Quizá incluso extrapolemos la situación a algo mucho mayor y empecemos a pensar que el café en general es impredecible. Así, vemos que la sorpresa y lo que aprendemos de ella cimienta las expectativas, las cuales pueden llegar a modificar la conducta.

El del café ha sido un ejemplo mundano, pero la vida está repleta de cafés metafóricos de mejor y de peor calidad. Los instintos y las preferencias se basan en el aprendizaje derivado de los errores de predicción. Los positivos nos ayudan a aprender dónde conseguir comida, seguridad o apoyo social, entre otras cosas útiles para sobrevivir, mientras que los negativos nos ayudan a aprender qué evitar: el dolor o la enfermedad generan errores de predicción nuevos acerca del origen del malestar y, así, podemos preverlo y evitarlo. Hay diferencias sutiles en cuanto hasta qué punto las personas aprendemos de las experiencias y actualizamos nuestras expectativas tras errores de predicción positivos y negativos. Por ejemplo, hay gente más sensible a los errores de predicción positivos que a los negativos, o viceversa. Cuando se acumulan a lo largo de muchos años de aprendizaje, estas pequeñas diferencias en la manera de aprender del cerebro nos llevan a esperar resultados mejores o peores y, de este modo, a construir una percepción general del mundo como un lugar bueno o malo, respectivamente.

Las predicciones de recompensa positivas y negativas están vinculadas a un sistema de neurotransmisores en el cerebro en particular: el sistema dopaminérgico. Quizá hayas oído que la dopamina es una especie de neurotransmisor del placer, lo que no es en absoluto una descripción acertada (en el capítulo 1 ya has aprendido que, si hay un neurotransmisor al que podamos llamar «neurotransmisor del placer», lo más probable es que se trate de un opioide endógeno). Sin embargo, y aunque el placer no es una manera acertada de describir la función de la dopamina, lo cierto es que esta desempeña un papel fundamental en los procesos relacionados con la salud mental, solo que lo hace por una vía distinta. Una de estas vías es la capacidad de aprender acerca de lo bueno y lo malo que hay en el mundo (esta no es la única: en el capítulo siguiente hablaremos de otra).

Los investigadores Wolfram Schultz, Read Montague, Terry Sejnowski y Peter Dayan descubrieron en la década de 1990 que la dopamina es un elemento fundamental del aprendizaje. Estaban registrando la actividad neuronal en áreas ricas en dopamina en el cerebro de monos mientras les daban recompensas ocasionales: gotas de zumo de fruta.

Al principio del experimento, cuando los monos empezaron a recibir gotas de zumo (una sorpresa: un error de predicción positivo), las neuronas del sistema dopaminérgico se activaron mucho más de lo habitual. Sin embargo, los investigadores habían incluido un elemento muy ingenioso en el experimento: antes de cada gota de zumo, avisaban a los monos con un destello luminoso. Al programar la luz y la administración de zumo con precisión, condicionaron a los monos a prever el zumo cuando veían la luz. Es lo que se conoce como «condicionamiento clásico» o «condicionamiento pavloviano», por Iván Pávlov, que condicionó a sus perros a salivar cuando oían la campana que anunciaba la comida.

Los monos experimentaron luz-y-zumo, luz-y-zumo una vez y otra y otra. Al cabo de un tiempo, los investigadores descubrieron que las neuronas dopaminérgicas habían modificado sus patrones de disparo. Al principio empezaban a disparar cuando recibían la sorpresa positiva del zumo, pero, a medida que el zumo les iba resultando menos sorprendente, las neuronas iban dejando de disparar cuando los monos lo probaban. No había error de predicción positiva respecto al zumo, pues para entonces los monos preveían su recepción. Sea como sea, la predictibilidad no detuvo los disparos de dopamina, sino que modificó el momento en que sucedían. Cuando los monos aprendieron que la luz anunciaba el zumo, las neuronas dopaminérgicas empezaron a disparar con la aparición de la luz. Esta se había convertido en un predictor de la recompensa: los monos sabían que el zumo venía de camino al verla.

Al principio, la dopamina señala una recompensa sorprendente (zumo inesperado), pero, una vez que esta se puede predecir, la dopamina señala el predictor de la recompensa: comunica la expectativa de una recompensa (la luz), no la aparición de la recompensa en sí misma. Así, la dopamina es una señal biológica de aprendizaje para el cerebro. Esto significa que las neuronas dopaminérgicas prevén la recompensa (el zumo) cuando la luz aparece. Lo que, a su vez, significa que han aprendido que existe una relación entre la luz y el zumo.

La actividad de las neuronas dopaminérgicas nos muestra de dónde pueden surgir las expectativas en el cerebro. En el mundo real, puede suceder algo sorprendente incluso cuando hemos aprendido una asociación predecible: esperamos un resultado positivo y la realidad nos decepciona; por ejemplo, en la siguiente visita a la cafetería, nos dan un café horroroso. Los investigadores probaron esto con los monos, que recibieron una sorpresa negativa después de mucho zumo: les mostraron la luz, pero no les dieron zumo. Cuando esto sucedió, los investigadores vieron que la actividad de las neuronas dopaminérgicas que estaban registrando se desplomaba en el momento justo en el que los monos deberían haber recibido el zumo, señalando el error de predicción negativo, una decepción inesperada. La decepción, como la sorpresa positiva, da lugar a una nueva señal de aprendizaje motivada por la reducción de los disparos de las neuronas dopaminérgicas. Con el tiempo, esta nueva señal negativa puede sustituir a la asociación positiva original y enseñar a los monos a dejar de esperar zumo cuando ven la luz. Así es como desaprendemos asociaciones positivas; por ejemplo, dejamos de ir a la cafetería.

Los errores de predicción nos permiten conocer el mundo, tanto lo inesperadamente bueno (errores de predicción positivos) como lo inesperadamente malo (errores de predicción negativos). Ambos los codifican las neuronas dopaminérgicas, que aumentan o reducen su actividad en consecuencia. Cuando algo en el entorno es inesperadamente mejor de lo que el cerebro ha previsto unos momentos antes, las neuronas dopaminérgicas aumentan la frecuencia de sus disparos para señalar el error de predicción. Tras el aprendizaje, las neuronas dopaminérgicas disparan al anticipar el evento, cuando algo predice la recompensa. Esto podría explicar cómo aprende el cerebro acerca del mundo.

El término *errores de predicción* procede del campo de la ingeniería, del que se tomó prestado porque la capacidad de aprendizaje de las neuronas dopaminérgicas recordó a los científicos un tipo de algoritmo que se suele usar en ingeniería conocido como «aprendizaje por refuerzo». El aprendizaje por refuerzo es un tipo de inteligencia artificial que aprende qué acciones llevar a cabo basándose únicamente en la información acerca de cuáles de sus acciones anteriores son correctas e incorrectas (es un algoritmo distinto al que se utiliza para programar acciones concretas en situaciones específicas; este se adapta al *feedback*). El algoritmo aprende porque su código informático le ordena que haga una sola cosa: minimizar el error de predicción; esto es, la diferencia entre lo que predice qué sucederá y lo que sucede en realidad. Por ejemplo, digamos que un algoritmo comienza a elegir aleatoriamente y que, después de cada una de sus elecciones, computa los errores de predicción y ajusta cómo va a actuar en función de los errores de predicción hasta que llega un momento en el que sus predicciones y expectativas coinciden al máximo: ha encontrado las acciones que producen el mínimo error de predicción posible para su entorno. Esta habilidad permite al algoritmo aprender secuencias, juegos, decisiones y otras conductas complejas basadas en el *feedback*. Aunque te parezca algo de ciencia ficción, como si te estuviera diciendo que este algoritmo podría aprender a hacer una cantidad enorme de tareas cuasi humanas y, en ocasiones, incluso mejor que un ser humano..., es así: podría.

Hay científicos que creen que el cerebro humano hace lo mismo: minimizar los errores de predicción y optimizar el aprendizaje. El neurocientífico Karl Friston lo ha propuesto como una teoría general de la función cerebral: el objetivo del cerebro es minimizar a largo plazo los errores de predicción (las sorpresas) y, para ello, ajusta sus predicciones y conductas. Sin duda, parece que las neuronas dopaminérgicas hacen justo eso. El equipo de científicos del que hemos hablado antes usó un algoritmo de aprendizaje por refuerzo que permitió predecir con precisión cuándo iban a aumentar o reducir la intensidad de sus disparos las neuronas dopaminérgicas de los monos en respuesta al zumo o a la ausencia de este, respectivamente. Años después, Read Montague, uno de los investigadores del equipo, explicó en una entrevista lo que sigue: «Encontramos enseguida algo que explicaba muy bien los cambios en los disparos de dopamina que nos servía para entender cómo tomar decisiones a partir de una señal».[1] Unos años después, John O'Doherty, Peter Dayan, Karl Friston, Hugo Critchley y Ray Dolan demostraron ese mismo efecto en el cerebro humano con un experimento (que usó RMf): antes del aprendizaje, la señal de error de predicción se activaba por la recompensa inesperada (un zumo sabroso); después del aprendizaje, cuando los participantes habían aprendido a esperar el zumo, esa misma señal se activaba con el predictor.[2] Como con los monos, las neuronas dopaminérgicas humanas pueden aprender y ajustar su actividad de un modo congruente con la información que reciben del entorno y, en consecuencia, hacer previsiones.

El ser humano es muy sensible a la recompensa. Esto significa que, cuando algo es mejor de lo esperado (aunque solo sea un poquito), el cerebro lo detecta gracias al aprendizaje por error de predicción y adapta la conducta en consecuencia. Dado que nuestra supervivencia en cuanto que organismos depende de predecir acertadamente el alimento, el agua, la pareja, etc., podríamos decir que las señales de predicción son la función más importante de todas las que desempeña el cerebro (si te juntas con los científicos que no debes, quizá se apresuren a decir que la función más importante del cerebro es percibir, mantener la respiración, moverse, dormir o cualquier otra cosa muy importante, así que ten ciertas reservas). Sea como sea, los errores de predicción nos mantienen vivos, y muchos científicos creen ahora que también son la base de la experiencia de los estados emocionales positivos y negativos.

PREDECIR EL BIENESTAR EMOCIONAL

Los errores de predicción de recompensa existen para ayudarnos a sobrevivir, para aprender qué cosas en el mundo nos mantienen vivos y cuáles nos ponen en peligro. Sin embargo, si el cerebro produjera errores de predicción de recompensa insignificantes, por ejemplo, debido a un error de calibración del sistema dopaminérgico, los instintos de supervivencia básicos se desajustarían. Esto alteraría las expectativas acerca del mundo, la motivación para participar en actividades posiblemente gratificantes, el apetito o incluso el deseo de seguir vivos. Esta no es la única manera en la que los errores de predicción se pueden desajustar. Por ejemplo, pueden darse errores de predicción positivos normales, pero también errores de predicción negativos intensos que llevan a un sobreaprendizaje de eventos negativos (hay combinaciones aún más complejas). Esta teoría es ajena al origen del error de calibración del sistema dopaminérgico (y no se limita a la dopamina, pues ahora se sabe que no es el único neurotransmisor que interviene en el aprendizaje por error de predicción). Los errores de predicción de recompensa alterados pueden deberse a diferencias genéticas, experiencias negativas y estresantes o cambios biológicos, como una enfermedad, aunque lo más probable es que se deban a una combinación de factores. Al margen de su origen, uno de los caminos que suelen llevar a tener una peor salud mental es un cerebro que no responde lo suficiente ante los eventos positivos, por lo que aprende mal qué conduce a resultados positivos, y que responde en exceso ante eventos negativos y, en consecuencia, responde rápida y drásticamente a resultados punitivos.

En 2014, Robb Rutledge era uno de los neurocientíficos que reflexionaban acerca de la posible función de los errores de predicción en el estado de ánimo. A Robb se le ocurrió algo: se preguntó si experimentar un error de predicción positivo (por ejemplo, el sabor de un zumo inesperado o, en su caso, una pequeña cantidad de dinero) conduciría a fluctuaciones temporales en el nivel de felicidad.

Como medir la felicidad en monos es más difícil, llevó a cabo su experimento con humanos. Cabría esperar que, en un experimento en el que los participantes ganaban pequeñas cantidades de dinero que, con el tiempo, aprendían a predecir, como los monos habían predicho el zumo, estos serían más felices cuanto más dinero ganaran. Pues eso no fue lo que Robb descubrió.

¿Si te diera un euro serías más o menos feliz que si te diera cinco? Desde el punto de vista del error de predicción, dependería de cuánto esperases recibir. Un euro sería decepcionante si esperabas cinco (error de predicción negativo), pero una sorpresa fantástica si no esperabas recibir nada.

En el experimento de Robb, los participantes dijeron sentir niveles de felicidad superiores cuando recibieron más de lo que esperaban.[3] La felicidad aumentaba cuanto mayores eran los errores de predicción positivos, incluso cuando estos no aumentaban las ganancias, sino que evitaban posibles pérdidas. Robb ha demostrado este efecto en más de dieciocho mil personas de todo el mundo que han participado en el estudio jugando con una aplicación de móvil. En otro experimento de laboratorio, Robb demostró que un fármaco que aumenta el nivel de dopamina también intensifica la felicidad tras recibir pequeñas recompensas, lo que coincide con la idea de que el error de predicción de recompensa positivo asociado a la felicidad se debe a la dopamina.[4] El bienestar inmediato se debe a experiencias que son mejores de lo esperado, o errores de predicción positivos, asociados a la liberación de dopamina en el cerebro. Así, parece lógico pensar que la infelicidad momentánea surge de errores de predicción negativos, de experiencias que son peores de lo esperado.

Quizá el bienestar sea más que tomar decisiones que conduzcan a resultados positivos y también tenga que ver con asumir riesgos y probar algo inesperado, por si llevara a un error de predicción sorprendente y maravilloso. El aprendizaje por error de predicción es un elemento clave de la salud mental inmediata: experimentar sorpresas positivas, predecir qué acciones darán lugar a resultados positivos y actualizar las predicciones cuando cambian las estadísticas del mundo que nos rodea. Cada uno de estos procesos cuenta con sus propios fundamentos biológicos y muchos de ellos tienen que ver con el sistema dopaminérgico. Este mismo proceso también explicaría cambios mucho más importantes en el bienestar mental, como el estado de ánimo positivo, la salud mental en general o incluso algunos trastornos mentales, como la depresión.

LAS EMOCIONES Y EL ESTADO DE ÁNIMO

Es poco probable que un pequeño error de predicción inesperado produzca, por agradable que sea, un cambio permanente en el estado de ánimo. Además, medir el estado de ánimo es más difícil que determinar los cambios inmediatos en la puntuación de felicidad. Todo el mundo sabe a qué nos referimos cuando decimos que estamos de buen o mal humor, pero ¿qué es el humor, o estado de ánimo, en el cerebro?

Es importante distinguir entre el estado de ánimo y la emoción: es posible estar irritado, feliz o triste en distintos momentos de un mismo día, pero haber tenido un estado de ánimo positivo global a lo largo de la jornada. El estado de ánimo es más estable que la emoción y también es más influyente. No obstante, aunque son fenómenos distintos, el estado de ánimo y las emociones están relacionados entre sí. El estado de ánimo determina las experiencias inmediatas y repercute en las emociones que sentimos. Si este es positivo, mitiga muchas de las pequeñas frustraciones a las que nos enfrentamos en el día a día, mientras que, como la mayoría de nosotros sabemos por experiencia, uno negativo hace justo lo contrario.

La salud mental positiva no consiste en la ausencia de emociones negativas, pues estas son saludables y normales. Personalmente, defino la salud mental como la capacidad de experimentar emociones negativas y acabar recuperando un estado mental bastante positivo: como una vuelta a la ecuanimidad, semejante a la homeostasis del cuerpo. La salud mental es un acto de equilibrismo que exige responder a errores de predicción negativos, emociones desagradables y otros estresores sin generalizarlos ni convertirlos en expectativas negativas respecto al mundo entero. El estado de ánimo positivo es una de las maneras en que se manifiesta esta capacidad.

La influencia del estado de ánimo lleva a que, cuando experimentamos un estado de ánimo negativo, sobre todo ese tan extremo que caracteriza a la depresión, desestimemos los momentos en que nos encontramos bien, por breves que sean, y lo achaquemos de inmediato a nuestro estado de ánimo deprimido. Tim Dalgleish, un psicólogo clínico e investigador con quien llevé a cabo mi formación posdoctoral, explica el estado de ánimo como un atractor: un sistema estable que se refuerza a sí mismo. Cuando estamos en un estado anímico atractor negativo, sean cuales sean esos cambios temporales en las emociones del momento, el estado mental se verá atraído de vuelta hacia el estado de ánimo actual. Cuando estamos en un estado anímico atractor positivo, aprendemos más acerca de lo bueno que hay en nuestro entorno. Imaginemos que, de repente, sucede algo satisfactorio (nos ascienden o ganamos un premio). Esas cosas buenas inesperadas harán que nos sintamos mucho mejor si nuestro estado de ánimo es positivo, pues lo reforzarán aún más.

La capacidad del estado de ánimo para reforzarse a sí mismo explica que, en ocasiones, quedemos atrapados en estados de ánimo negativos. En trastornos como la depresión, quienes la sufren se sienten atraídos una y otra vez hacia un estado de ánimo bajo a pesar de los eventos positivos que acontezcan en su vida. Por ejemplo, si nos ascienden, empezamos a pensar de inmediato en cómo aumentará nuestra carga de trabajo o nos preguntamos si merecemos el ascenso. Las emociones positivas se desestiman o se contextualizan, mientras que los eventos y las emociones negativas se convierten en el combustible que alimenta el estado de ánimo negativo, al que mantienen y justifican.

Los mismos mecanismos básicos del aprendizaje que intervienen en la búsqueda de cosas buenas y en la evitación de cosas malas son muy distintos en las personas con depresión. Una de las razones de estas diferencias de aprendizaje tiene que ver con el síntoma de anhedonia, del que hemos hablado en el capítulo 1: la pérdida de interés por actividades satisfactorias o la ausencia de placer en ellas. Hay muy pocas pruebas que indiquen que las personas con depresión sientan menos placer. Por el contrario, parece que el factor de la pérdida de interés tiene mucho más peso.[5] Por ejemplo, muchos experimentos demuestran que la expectativa acerca del valor de una recompensa se altera o mengua.[6] Así pues, podría pensarse que, si las expectativas de recompensa son más negativas, algo como un delicioso zumo de fruta parecerá aún más positivo, dado que el error de predicción positivo será mucho mayor (lo que indican algunos datos,[7] aunque no todos los estudios llegan a esta conclusión).[8] Sin embargo, incluso aunque los errores de predicción de la recompensa fueron mayores, esos mismos estudios demuestran que las personas con depresión también experimentan menos eventos positivos en cualquier día dado.[9] Por consiguiente, los errores de predicción positivos son muy escasos en la depresión.

Un hallazgo relacionado con esto es que las personas suelen buscar menos una recompensa; se trata de un cambio conductual inconsciente que les impide elegir los resultados más gratificantes, incluso aunque su experiencia de recompensas sea similar a la de personas no deprimidas. En este caso, los errores de predicción están intactos, pero no motivan tanto la conducta posterior, quizá porque su influencia se ve reducida por otra *norma* de orden superior en el cerebro, como «No se puede confiar en los buenos resultados», por lo que no motivan el aprendizaje en la misma medida. En muchos experimentos, las personas con depresión no se muestran tan capaces de aprender acerca de las cosas que llevan a resultados positivos y de perseguirlas.[10] Por lo tanto, parece que el valor reducido de la recompensa se suma a alguna alteración del aprendizaje de la recompensa, dando lugar de este modo a un estado de ánimo deprimido crónico.

Estos dos procesos (valor de la recompensa y aprendizaje) actúan en bucle sobre la experiencia de la recompensa: un deseo o una motivación reducidos a la hora de buscar recompensas lleva a menos experiencias positivas, mientras que la alteración del aprendizaje de recompensas conduce a que esas experiencias positivas, ya de por sí infrecuentes, apenas ejerzan influencia alguna sobre las expectativas de recompensa en el futuro. En este sentido, el cambio en la conducta motivada cambia el entorno al que la persona se ve expuesta, lo que refuerza el ciclo de estado de ánimo negativo, pues lleva al sistema a aprender menos de las experiencias positivas, si es que no las desestima.

Una de las críticas a esta idea es que la alteración de las expectativas de recompensa podría ser consecuencia del estado de ánimo deprimido previo. Sin embargo, las personas con predisposición a la depresión (pero no deprimidas en la actualidad) también presentan alteraciones en este proceso general: las recompensas están infrarrepresentadas, mientras que los castigos están sobrerrepresentados.[11] Esto significa que es muy poco probable que la valoración alterada de las recompensas sea consecuencia del estado de ánimo deprimido y que, más bien, es una característica (derivada de los cambios en el sistema de recompensa del cerebro) que predispone a las personas a desarrollar depresión en el futuro.

La alteración de la recompensa no es la única manera en que el aprendizaje por error de predicción contribuye a la depresión, sino que la gente deprimida experimenta los eventos negativos y los castigos con más intensidad. En una de las demostraciones más célebres de este efecto, se pidió a personas con depresión que jugaran a la Torre de Londres, un juego en el que hay que reordenar discos de colores para reproducir una torre de muestra. El juego se usa para evaluar el nivel de daño cerebral en caso de trastornos neurológicos. Sin embargo, a diferencia de quienes padecen lesiones cerebrales concretas, las personas con depresión no son necesariamente peores en las tareas de planificación en general, sino que su desempeño empeora cuando empiezan a cometer errores en el juego. Es decir, su rendimiento disminuye una vez se les comunica que han cometido un error:[12] tienen lo que se conoce como «respuesta catastrófica ante la percepción de fracaso».[13]

De igual modo que la disminución de la influencia de los errores de predicción positivos o de recompensa sobre el aprendizaje reduce las expectativas positivas, el aumento de la influencia de los errores de predicción negativos o de castigo fomenta el aprendizaje acerca de los resultados negativos y aumenta la expectativa de que haya resultados negativos en el futuro. Esto no es necesariamente beneficioso, pues, a veces, los resultados negativos ocurren en raras ocasiones, por lo que no siempre deberían conducir a un cambio de conducta. Imaginemos que sufrimos un accidente de avión: es un resultado negativo terrible, pero también muy raro. ¿Volaríamos otra vez? Al fin y al cabo, es más seguro que viajar en automóvil. Sin embargo, es posible que a nosotros ya no nos lo pareciera: el error de predicción negativo del accidente de avión es tan grande que ejerce un efecto aumentado sobre el aprendizaje y la conducta. Ahora imaginemos que los resultados negativos cotidianos dieran lugar a errores de predicción mayores: eso nos llevaría a sobreaprender de esos eventos. Por ejemplo, si un amigo cancela la cita en el último momento, decidimos dejar de salir con amigos durante un tiempo; si suspendemos un examen, llegamos a la conclusión de que no tenemos futuro académico.

Esta respuesta catastrófica ante la percepción de fracaso se puede originar en áreas del cerebro especialmente sensibles al castigo. Estas cuentan con neuronas que transmiten el patrón contrario al de las neuronas dopaminérgicas hipersensibles a la recompensa del zumo de fruta. La habénula es una de estas áreas sensibles al castigo. Es diminuta y tiene el tamaño de medio guisante, pero desempeña un papel importantísimo en nuestra vida. Cada vez que experimentamos un resultado peor de lo esperado, las neuronas de la habénula aumentan la frecuencia de sus disparos: señalan un error de predicción de castigo.[14] A diferencia de la respuesta dopaminérgica sensible a la recompensa, las neuronas de la habénula aprenden a prever el castigo.[15] Cuando las señales del entorno predicen un castigo, la habénula empieza a disparar. Esta señal de predicción de castigo se correlaciona inversamente con los errores de predicción de recompensa: cada vez que la habénula dispara, reprime los disparos de las neuronas dopaminérgicas que responden a la recompensa.[16] Los disparos de la habénula y el hecho de que esta reprima los disparos de las neuronas dopaminérgicas contribuyen a que aprendamos a evitar resultados negativos en el mundo.

Jon Roiser empezó a investigar la habénula varios años antes de que yo me incorporara a su laboratorio en el University College de Londres. En aquella época se preguntaba si las neuronas de la habénula de las personas con depresión disparaban demasiado, señalando así en exceso la posibilidad de un castigo inminente. De ser así, esta inusual hiperactividad podría ser el origen de las respuestas catastróficas ante la percepción de fracaso en la depresión, pues, al alterar los centros de recompensa, reforzaría los resultados negativos e, incluso, reduciría la búsqueda de recompensas o la sensibilidad a estas. Los experimentos con animales llevaban a creer que esta hipótesis era acertada: muchos experimentos habían hallado señales de castigo más intensas en la habénula de roedores con conductas depresivas.[17]

Para determinar si esta hipótesis era cierta, Jon trabajó con Rebecca Lawson, una alumna de posdoctorado, a fin de medir la actividad de la habénula en humanos deprimidos. De inmediato se toparon con una gran dificultad. Tal y como hemos mencionado, la RMf es, de momento, la mejor manera de determinar el origen de la actividad cerebral en humanos sin recurrir a la neurocirugía. Sin embargo, la habénula es minúscula, demasiado pequeña para que una máquina de RM la detecte, así que Jon y Rebecca colaboraron con un equipo de físicos para diseñar una técnica de RM especial que les permitió captar la activación de la habénula. Al mismo tiempo, en la máquina de RM, sometieron a varios voluntarios (con depresión y sin ella) a una sucesión de descargas eléctricas antecedidas de imágenes que predecían la inminencia de la descarga o la ausencia de ella (como la luz que predecía el zumo en el estudio con los monos).

De este modo descubrieron una señal anómala de predicción de castigo en la habénula de las personas con depresión. Sin embargo, se trataba de una anomalía contraria a la de su hipótesis: la habénula señalaba menos el castigo en las personas con depresión.[18] Era casi como si previeran las descargas como una recompensa: las señales que las anunciaban reducían la actividad de su habénula en lugar de aumentarla (como sucedía en las personas sin depresión).

Aún no se sabe a qué se debe este sorprendente resultado. ¿Por qué la habénula de las personas con depresión era hipoactiva y no señalaba lo bastante el castigo? Aunque parezca ilógico, la ausencia de señalización del castigo, debido a la alteración en su predicción, podría impedir que alguien con depresión aprendiera a evitarlo. Eso no significa que los castigos sean menos desagradables, sino que afectan a la conducta de otro modo. Mejorar cómo aprendemos de los castigos incluso sería adaptativo, un rasgo útil con el que contar cuando nos enfrentamos a la miríada de eventos negativos que se dan en la vida.[19]

En conjunto, la sensibilidad del cerebro a la recompensa o al castigo depende de múltiples factores, pero desempeña un papel clave en lo vulnerables que somos a la mala salud mental. Por ejemplo, las experiencias estresantes durante el desarrollo modifican cómo procesa el cerebro los resultados positivos y negativos, lo que, a su vez, aumenta la vulnerabilidad a la depresión en el futuro. Esto sucede no solo porque los efectos de los eventos negativos se amplifican, sino, y sobre todo, porque cambian cómo aprendemos acerca de ellos y cómo influyen en nuestras expectativas (o no). No obstante, además de vulnerabilidad ante la depresión y otros trastornos mentales asociados al sistema de recompensa y castigo, las diferencias en este sistema de aprendizaje pueden conferir resiliencia. Esto explica que la mayoría de las personas no desarrollen un trastorno mental ni siquiera después de un trauma o dificultad enorme. Aunque son muchas las cosas que fomentan la resiliencia, la predisposición a aprender de los resultados positivos y la capacidad del estado de ánimo para aprovechar esos pequeños sucesos positivos y reforzarse gracias a ellos, por un lado, además de la capacidad de aprender adaptativamente de los sucesos negativos (y evitarlos cuando sea necesario), por el otro, protegería a las personas de caer en episodios depresivos. Sea cual sea la causa original, las diferencias en el aprendizaje de la recompensa y el castigo aportan pistas sobre por qué algunas personas se deprimen y otras no a pesar de contar con recorridos vitales similares, experiencias difíciles parecidas o historias familiares semejantes.

Atemos cabos: si la dopamina es esencial para el aprendizaje y este es fundamental para el estado del ánimo y el bienestar, podríamos pensar que manipular el sistema dopaminérgico es una de las maneras de aumentar la resiliencia. En términos breves y sencillos, acertaríamos: aumentar drásticamente el nivel de dopamina en el cerebro hará que nos sintamos bastante bien. Por ejemplo, inyectar anfetaminas, que elevan el nivel de dopamina en el cerebro, produce euforia. Esto se relaciona directamente con la liberación de dopamina: la cantidad de euforia depende de la cantidad de dopamina. Y, aunque las anfetaminas multiplican considerablemente el nivel de dopamina de todo el mundo, la cantidad de dopamina que secreta el cerebro de cada persona varía. Cuanta más dopamina se libere tras la inyección de anfetaminas, mayor será la sensación de euforia.[20]

Sin embargo, la euforia es efímera. No constituye una mejora genuina del estado de ánimo, al que hemos definido como el estado mental general a lo largo de un periodo de tiempo prolongado. Antes o después, el efecto de la droga se desvanecerá y es muy posible que, entonces, nos sintamos incluso peor que antes. Por no mencionar, como veremos en el capítulo siguiente, que los fármacos que interfieren con los niveles de dopamina en el cerebro pueden causar dependencias muy fuertes y conllevan el riesgo de adicción. (Aquí es interesante mencionar que se cree que el bajo estado de ánimo es uno de los elementos clave en el ciclo de adicción:[21] una de las teorías principales plantea que el inicio del consumo de drogas parte de un deseo básico de sentirse bien gracias a la droga, pero que, una vez la persona cae en la adicción, el consumo ya no se debe al deseo de sentirse bien, sino al de aliviar el estado negativo que genera la abstinencia.)

A diferencia de los fármacos que afectan a todo el cerebro, las causas biológicas de la vulnerabilidad y de la resiliencia ante el estrés podrían ser cambios celulares mucho más sutiles en estos mecanismos de aprendizaje que se activan en respuesta a situaciones estresantes (cambios más o menos grandes en función del área y las condiciones). Hay pruebas que sustentan esta compleja relación en animales, en los que los investigadores miden el nivel de dopamina en áreas muy concretas del cerebro y lo aumentan. En varios estudios, las neuronas dopaminérgicas de ratones que habían padecido estrés por derrota social (un tipo de depresión en animales muy frecuente) dispararon en exceso. Esto se debió al aumento de la corriente excitatoria, un mecanismo celular que regula la actividad de las neuronas dopaminérgicas, pero que da lugar a disparos excesivos y desregulados cuando esto sucede.[22] Entonces, los investigadores examinaron el cerebro de animales resilientes ante el estrés por fracaso social, donde esperaban encontrar una corriente excitatoria menor y disparos normales por parte de las neuronas dopaminérgicas. Para su sorpresa, lo que hallaron fueron disparos dopaminérgicos normales, a pesar de que las corrientes excitatorias eran aún mayores. De algún modo, la causa celular de los disparos excesivos seguía siendo anómala, pero los disparos eran normales. Así, se preguntaron si las corrientes excitatorias elevadas desestabilizaban hasta cierto punto, pero, una vez eran lo bastante intensas, activaban algún mecanismo homeostático de regulación que normalizaba la actividad de las neuronas dopaminérgicas. Para poner a prueba esta hipótesis, a los ratones que presentaban conductas depresivas les dieron un fármaco que aumentaba las corrientes excitatorias con el objetivo de intensificarlas aún más (se trataba de lamotrigina, un estabilizador del estado de ánimo conocido que se usa en el tratamiento del trastorno bipolar). Como habían predicho, el fármaco normalizó el disparo de las neuronas dopaminérgicas a pesar de haber aumentado las corrientes excitatorias y, además, eliminó las conductas depresivas de los ratones.[23]

Por desgracia, los fármacos que se administran a humanos no tienen una capacidad tan precisa de modificar la bioquímica cerebral en un área o circuito específicos, por lo que no se pueden probar estas mismas medidas (aunque los investigadores trabajan para resolver el problema). Aun así, estos experimentos con animales demuestran que podría haber múltiples modos de remediar los cambios cerebrales patológicos que aparecen con la depresión; algunos incluso revertirían aquellos causados por el estrés (por ejemplo, reduciendo los disparos dopaminérgicos inestables, lo que también disminuye la conducta depresiva),[24] mientras que otros aprovecharían los mecanismos de resiliencia naturales del cerebro para lograr la homeostasis y aprovechar así las vías naturales gracias a las cuales el cerebro y el cuerpo logran el equilibrio.

Es importante que entendamos que, aunque todos estos experimentos muestren variaciones en los sistemas de aprendizaje generales del cerebro, las diferencias concretas varían de un estudio a otro, no siempre se pueden replicar y, en ocasiones, son incluso contradictorias. Por consiguiente, cabe la posibilidad de que haya varias formas de llegar a una depresión a causa de alteraciones en el aprendizaje. Siempre que menciono las diferencias entre dos grupos (por ejemplo, personas con depresión y sin ella), estas solo se dan en un promedio estadístico. Sin embargo, ¿quién de nosotros es promedio? Estoy casi segura de que tú no lo eres.

El cerebro de cada persona presenta una variabilidad enorme. Incluso si hablamos de grupos concretos (como personas con depresión), habrá grandes diferencias en lo que a su conducta y cerebro se refiere. Eso significa que, cuando describo el cerebro de un grupo de personas de cierta manera, solo será aplicable a algunas de las personas con esa característica, en absoluto a todas. E incluso cuando hablamos de las personas para quienes sí lo es, lo es en distinta medida.

Una persona puede tener una expectativa de recompensa reducida por completo; otra, levemente reducida, y otra, no tenerla reducida en absoluto. El promedio no refleja necesariamente los errores de predicción de una persona concreta. Este no es un problema exclusivo de la neurociencia, sino que se aplica a todos los niveles, incluso cuando hablamos de síntomas. Por lo general, las personas con depresión están más tristes, tienen dificultades para concentrarse, etc., porque esa es la lista diagnóstica de los síntomas. Sin embargo, para superar el umbral diagnóstico no hace falta que tengan todos los síntomas, sino que basta con un subgrupo de ellos. Por ejemplo, quizá conservemos un apetito normal, pero presentemos alteraciones del sueño; o nuestro estado de ánimo sea normal, pero experimentemos una anhedonia profunda. De hecho, hay hasta 227 combinaciones de síntomas posibles que justificarían un diagnóstico de depresión[25] (aunque algunas de ellas son mucho más habituales que otras). Así, dos personas con una lista de síntomas distintos (sin una sola coincidencia) pueden cumplir los criterios diagnósticos de la depresión.

Esto sucede con la mayoría de las enfermedades mentales, lo que explica por qué no hay una correspondencia exacta entre diagnósticos y tratamientos cuando hablamos de salud mental. La enorme dificultad de encontrar tratamientos universales no debería sorprendernos, pues hay muchas causas y manifestaciones y, en consecuencia, muchas soluciones (las ha de haber).

Hace mucho que la medicina conoce este aspecto de las enfermedades mentales, aunque teníamos la esperanza de que nuestro estudio abriera la puerta a hallar un mismo tratamiento para varias causas. Por desgracia, no ha sido así. Creo que, en lo que a salud mental se refiere, nunca habrá una solución para todo el mundo. Es posible que tratamientos que funcionan en general (y en promedio) no ayuden a una persona concreta. Por lo tanto, lo que hace falta es entender mejor qué procesos del cerebro provocan síntomas determinados y tener la capacidad de detectar esos procesos y tratarlos con terapia, fármacos u otros abordajes. Hemos de identificar objetivos, sabiendo que cualquiera de ellos podría ser el origen del malestar y, por consiguiente, una solución para una persona específica con mala salud mental.

A lo largo de la vida nos enfrentamos a fracasos, grandes y pequeños. Jamás he conocido a nadie que no fracase con regularidad, y lo cierto es que tampoco me gustaría. A todo el mundo le acaba sucediendo algo malo, por lo que mejorar cómo respondemos ante acontecimientos negativos es una de las maneras de proteger la salud mental (lo comentaremos en el capítulo 8, donde hablaremos de los beneficios de la psicoterapia). Por lo tanto, no lo podemos dejar aquí. Los investigadores han de descubrir las múltiples funciones del cerebro que favorecen la salud mental; algunas de ellas serán diferentes en personas con trastornos mentales e incluso en personas que comparten un mismo diagnóstico. No obstante, antes de hablar expresamente de tratamientos, quiero abordar otro elemento de la salud mental. No es algo evidente y tampoco es algo que se suela tratar públicamente, no se mide en las encuestas internacionales sobre el bienestar y no forma parte de las aplicaciones móviles diseñadas para mejorar la salud mental. Sin embargo, es algo que considero esencial; de hecho, es posible que las definiciones populares de la salud mental lo hayan pasado por alto precisamente por ser tan básico.

Capítulo 4
MOTIVACIÓN, VOLUNTAD Y GANAS

Cuando se pide definir qué significa encontrarse bien mentalmente, la mayoría de las personas piensan en las emociones positivas a corto plazo de las que hemos hablado hasta ahora, como el placer (la efímera hedonia, en términos aristotélicos), la satisfacción vital a largo plazo (el contento de la eudaimonia) o una combinación de ambas cosas. Por su parte, cuando los sociólogos quieren medir el placer o la satisfacción vital de humanos, tienden a usar escalas de autoevaluación (por ejemplo, «En una escala de 1 a 5, ¿cómo de feliz es en este momento?», «¿Cómo de satisfecho diría que está con su vida?» y otras variaciones sobre el mismo tema). Dado que ofrece numerosas ventajas, son muchos los estudios de investigación que recurren a este enfoque. Sin embargo, las medidas objetivas también tienen limitaciones importantes. Es posible que la palabra *feliz* (o *bienestar* o *placer*) no signifique lo mismo para ti que para mí. Por lo tanto, si tú y yo respondiéramos el mismo cuestionario, las diferencias en cómo entendemos la palabra nos llevarían a indicar niveles de felicidad distintos incluso aunque, en realidad, nuestra satisfacción con la vida fuese igual o experimentáramos un nivel similar de emociones positivas pasajeras. Asimismo, es posible que las preguntas acerca del bienestar percibido no acaben de reflejar bien algunos elementos esenciales de la salud mental. Por eso, en muchos de los experimentos de los que hemos hablado hasta ahora, los neurocientíficos también intentan cuantificar la conducta, para lo que miden las decisiones y el aprendizaje, que proporcionan medidas que no dependen de la subjetividad de una autoevaluación.

Aunque el placer y la satisfacción acostumbran a ser lo primero en que pensamos cuando se nos pregunta acerca de la felicidad y el bienestar, cuantificar la conducta revela un componente adicional que la mayoría de las definiciones populares pasan por alto. Muchos neurocientíficos piensan que la motivación, o la voluntad, es otro elemento crucial de la salud mental. En el capítulo anterior, este constructo se entendía como conductas de búsqueda de recompensa, que son aquellas acciones que podrían conducir a resultados positivos (aunque en la vida real es algo más complicado, porque la voluntad implica también sopesar hasta qué punto merece la pena invertir energía para obtener una posible recompensa o evitar un castigo). Aprender cuáles son esas conductas potencialmente recompensantes es crucial (como hemos visto en el capítulo 3), pero el deseo o la motivación que nos impelen a buscar la recompensa son igual de vitales.

Los cuestionarios de autoevaluación que preguntan «¿Cómo de feliz se siente en este momento?» no siempre captan bien el nivel de motivación. Sin embargo, la motivación es, casi siempre, un precursor necesario del bienestar y, por extensión, de la buena salud mental. Aristóteles creía que uno de los aspectos notables de la felicidad era que «la elegimos por sí misma y nunca por ninguna otra razón». Sin embargo, elegir cualquier cosa en la vida exige motivación: el deseo de buscar lo que queremos y de evitar lo que no. La motivación nos imbuye de la capacidad para encontrar experiencias positivas en el mundo y repetirlas. Si carecemos de la motivación suficiente, los eventos positivos se convierten en experiencias raras, por lo que, en algunos casos, alcanzar el bienestar resulta más difícil, si no imposible.

Por eso, la motivación es un elemento fundamental de la salud mental y medirlo como un componente más de esta ofrece ventajas. De hecho, la motivación es un principio general de la conducta animal: todos los animales se acercan a lo que proporciona un resultado positivo, como la comida, y evitan lo que da lugar a experiencias desagradables, como el dolor. Así, medir la motivación ofrece ventajas importantes en comparación con las autoevaluaciones acerca del placer o la satisfacción vital. Se trata de un elemento conductual del bienestar con una cuantificación objetiva y medible integrada: cuánto está dispuesto alguien a esforzarse para lograr un objetivo concreto. Compararlo entre personas es mucho más fácil y, aún más importante, también es un elemento del bienestar medible en animales que no pueden puntuar sus emociones en un cuestionario. En lugar de inferir si seres humanos y animales sienten lo mismo, se puede medir la misma conducta en ambos y concluir así si se sustenta en los mismos procesos mentales. Esta es una de las ventajas científicas fundamentales que ofrece medir la motivación: a diferencia de las descripciones anteriores de conductas semejantes al placer o semejantes a la depresión en animales, la motivación no está sujeta a la falacia de inferencia mental de Lisa Feldman Barrett. Sin embargo, y aunque la motivación es un aspecto fundamental de la salud mental, emplearla como única sustituta del bienestar, la felicidad o el placer también plantea desventajas considerables, tal y como descubrieron los investigadores que conocerás en este capítulo.

Hace poco, una figura pública (ajena al mundo de la investigación) dio una conferencia en un congreso al que asistí. Por desgracia, no le habían informado demasiado bien acerca del perfil de los miembros del público. La conferencia en cuestión incluía algunas perlas acerca de lo asombroso que es el cerebro. «¡Ahora, los neurocientíficos pueden usar la electricidad para activar y desactivar la felicidad en el cerebro de las personas!», anunció. Era la primera noticia que teníamos tanto yo misma como los demás asistentes, que también eran neurocientíficos en activo. Este es uno de los inconvenientes con el que nos solemos encontrar en nuestro campo: como resulta tan atractivo, es habitual que personas ajenas al mundo de la investigación se fijen en un estudio animal o en un experimento pequeño y lleven las conclusiones hasta su última consecuencia, que a veces es tan extrema que la idea original apenas se percibe. Se ve continuamente en personas que han añadido el prefijo *neuro-* a su cargo: neuroconsultores para empresas, programación neurolingüística en terapia... Dado lo atractivas y seductoras que resultan las afirmaciones vagas acerca del cerebro, tanto personas como organizaciones sientan cátedra sobre cimientos de ciencia experimental que no podrían ser más frágiles. Y la gente los escucha. Desconfía siempre que veas ese prefijo y ten cuidado con las neuropaparruchas.

Con todo, he de reconocer que me encantaría poder hacer afirmaciones como la de este personaje público. Tal y como veremos más adelante en el libro, gran parte de mi investigación se vale de la estimulación eléctrica del cerebro para modificar conductas o estados mentales, incluyendo el estado de ánimo. Hay pruebas sólidas de que, en ciertos casos y para algunas personas, la estimulación eléctrica (aplicada a lo largo de muchas sesiones) es un tratamiento eficaz para algunos trastornos mentales, como la depresión o la adicción. Sin embargo, y hasta donde yo sé, en el cerebro humano no hay nada que se parezca ni de lejos a un interruptor de la felicidad que podamos encender y apagar usando la estimulación eléctrica.

Aunque nunca llegué a saber a qué se refería (pasó enseguida al verdadero tema de su charla, cuya relación con la neurociencia era muy tenue), lo cierto es que me dio que pensar y recordé unos experimentos a los que creía que estaba refiriéndose. Es muy probable que sean lo más cerca que los neurocientíficos hayan estado jamás de activar y desactivar la felicidad con un interruptor. Se trata de experimentos que se llevaron a cabo hace más de cincuenta años y sus conclusiones forman parte del nacimiento de la neurociencia moderna. En cuanto a lo de que el resultado fuera un aumento de la felicidad..., bueno, digamos que la historia real es algo más complicada y mucho más oscura (quien avisa no es traidor).

En 1954, Donald Hebb, al que ahora se considera uno de los neurocientíficos más influyentes de la historia, dirigía el Departamento de Psicología de la Universidad McGill, en Canadá. Quizá hayas oído hablar de la neuroplasticidad, un concepto que alude a la capacidad del cerebro para cambiar y adaptarse en función de las experiencias que tiene. Esta es real, a pesar de que, a veces, se usa erróneamente en contextos de neuropaparruchas. Hebb descubrió la verdadera neuroplasticidad: averiguó que, cuando una neurona dispara poco después que otra, la relación entre las dos se refuerza. Esto significa que, pasado un tiempo, se puede conseguir que la segunda neurona dispare tan solo estimulando la primera. Los estudiantes de grado memorizan este fenómeno con la simpática frase «las neuronas que disparan juntas permanecen juntas».

En la actualidad, los neurocientíficos se refieren a la capacidad de las neuronas para adaptarse y cambiar como «neuroplasticidad hebbiana» (que un proceso neurológico lleve tu nombre es como cuando una enfermedad lleva el nombre del médico que la ha descubierto: el descubrimiento acaba siendo mucho más famoso que tú). En la década de 1950, Hebb ya era una especie de celebridad científica, pues había escrito un libro muy prestigioso, *Organización de la conducta*, cuya tesis básica afirmaba que la función cerebral explicaba la conducta humana. Aunque esto nos parezca una obviedad en el siglo XXI (sobre todo, si has leído los tres primeros capítulos de este libro), hace unas décadas no lo era en absoluto. El libro generó mucha controversia.

En la época, la neurociencia era una disciplina incipiente. La Society for Neuroscience, la mayor agrupación de neurocientíficos en la actualidad, no se fundó hasta 1969. En la década de 1950 había biólogos, algunos de los cuales estudiaban las neuronas y las señales electroquímicas que estas transmitían, y psicólogos experimentales, que estudiaban la conducta (estos, normalmente, en la otra punta del campus). En la época de Hebb, la combinación de ambas disciplinas no solo proporcionó muchos de los principios de la neurociencia moderna, sino que sentó las bases de todo lo que sabemos ahora acerca de los fundamentos neurológicos de la salud mental.

Uno de los científicos que leyó el libro de Hebb fue el psicólogo social James Olds,[1] a quien la teoría acerca de la base neurológica de la conducta influyó hasta tal punto que se hizo con una beca de investigación para mudarse a Canadá y estudiar con Hebb. Cuando llegó a Montreal, le presentaron a Peter Milner, un joven neurofisiólogo que acababa de terminar su doctorado.[2] Eran una pareja peculiar. Olds no tenía formación en neurociencia, como la mayoría de los psicólogos en aquella época, pero había expresado ideas bastante radicales acerca del funcionamiento del cerebro, con base, sobre todo, en una combinación de sus instintos y de una interpretación muy libre del libro de Hebb. Más adelante, Milner escribió lo siguiente acerca de Olds: «Me resultaba imposible creer que alguien capaz de formular hipótesis tan insensatas e infundadas acerca de la función cerebral como las que él planteaba tuviera futuro alguno en el campo de la psicología fisiológica».[3] Sin embargo, por insensato que fuera, hay ocasiones en las que colaboraciones tan sorprendentes como esta dan lugar a los mayores avances. Un psicólogo con grandes teorías que descansaban sobre una comprensión precaria de la función cerebral y un neurofisiólogo meticuloso con una gran formación descubrieron juntos algo que sacudió los cimientos de la disciplina.

Durante la beca de investigación, Milner enseñó a Olds a implantar estimuladores eléctricos en el cerebro de ratas. Aplicar corrientes eléctricas leves a distintas áreas cerebrales (es decir, inducir disparos neuronales artificialmente) les permitió comprobar cómo iba cambiando la conducta de las ratas a medida que se iban estimulando diferentes áreas cerebrales. El santo grial de estos experimentos era descubrir el elemento más básico y fundamental para la supervivencia: ¿cómo aprenden los animales qué acciones han de repetir y cuáles han de evitar? Básicamente, intentaban identificar la parte del cerebro donde se origina la motivación para buscar recompensas, la que fomenta la búsqueda de cosas positivas en el mundo.

La implantación de electrodos exige procedimientos quirúrgicos meticulosos y muy cuidadosos. Olds aprendía muy rápido, pero no era el más diligente de los cirujanos. En uno de sus primeros experimentos, algo salió mal: no se dio cuenta de que un electrodo se había movido ligeramente en el interior de la rata y pasado a un área distinta de la que Milner y él habían previsto: el área septal. (Más tarde, Milner especuló con que quizá el movimiento hubiera sucedido porque Olds no había esperado lo suficiente para que se secara el cemento dental que usaban para fijar los electrodos, algo esencial para asegurar la ubicación del electrodo implantado.)[4]

Milner y Olds no supieron que habían implantado el electrodo en otro lugar hasta mucho después de haber terminado el experimento (de hecho, hasta después de haber publicado artículos acerca de sus hallazgos). Todavía desconocedores de este error técnico, la pareja de investigadores descubrieron que podían guiar a la rata por una mesa en el laboratorio activando el electrodo y desactivándolo, dado que podían controlarla estimulándola más cuando se movía en la dirección que ellos querían. Esta conducta es la que cabía esperar si la rata disfrutaba de la estimulación: repetía comportamientos que llevaban a la estimulación (moverse por la mesa) y evitaba los que llevaban al resultado contrario. Seguro que Olds y Milner no cabían en sí de entusiasmo: formularon la hipótesis de que las ratas buscaban la estimulación.

Entonces, Milner pensó que, para demostrar que la búsqueda de estimulación eléctrica era deliberada, era necesario que las ratas tuvieran la posibilidad de autoestimularse. Por lo tanto, construyeron una caja en la que las ratas tenían que elevarse sobre las patas traseras para alcanzar una palanca y estimularse a sí mismas. Esto resultaba molesto para las ratas, y de eso se trataba precisamente: quizá nos pongamos de puntillas para alcanzar una estantería del armario de la cocina si nos espera una galleta de chocolate, pero es muy poco probable que hiciéramos lo mismo si supiéramos que ahí no encontraremos más que una tostada rancia. Sin embargo, a pesar de lo incómodo que les resultaba alzarse sobre las patas traseras, Olds y Milner vieron que las ratas presionaban la palanca para estimularse. Esto significaba que su intuición era acertada. De hecho, tuvieron más éxito del que esperaban. Mientras las observaban, se dieron cuenta de que las ratas pulsaban la palanca una y otra vez sin parar. Fuera lo que fuera lo que hacía la estimulación, parecía que a las ratas les gustaba, y mucho, porque, de otro modo, no hubiera motivado la incómoda conducta que necesitaban para pulsar la palanca. Así pues, decidieron que había llegado el momento de contárselo a los medios de comunicación.

Los resultados aparecieron en todos los periódicos, con titulares como «Investigadores descubren el "centro del placer" en el cerebro», y Olds y Milner iniciaron años de investigación para averiguar qué hacía en realidad esa estimulación en apariencia agradable. Clasificaron la estimulación como un reforzador positivo: algo que motiva a los animales a invertir energía para conseguirlo, como comida o sexo. Sin embargo, la conducta que las descargas provocaban resultó siniestramente distinta a la que causaba la búsqueda de comida o sexo. Para empezar, las ratas estaban dispuestas a pulsar la palanca miles de veces cada hora y durante días solo para recibir un poco de estimulación. No había estimulación suficiente para saciarlas. A veces la pulsaban tantas veces que se derrumbaban de agotamiento, e incluso estaban dispuestas a caminar sobre una caja cuyos cables les provocaban descargas eléctricas para llegar a la palanca. Además, preferían morir de hambre que renunciar a la estimulación. Pero ¿qué sentían exactamente?, ¿les gustaba la estimulación?, ¿eran felices mientras la recibían?

Nadie lo sabía.

A lo largo del libro he repetido que lo que es aplicable a una rata no necesariamente lo es a una persona. Sin embargo, hoy en día, experimentos en todo el reino animal han concluido que es posible provocar el mismo patrón de conducta que Olds y Milner identificaron en las ratas en peces, cobayas, delfines nariz de botella, gatos, perros, cabras y monos.[5] Como es natural, en la época de los experimentos originales, muchos neurocientíficos anhelaban descubrir si la teoría de Olds y Milner también era válida para personas.

Si mi colega hubiera descubierto eso mismo hoy en su laboratorio animal y me hubiera llamado para que lo ayudara a determinar si se conseguían resultados iguales estimulando áreas del cerebro humano comparables, sucedería lo siguiente: tendríamos que escribir una prolija solicitud donde deberíamos justificar la ética de nuestro experimento, la cual estudiarían otros colegas, el director de mi departamento y al menos otro comité ético de expertos independiente. El proceso se alargaría meses y podría acabar en el rechazo de la propuesta sin que hubiéramos visto ni a un solo sujeto (imagino que «riesgo de muerte» aparecería justo después de «Querida Dra. Nord. Lamentamos comunicarle que...»). Sin embargo, esta montaña de papeleo impide que un descubrimiento nos deslumbre tanto que nos ciegue y nos lleve a anteponer la emoción científica a la salud y la seguridad de las personas.

Quien fuera que recibió esta llamada en la década de 1950 no tuvo que superar tantas barreras burocráticas. Pocos años después de los primeros estudios con ratas, el psiquiatra estadounidense Robert Galbraith Heath informó de que, por primera vez, se habían llevado a cabo experimentos similares con humanos, muchos de ellos con personas vulnerables: pacientes con trastornos cerebrales o delincuentes. Implantó quirúrgicamente electrodos en el cerebro de los participantes, a quienes, como a las ratas, se les presentó un botón que debían pulsar cuando quisieran recibir la estimulación. «La motivación principal [de estos experimentos] era terapéutica», afirmaba uno de los primeros informes. Si bien la posibilidad de ayudar a pacientes motiva a muchos investigadores, y no dudo que ese fuera el caso de Heath, también es cierto que a la mayoría de los científicos les cuesta mucho resistirse al atractivo de un descubrimiento emocionante, de tener conocimiento nuevo a su alcance. No cabe duda de que la motivación de Heath y de sus colaboradores a la hora de descubrir el centro del placer en el cerebro humano[6] también era científica y profesional, tal y como él y su equipo se apresuraron a afirmar.

De este modo, practicaron a personas vulnerables una serie de neurocirugías experimentales que afectaban a estructuras profundas del cerebro: comenzaron por el equivalente del área septal, pero luego ampliaron su alcance y cubrieron zonas más extensas (a algunos pacientes se les implantaron docenas de electrodos). Así, se hizo evidente que la estimulación provocaba «experiencias subjetivas de naturaleza aparentemente placentera».[7] En ocasiones, estas experiencias subjetivamente placenteras eran algo subidas de tono. Heath escribió que, «al margen del estado emocional inicial [del paciente] y del tema del que se estuviera hablando en la sala, la estimulación venía acompañada de la introducción de un tema sexual, por lo general con una sonrisa amplia»[8] (no se ofrecían más detalles acerca del tema sexual en cuestión). En otro informe se habla de un paciente que pulsaba el botón que aplicaba la estimulación cerebral unas cuarenta veces por minuto. Los investigadores escribieron lo que sigue: «Es interesante que la presentación de una bandeja con comida apetitosa no interrumpiera la tasa de respuesta a pesar de que el sujeto llevaba siete horas sin comer».[9] Pues sí, es muy interesante.

Es posible que el cariz que iba tomando la investigación de Heath te esté empezando a dar mala espina, pero espera: la cosa aún va a peor. Dos pacientes concretos aparecen más que cualquier otro en estos primeros informes y ambos representan episodios tan terribles como tristes en la historia de la neurociencia y la psiquiatría. Heath los describe en un artículo titulado «Pleasure and brain activity in man» [«El placer y la actividad cerebral en el hombre»].[10] Uno de estos pacientes, B-19, estaba en prisión por posesión de cannabis y Heath le aplicó estimulación septal como terapia de conversión experimental para su homosexualidad[11] a la vez que se lo obligaba a mantener relaciones sexuales con una mujer. El equipo de investigación afirmó que hubo éxito y que B-19 se había «curado» de su preferencia sexual:[12] se había vuelto heterosexual. En realidad, B-19 estaba tan enganchado a cualquiera que fuera la sensación provocada por la estimulación que pulsaba el botón para estimular el electrodo miles de veces y suplicaba a los investigadores que le dejaran hacerlo aunque solo fuera una vez más cuando le retiraban la unidad.

En el segundo caso notable, otra paciente sufría de un dolor crónico agudo como consecuencia de una hernia de disco en la zona lumbar.[13, 14] Ni años de antidepresivos, acupuntura, estimulación nerviosa transcutánea y psicoterapia, ni múltiples intervenciones quirúrgicas en la columna vertebral, habían logrado aliviar su dolor crónico. Cuando le implantaron un electrodo en una zona nueva en el cerebro (el tálamo), su dolor se redujo durante meses, aunque al final regresó. Sin embargo, su familia avisó de efectos secundarios extraños asociados a la estimulación. La paciente experimentó alivio del dolor, pero, como B-19, empezó a pulsar el botón del electrodo compulsivamente durante todo el día, hasta el punto de que desarrolló una úlcera crónica en el dedo que usaba para ajustar la intensidad de la estimulación.[15] Pulsaba el botón con tanta frecuencia que se volvió sedentaria y abandonó toda actividad, incluida la higiene personal.

Si soy sincera, cuesta mucho entender una investigación que infringió todos los límites éticos habidos y por haber. Estos experimentos nunca se hubieran podido llevar a cabo hoy, aunque otros científicos manifestaron su preocupación incluso entonces.[16] Para la gente de hoy en día (y para algunas personas de la época de los experimentos), es obvio que hay muchos motivos éticos para preocuparse, pero no permitas que eso te distraiga de que también hay tantos o más motivos científicos para cuestionar la investigación. En aquel momento, gran parte de la comunidad científica y del público general estaba tan emocionada por el descubrimiento de estas zonas de placer en el cerebro que no cuestionó los fallos éticos y científicos. Sin embargo, hoy debemos preguntarnos: ¿el descubrimiento de Heath fue realmente lo que dijo que era?

Heath describió las sensaciones de B-19 como placenteras y, acerca del conjunto de sus pacientes, dijo lo que sigue: «Los sujetos se mostraban mucho más positivos respecto a las personas que tenían cerca y a su entorno general. Solo hablaban de temas agradables».[17] Sin embargo, ¿dónde están las pruebas objetivas de que los pacientes sentían placer? Aunque este experimento se llevó a cabo con personas, la respuesta surgió de la interpretación que Heath hizo de las experiencias de los pacientes, que no es la mejor manera de analizar datos. En un experimento más riguroso se hubiera pedido a cada uno de los pacientes que puntuara cuánto le gustaba la estimulación. De igual modo, las pruebas sobre el supuesto placer de los pacientes de Heath no son mucho más sólidas que las obtenidas de los experimentos con ratas. La estimulación septal alteró radicalmente la conducta en ambos casos: en ocasiones, la motivación para estimular el área era tan intensa que anulaba instintos básicos como el de la alimentación o la higiene personal. No obstante, era difícil discernir qué sentían las personas y las ratas durante la estimulación. Cuando se estimulaba el *septum* de las ratas, era imposible saber si el hecho de que eligieran estar de puntillas para activar la estimulación significaba que lo disfrutaban: eso sería una falacia de inferencia mental. Tal vez incluso Heath cayera en ella a pesar de haber intervenido a personas: como B-19 solo quería la estimulación, infirió que su estado mental debía ser placentero.

Sin embargo, yo creo que es más probable que ni los pacientes ni las ratas estuvieran experimentando placer. Muchos científicos coinciden al respecto y han escrito ampliamente acerca del tema.[18] Uno de los neurocientíficos más influyentes de nuestro campo, Kent Berridge (experto en puntos calientes hedónicos; véase el capítulo 1), comentó lo siguiente acerca de los estudios de Heath: «Todo el que lea los informes acerca de estas personas en busca de una declaración clara de placer extremo acabará decepcionado... No está claro que el paciente dijera nunca que la estimulación le provocara una sensación placentera. No se informa de exclamaciones de placer, ni siquiera de un mero "¡Oh, me gusta!"».[19]

Como nadie lo sabe con certeza, tú también te puedes formar tu propia opinión acerca de lo que sentían las ratas y los pacientes. Sin embargo, yo diría (y neurocientíficos como Berridge han dicho) que las pruebas apuntan más claramente a que estimular ciertas áreas cerebrales dio lugar a ese elemento que la salud mental obvia: la motivación. Parece que esta se parece mucho a la felicidad, incluso en ausencia de placer subjetivo.

En las ratas, la estimulación septal hacía que una caja que daba descargas eléctricas resultara tolerable (o al menos que mereciera la pena tolerarla). En las personas, hacía que cosas que por lo general resultarían intolerables merecieran la pena, al menos en apariencia: no comer, mantener relaciones sexuales con alguien que no los atraía... Así pues, pulsar la palanca a pesar del gran esfuerzo necesario, el no comer y la voluntad de tolerar la incomodidad son señales que indican que los pacientes realmente querían, y mucho, la estimulación. El hecho de querer algo indica que ese algo se valora positivamente. Sin embargo, por mucho que tanto las ratas como las personas quisieran la estimulación, no hay nada que indique que les gustaba de verdad. De hecho, muchos de los elementos parecen desagradables; a mí no me apetece mucho probarlo. La distinción entre querer y gustar es crucial; aunque creo que ambos son elementos esenciales de la salud mental, en el cerebro son procesos muy diferenciados y dependen de circuitos neuronales y neurotransmisores muy distintos.

La motivación es un elemento necesario para el bienestar, pero no es la causante directa del placer, aunque, por otro lado, necesitamos motivación para acceder a la mayoría de las cosas placenteras de la vida: ambos conceptos están relacionados. Y las personas queremos muchas más cosas que estimulación eléctrica implantada. Parece que los circuitos neuronales humanos están programados para querer muchas cosas: hidratación, comida, sexo...; básicamente, lo que necesitamos para sobrevivir. Por tanto, es posible que estos primeros experimentos para encontrar el centro del placer en el cerebro no hallaran el placer, sino áreas cruciales para nuestra supervivencia.

La primera vez que oí hablar de los experimentos de Olds y Milner fue en una vieja aula magna mohosa en Oxford. Había asistido a una conferencia de Morten Kringelbach (que también aparece en el capítulo 1). Durante ese año de mis estudios de grado en concreto, era imposible no notar la presencia de una droga entonces legal a la que mis amigos llamaban «MCAT» (pronunciado «em-cat»), pero a la que, por algún motivo que se me escapa, los periodistas llamaban «miau». Ninguna de las personas a las que yo conocía que consumiera MCAT usaba tal término cuando los periódicos empezaron a publicar artículos al respecto, pero resultó tan atractivo que todo el mundo lo adoptó enseguida. El verdadero nombre de la droga era «mefedrona», una anfetamina, como el *speed*.

Los efectos de la mefedrona en la población de los estudiantes de grado eran muchos y variados: un compañero de clase acabó tan abrumado que llamó a su madre hecho un mar de lágrimas; otro juró que le había inducido un episodio depresivo de un mes de duración; una tercera solo comió melocotón en almíbar durante dos días porque cualquier otra cosa le «provocaba náuseas», y muchas personas experimentaban bruxismo, un movimiento muy incómodo consistente en apretar la mandíbula y rechinar los dientes. Sin embargo, lo verdaderamente asombroso era que tanta gente siguiese tomándola a pesar del bruxismo, la depresión o la dieta almibarada. En ese sentido, consumir mefedrona era muy similar a pulsar un botón para aplicar una descarga eléctrica en el interior de los centros de recompensa: quizá no pareciese demasiado agradable, quizá nadie dijera que lo fuera, pero había algo que hacía que todos lo quisieran.

He de admitir que esta comparación no es casual. La estimulación eléctrica y el miau tienen algo en común biológicamente hablando: dependen del mismo neurotransmisor para funcionar, y es uno que te sonará mucho: la dopamina. El nivel de dopamina aumentaba tras la estimulación de los electrodos que se habían implantado a las ratas y también tras el consumo de anfetaminas (como la MCAT). Como has aprendido en el capítulo 3, la dopamina es un mecanismo biológico clave del aprendizaje y señala recompensas inesperadas (errores de predicción), además de indicios que predicen una recompensa inesperada. Sin embargo, sus funciones no se limitan al aprendizaje. Aunque no es el único neurotransmisor implicado, la dopamina es tan importante a la hora de querer estimulación eléctrica que, si se implanta el electrodo en el lugar que no es (es decir, donde no activa la liberación de dopamina), el intenso e irresistible deseo de estimulación por parte de las ratas cesa.[20] Tanto la estimulación eléctrica como algunas drogas que afectan a la liberación de dopamina (como la MCAT) suscitan unas ganas fortísimas sin que la experiencia sea necesariamente agradable, al contrario de lo que sucedía con los opioides del capítulo 1.

Entonces, ¿por qué querer algo es un elemento esencial del bienestar si no proporciona placer necesariamente? Tiene sentido que el cerebro cuente con mecanismos que hagan que queramos ciertas cosas. Por ejemplo, para garantizar la supervivencia, es vital que comamos, beba-mos y, desde el punto de vista de la especie, nos reproduzcamos. Por lo tanto, hemos desarrollado procesos cerebrales concretos cuyo propósi-to principal es motivarnos: nos proporcionan la voluntad necesaria para tolerar la incomodidad o las molestias, así como para invertir un esfuerzo enorme en obtener cosas esenciales para la supervivencia. Esas ganas explican que busquemos muchas cosas incluso cuando pa-recen ilógicas para nuestro bienestar en un principio. Muchas perso-nas están motivadas para obtener recompensas abstractas con escasas oportunidades de éxito que exigen un esfuerzo colosal. Sus ganas les proporcionan los mecanismos para seguir adelante. Activar artificial-mente esos procesos en el cerebro (ya sea con drogas o con estímulos eléctricos) puede generar un deseo tan potente que anule cualquier otra preocupación, y lo hace alterando los circuitos de supervivencia. Imagina que tuvieras uno de esos electrodos en el cerebro: sentirías que la estimulación es lo más importante de este mundo, como cuando tienes hambre, sed o sueño y no puedes pensar en ninguna otra cosa. Ese abrumador deseo nos mantiene con vida.

No es la primera vez que lees acerca de la dopamina y tampoco será la última. Todos los neurotransmisores del cerebro desempeñan funcio-nes distintas dependiendo del momento y del lugar en que se liberan. Por eso, nunca deberías dar credibilidad a afirmaciones de la ciencia popular como que «la serotonina es el neurotransmisor de la felicidad» o que «la dopamina es la molécula del placer». Como quiero que entien-das la importancia de los neurotransmisores, te explicaré cómo se des-cubrió la dopamina, un descubrimiento que, en realidad, no tuvo nada que ver con la función que desempeña en el hecho de querer cosas ni en el aprendizaje, sino con una tercera función: su papel en el movi-miento. Es una historia fascinante por sí misma.

El descubrimiento sucedió hacia la misma época en que se lleva-ban a cabo los experimentos de estimulación eléctrica. En 1957, el joven investigador sueco Arvid Carlsson entró en lo que él mismo describió como el «área más caliente de la neuropsicofarmacología»[21] y publicó un experimento sobre la dopamina que, al principio, nadie se creyó.[22] Entonces se pensaba que la dopamina no era un neurotransmisor de pleno derecho que enviaba señales en el cerebro, sino un mero precursor químico de otro neurotransmisor, la noradrenalina (esa es otra de sus funciones). Carlsson y sus colegas estaban interesados en la noradrenalina y administraron a ratones y conejos un fármaco que causa un parkinsonismo profundo, una enfermedad consistente en una dificultad extrema para moverse: el fármaco paralizó a los animales. Los investigadores sabían que el parkinsonismo tenía que ser consecuencia del efecto del fármaco sobre un neurotransmisor, que ellos creían que sería la noradrenalina o, quizá, la serotonina. Decidieron comprobar primero la hipótesis de la noradrenalina, por lo que administraron a conejos un fármaco que aumentaba su nivel.

Sin embargo, pronto se enfrentaron a ciertas dificultades. Poner a prueba esta teoría es complicado, pues no se puede administrar serotonina o noradrenalina puras en forma de fármaco o de inyección y esperar que afecten al cerebro, ya que este cuenta con lo que se conoce como «barrera hematoencefálica», que lo protege de toxinas e impide que la mayoría de las múltiples sustancias químicas que circulan por el torrente sanguíneo lleguen hasta él. Para sortear este obstáculo, Carlsson inyectó a los animales un aminoácido capaz de cruzar la barrera hematoencefálica, la L-DOPA, que al entrar en el cerebro se convierte en dopamina, que a su vez se transforma en noradrenalina. Es decir, es una manera indirecta de comprobar la hipótesis acerca de la noradrenalina. En circunstancias normales, el organismo sintetiza L-DOPA a partir de alimentos como el queso, los cacahuetes, el aguacate y otros, pero también se puede administrar de forma artificial. Carlsson razonó que, si el parkinsonismo de los animales se debía a un déficit de noradrenalina, la L-DOPA lo revertiría, pues su cerebro transformaría la L-DOPA en dopamina y esta en noradrenalina, lo que corregiría el déficit. Así pues, dio un gran salto de fe e inyectó L-DOPA a los animales.

Incluso él se sorprendió al observar que parecía que su hipótesis era correcta: la L-DOPA devolvió la movilidad y el nivel de vigilia a las ratas y conejos. Sin embargo, y de nuevo para su sorpresa, constató que parecía que su hipótesis también era errónea: el nivel de noradrenalina no había variado en los animales, por lo que la noradrenalina no podía ser la cura de su parkinsonismo. Por el contrario, su cerebro rebosaba dopamina en lugares donde antes no la había. De este modo, por fin se dio cuenta de lo que ahora sabemos: la dopamina era un neurotransmisor de pleno derecho, y no un mero precursor de la noradrenalina.[23]

Este descubrimiento médico cambió el mundo. Aproximadamente una década después, el escritor y neurocientífico Oliver Sacks, entonces un joven neurólogo, volvió a usar la L-DOPA, esta vez para resucitar milagrosamente a pacientes que llevaban décadas en estado catatónico, incapaces de moverse o de hablar (la película *Despertares* explica cómo los reanimó). No obstante, estos pacientes no fueron los únicos que se beneficiaron de los experimentos de Carlsson. No es exagerado decir que millones de personas han recibido tratamiento gracias a que Carlsson devolvió la movilidad a ratas y conejos con L-DOPA, que ahora se administra a quienes sufren trastornos de la motricidad, como el párkinson, una enfermedad neurodegenerativa que se debe a la pérdida de neuronas dopaminérgicas en la *substantia nigra*, 'sustancia negra', del cerebro (el nombre es muy adecuado, porque la neuromelanina de las neuronas dopaminérgicas les da un color más oscuro). Al igual que sucede con el parkinsonismo en animales, la degeneración de neuronas dopaminérgicas en la enfermedad de Parkinson causa dificultades a las personas a la hora de moverse: los pacientes con párkinson tienen dificultades para estirar el brazo, ponerse en pie, hablar..., cualquier cosa que suponga iniciar un movimiento. Gracias al descubrimiento de Carlsson, la L-DOPA es ahora un tratamiento muy eficaz que devuelve al cerebro la dopamina perdida y permite a muchas personas volver a hablar o caminar y gesticular con más fluidez.

Hoy sabemos que el cerebro cuenta con múltiples vías dopaminérgicas que desempeñan funciones distintas en nuestra conducta y experiencias. Por ejemplo, determinadas cosas gratificantes y deseables (comida, dinero, agua) motivan la conducta, actuando sobre una de las vías del sistema dopaminérgico que interviene en distintos aspectos del procesamiento de la recompensa y el castigo. Una de las funciones de la dopamina en este sistema es aumentar la motivación para conseguir algo o las ganas (otra tiene que ver con el aprendizaje de recompensas, del que hemos hablado en el capítulo 3). Esta función de la dopamina está relacionada con la adicción e intervino en el experimento de estimulación eléctrica de Olds y Milner. Sin embargo, las vías dopaminérgicas que controlan el movimiento, que son las que Carlsson descubrió en su experimento con la L-DOPA, son anatómicamente distintas. A pesar de ello, la mayoría de los fármacos y drogas no las pueden distinguir en humanos, aunque sí suelen tener cierta preferencia por una de ellas (por el contrario, los científicos pueden administrar fármacos en el cerebro de animales de forma muy selectiva, usando técnicas ingeniosas aún no aplicables a personas). Esta incapacidad para administrar fármacos a vías específicas significa que un fármaco diseñado para mejorar el movimiento puede afectar al procesamiento de la recompensa, y viceversa. Además, para los pacientes que padecen un trastorno que causa un déficit general de dopamina, como el párkinson, las dificultades de movimiento son solo una de las consecuencias de la pérdida de neuronas dopaminérgicas: también es habitual que aparezcan cambios en el procesamiento de la recompensa y en otros aspectos de la conducta motivada.

Estos cambios pueden ser incapacitantes, a veces tanto como la propia dificultad para moverse. Stephen Bergenholtz, que tiene párkinson, dijo lo siguiente durante una conferencia en la Michael J. Fox Foundation: «Pasé años sumido en un letargo. —Y preguntó—: ¿Cómo puede uno salir de este pozo cuando no tiene ganas de nada en absoluto?». Tal y como la experiencia de Stephen pone de manifiesto, la pérdida de neuronas dopaminérgicas hace que algunos pacientes con la enfermedad de Parkinson se sientan descorazonados ante la vida en general; a veces, incluso cumplen los criterios clínicos de la depresión. En términos clínicos, Stephen experimentaba apatía (*a-pathos* 'ausencia de pasión' en griego). Los neurólogos definen la apatía como la falta de motivación por cosas que requieren un esfuerzo mental o físico,[24] lo que tal vez recuerde al síntoma psiquiátrico de la anhedonia (falta de placer o de motivación para llevar a cabo actividades que antes resultaban agradables).[25] La apatía y la anhedonia comparten algunas características, pero no son idénticas: la clave de la anhedonia es la falta de interés en actividades que antes resultaban placenteras, algo que puede resultar muy perturbador, mientras que la apatía se refiere a la falta de acción, a la falta de voluntad para hacer algo que requiera esfuerzo, algo que no necesariamente causa tanto malestar y de lo que se suelen quejar las parejas y los cuidadores (más que los propios pacientes).

El primero en reconocer la apatía como un signo clínico de la enfermedad de Parkinson fue Édouard Brissaud, un médico que trabajaba en el hospital Salpêtrière (París) en la década de 1890, que escribió que los pacientes de párkinson se mostraban «indiferentes a todo» y que estaban «recluidos en sí mismos». Brissaud lo explicó de un modo muy elegante: creía que este síndrome consistía en una falta de movimiento interno que reflejaba las dificultades que los pacientes tenían para moverse externamente.[26, 27] Por su parte, en una de las descripciones más bellas de la función que el movimiento ejerce sobre la cognición, el legendario fisiólogo Charles Sherrington escribió: «El pensamiento no es más que el movimiento confinado al cerebro».[28]

No obstante, no todas las personas con párkinson experimentan la misma pérdida de motivación. Como la dopamina desempeña muchas funciones, la L-DOPA también acostumbra a ser eficaz contra la apatía (porque actúa sobre el sistema de recompensa), al tiempo que mejora el movimiento (porque actúa sobre el sistema motor). Por desgracia, que la L-DOPA actúe sobre múltiples sistemas significa que la dopamina necesaria para recuperar el movimiento resulta demasiada para el sistema de recompensa, o viceversa. Así, una pequeña proporción de los pacientes de párkinson a quienes se trata con L-DOPA sufren efectos secundarios incapacitantes a los que se conoce como «trastornos del control de impulsos». Por ejemplo, alguien bajo la influencia de la L-DOPA podría perder todo su dinero y endeudar a la familia a pesar de que nunca antes había tenido el impulso de apostar; otra persona podría volverse hipersexual y preocuparse por el sexo más de lo que lo había hecho jamás, y hay gente que podría empezar a comer compulsivamente o desarrollar otras compulsiones. Estos efectos secundarios son graves y desgarradores, tanto para el paciente como para su familia.

De todos modos, no todos los pacientes corren el mismo riesgo de desarrollar un trastorno del control de impulsos (como compras o ingesta compulsivas, hipersexualidad o ludopatía), aunque muchos de ellos actúen algo más impulsivamente cuando se los trata con L-DOPA.[29] Al igual que sucede con la susceptibilidad a trastornos de dolor crónico, depresivos o muchos otros, la neurobiología individual puede predisponer a padecer un trastorno del control de impulsos que quizá no se desarrolle nunca si no se toma L-DOPA. La neurobiología no es el destino, pero sí puede cambiarlo.

Si te administraran L-DOPA, ¿serías una de las pocas personas que desarrollan problemas de control de impulsos? Por suerte, la enfermedad de Parkinson es bastante rara, por lo que lo más probable es que no lo sepas nunca. Sin embargo, hay otros fármacos y drogas que también alteran el sistema dopaminérgico (como la MCAT) que no son tan raros y causan efectos secundarios no deseados, como el consumo compulsivo de drogas que vemos en la adicción. La mayoría de las personas del mundo han tomado alguna droga adictiva que activa la liberación de dopamina en el cerebro; algunas de las que inducen la liberación de dopamina en las áreas del deseo (por lo tanto, potencialmente adictivas) son el alcohol, la nicotina, el cannabis, la heroína, las anfetaminas y la cocaína. Como sucede con la L-DOPA, casi nadie que pruebe estas drogas desarrolla un consumo compulsivo, pero, al igual que sucede con los trastornos del control de impulsos, hay personas más vulnerables a la alteración de sus sistemas dopaminérgicos.

Hay varias teorías que intentan explicar por qué algunas personas son más vulnerables a trastornos del control de impulsos cuando están bajo la influencia de la L-DOPA o a la apatía en caso de pérdida de neuronas dopaminérgicas. Una explicación interesante a primera vista es que las personas vulnerables a la apatía y las propensas a trastornos del control de impulsos o a la adicción están en extremos opuestos de un *espectro de deseo*, controlado por las diferencias de dopamina en el cerebro. Quizá, en circunstancias normales y sin medicación, haya personas cuyas proyecciones dopaminérgicas de recompensa las lleven a buscar más impulsivamente recompensas concretas y a querer cosas con mucha más intensidad, ya se trate de comprar, comer o cualquier otra cosa. Según esta teoría, si la L-DOPA intensificara aún más las diferencias dopaminérgicas naturales, estas personas serían hipersensibles al aumento en la impulsividad que todo el mundo experimenta cuando toma la medicación. Por el contrario, alguien en el extremo opuesto del espectro, cuyo sistema de recompensa dopaminérgico respondiera en menor medida a la dopamina, correría un riesgo mayor de desarrollar apatía o sería más vulnerable a la depresión. Por desgracia, esta teoría tan clara no es del todo precisa. Por ejemplo, no explica por qué muchos pacientes con párkinson experimentan tanto apatía como trastornos del control de impulsos.[30] Así pues, la historia parece ser (y es) más complicada.

La dopamina no actúa en solitario, sino en colaboración con un amplio abanico de neurotransmisores, como la noradrenalina, la serotonina, el glutamato, los opioides, la oxitocina y muchos otros. Este es uno de los motivos por los que la historia nunca podrá ser sencilla, y si lo es, casi con total seguridad será una neuropaparrucha. Estos neurotransmisores transmiten señales en áreas próximas y distantes del cerebro y afectan a la cognición, movimiento, estado de ánimo, sueño, sensación y cualquier otra experiencia que se te ocurra, pero cómo afecten a nuestra vida depende de una serie de factores, como las cosas que le hayan sucedido con anterioridad al cerebro, el entorno y la genética. A veces, los neurotransmisores nos dejan pistas acerca de sus funciones, pero hemos tardado muchos años en entenderlas e incluso ahora se sigue debatiendo acerca de qué sentían realmente al pulsar el botón los pacientes a quienes les habían implantado electrodos en el cerebro.

La motivación no forma parte de la felicidad aristotélica −no es ni placer (hedonia) ni satisfacción vital (eudaimonia)− ni tampoco de los conceptos sociales más modernos acerca del bienestar o la salud mental. Sin embargo, creo que la motivación es esencial para sentirse bien, pues, en ausencia de ella, seríamos incapaces de buscar cosas positivas en nuestra vida. Perder el deseo de perseguir cosas positivas (incluso si la felicidad que ofrecen es pasajera) tendría repercusiones considerables en la salud mental. Por el contrario, otras conductas que afectan negativamente a la salud mental tienen que ver con un exceso de motivación: la adicción a drogas, la hipersexualidad, la ludopatía... Todos los animales han de encontrar un equilibrio entre la seguridad de la apatía, de la desconexión total, y el consumo excesivo habitual de cualquier cosa que nuestro cerebro quiera.

Este capítulo ha sido una historia de la motivación, un elemento tan sorprendente como esencial para tener una buena salud mental. Sin embargo, tal y como evidencian los informes subjetivos de pacientes con estimuladores implantados, la motivación es necesaria pero no suficiente. Las expectativas, las experiencias previas y los sistemas orgánicos del cuerpo contribuyen también a la experiencia subjetiva de sentirse bien. Todos los tratamientos eficaces para la salud mental comparten esto por definición: para funcionar, es imperativo que cambien las expectativas y la experiencia subjetiva.

En la siguiente parte del libro, analizaremos maneras de mejorar la salud mental: qué funciona y por qué. Sin embargo, al igual que en la parte que cerramos ahora, el mensaje es claro: hay tantos caminos que nos llevan a la mala salud mental como caminos que nos alejan de ella. Y no son aleatorios, sino que están directamente relacionados con el estado biológico concreto del cerebro de cada persona. Muchas de las diferencias individuales en lo que funciona se explican por las predicciones del cerebro, las expectativas conscientes e inconscientes desarrolladas a lo largo de años de aprendizaje. Que esperemos o no que un cambio concreto dé resultado (o no) puede aumentar (o reducir) los efectos de tratamientos físicos o psicológicos *reales*, del mismo modo que nos puede convencer acerca de la eficacia de un fármaco que, en realidad, no es más que un placebo.

Segunda parte

EL CEREBRO Y CÓMO MEJORAR LA SALUD MENTAL

Capítulo 5
PLACEBOS Y NOCEBOS

El Royal London Hospital for Integrated Medicine está frente a los Departamentos de Neurociencia donde hice mi doctorado. Se fundó en 1849 y antes se llamaba London Homeopathic Hospital; de hecho, coloquialmente aún se lo conoce así. Durante mi doctorado, almorzaba sentada en Queen Square, justo delante. Al igual que sucede con tantos otros de los edificios médicos que alberga la plaza, hay torrentes de pacientes, algunos de ellos muy enfermos, que entran para recibir tratamiento. Así pues, me resulta difícil no sentirme muy afortunada de estar ahí, sentada, por motivos laborales mundanos en lugar de porque mi vida corre peligro. Un día vi a una conocida de la universidad que entraba en el hospital homeopático y hablamos un poco. Hacía años que sufría una enfermedad respiratoria incapacitante crónica y se había sometido a varias intervenciones quirúrgicas invasivas y a otros tratamientos que no le habían proporcionado demasiado alivio. Una amiga le había recomendado que probara la homeopatía y pensó «¿Por qué no?», así que empezó a asistir al hospital homeopático. Allí, para su sorpresa, la sintomatología crónica por fin empezó a remitir, lentamente pero sin pausa. Al principio no daba crédito. No se había curado, pero sí que se encontraba mejor de lo que se había encontrado desde hacía mucho. La experiencia acabó con su escepticismo inicial acerca de la eficacia de la homeopatía. «Tampoco quiero decir que ahora crea fervientemente en la homeopatía —dijo encogiéndose de hombros—, pero a mí me ha funcionado.» Este capítulo trata de por qué le funcionó.

La homeopatía le da resultados a mucha gente. Una reseña en línea de un paciente de homeopatía dice así: «Estaba convencido de que no era un placebo, de que era real. El efecto que tuvo el remedio homeopático fue tan fuerte y tan positivo que es imposible que fuera un engaño de la mente». Sin embargo, ensayo clínico controlado con placebo tras ensayo clínico controlado por placebo concluyen que la homeopatía no es más eficaz que el placebo. O, visto de otro modo, la homeopatía es tan eficaz como un placebo, y los placebos son muy, pero que muy eficaces.

Cuando mejoramos (y esto es aplicable tanto para el malestar físico como para el mental), por lo general no sabemos a qué se debe. Desde la infancia aprendemos que las infecciones se pasan con antibióticos o que la tos desaparece cuando tomamos jarabes antitusivos. Por eso, es sensato atribuir cualquier mejoría tangible y significativa tras un tratamiento a los ingredientes de este. Sin embargo, subjetivamente es imposible saber qué ingrediente concreto del tratamiento fue esencial o siquiera distinguir si un tratamiento ha funcionado gracias a sus componentes o gracias a que siempre esperamos mejorar cuando tomamos algo. Las expectativas ejercen un efecto tan profundo como la composición del tratamiento, sobre todo en el caso de algunos síntomas. Dado que las experiencias contribuyen a forjar nuestro estado físico subjetivo interoceptivo, pueden modificarlo, empeorarlo o mejorarlo. Esto significa que la mayoría de las personas subestiman en gran medida lo potente que llega a ser el efecto placebo.

El motivo por el que la gente está convencida de que la homeopatía funciona a pesar de que esta no sea más eficaz que un placebo en ninguna enfermedad o trastorno es que los placebos van muy bien. En ocasiones resultan eficaces en el tratamiento de fobias,[1] dolor[2] y síndrome del colon irritable,[3] por nombrar solo algunos trastornos. En otras palabras, algo que parece real puede no ser más que un engaño de la mente. En cualquier caso, yo no creo que ni la homeopatía ni los placebos sean un engaño, pues es una descripción que trivializa en demasía el fenómeno: los placebos son una característica útil y extraordinariamente ventajosa del cerebro.

No obstante, quizá prefiramos creer lo imposible: que nos ha curado un remedio injustamente criticado al que la ciencia subestima.

Es comprensible. Sin duda, es mucho más fácil de explicar, tanto a los demás como a uno mismo, y cualquier otra explicación («He mejorado por un placebo») podría hacer que la enfermedad que padecemos pareciera menos grave o incluso una exageración. No obstante, se trataría de una conclusión errada. Asumir que solo los síntomas muy leves responden a placebos no es más que un frustrante reflejo de la lamentable división que nuestra sociedad establece entre los procesos mentales y los biológicos. Encontrarse mejor después de tomar un placebo no debería ser motivo de vergüenza. Todos tenemos la capacidad de responder a un placebo en las circunstancias adecuadas; de hecho, es más que probable que lo hayamos hecho en algún momento, y no es malo. La capacidad de las expectativas para modificar la salud y el bienestar nos mantiene sanos y nos ayuda a recuperarnos de la enfermedad.

¿POR QUÉ FUNCIONAN LOS PLACEBOS?

Los placebos ejemplifican la capacidad de los procesos mentales para modificar la fisiología. Tal y como hemos visto en el capítulo 2, el cuerpo puede cambiar el estado mental de distintas maneras, ya sea mediante el intestino, el sistema inmunitario, la alimentación u otras rutas. Los placebos funcionan en sentido contrario: modifican el estado mental, lo que repercute en gran medida en el cuerpo. La potencia del efecto placebo puede hacer que la homeopatía dé resultados incluso en personas que, en realidad, no creen en ella. Esto sucede porque, al margen de que creamos en los mecanismos específicos de la homeopatía, sí que contamos con la creencia general de que lo más probable es que nos encontremos mejor después de tomar un medicamento. Esta creencia se ha construido a lo largo de años durante los que hemos mejorado en múltiples ocasiones después de tomar un medicamento, ya se trate de antihistamínicos contra la alergia que nos despejan las fosas nasales o de antibióticos a dosis altas para resolver una dolorosa infección del tracto urinario. Por escépticos que seamos respecto a un tratamiento concreto, la experiencia nos lleva a creer que hay una probabilidad razonable de que mejoremos después de seguirlo. No me refiero necesariamente a una creencia consciente (algo en lo que pensamos cuando recibimos un tratamiento), sino a una expectativa aprendida y potente, como «las cosas caen hacia abajo» o «el cielo está arriba». Por eso, cuando tomamos un medicamento y mejoramos, puede ser tanto por la acción de este como porque el cuerpo hace lo que esperamos que haga tras tomar cualquier medicación, o por una combinación de ambas cosas.

El efecto placebo se activa por muchas más cosas que el acto de tomar una simple gragea. Es posible que la primera vez que tomamos un medicamento estuviéramos rodeados de personas que nos dijeron que pronto nos encontraríamos mejor: el médico, nuestros padres, nuestro hermano... Por lo tanto, el efecto placebo también se origina en las convicciones de los demás, los profesionales de la medicina, los amigos y los familiares. Así, el origen multifactorial de las expectativas significa que nos es imposible evitar esperar cierta mejora, por leve que sea. Sea cual sea la causa, cuando nos empezamos a encontrar mejor, el resultado refuerza la creencia de que el tratamiento acostumbra a llevar a la mejoría, que la medicina acostumbra a llevar al bienestar. De esta manera, la creencia de que los medicamentos funcionan se consolida cada vez más a lo largo del tiempo, lo que da lugar a un bucle: el efecto placebo conduce a que, cuanto mayor sea la solidez de la creencia, mayor será la probabilidad de que el próximo tratamiento sea eficaz.

A veces, hablar de efecto placebo suena a pensamiento mágico, como si se acabara de sugerir que, si creemos que vamos a curarnos, nos curaremos. Sería maravilloso que fuera así, pero no lo es. Muchas enfermedades no se pueden tratar solo con un placebo y, por eso, no deberíamos recurrir a la homeopatía cuando hay alternativas de eficacia probada que se sabe que son mejores que un placebo, como la quimioterapia. Este y otros tratamientos de eficacia probada por la ciencia nos ofrecen sus ingredientes activos y, además, el efecto placebo. Eso es más potente que el efecto placebo por sí solo.

Incluso aunque los defensores de que el pensamiento cura tuvieran razón, hay que tener en cuenta que cambiar las creencias no es fácil. Las creencias y las expectativas son asociaciones inconscientes latentes que hemos aprendido acerca del mundo, no un esfuerzo consciente consistente en pensar en positivo. Por ejemplo, quizá nunca se te haya ocurrido que el color de un fármaco influya en su eficacia, pero se ha visto que, si todo lo demás es idéntico, las cápsulas de color azul hacen que quienes las toman concilien el sueño antes y duerman mejor que si fuesen naranjas.[4] Por otro lado, se ha comprobado que los placebos en forma de gragea roja son muy eficaces en el tratamiento de la artritis reumatoide, prácticamente tanto como tres analgésicos habituales,[5] mientras que los placebos de color amarillo no lo son. No vamos por la vida analizando la relación que hay entre el color de los medicamentos y lo eficaces que son. Es muy probable que nunca hayas pensado «¡Vaya, las pastillas azules me dan sueño!», pero, al parecer, muchos de nosotros compartimos ciertas creencias acerca de la relación entre el color de la medicación y su eficacia. Esto sucede porque nos hemos formado expectativas a partir de nuestras experiencias y estas influyen en lo bien que funcionará un tratamiento concreto. Ese es el nivel de creencia al que opera el efecto placebo.

Quizá te sorprenda saber que las intervenciones quirúrgicas, que parecen tan tangibles, también dependen del efecto placebo. Por ejemplo, en un ensayo clínico muy conocido, una operación de rodilla para resolver un desgarro de menisco no mejoró la estabilidad de la rodilla, el dolor o la movilidad más que una operación placebo (esto consiste en imitar toda la experiencia menos la intervención en sí).[6] Incluso cuando se hizo el seguimiento un año después, el porcentaje de pacientes que se habían sometido a la operación placebo y que necesitaron más intervenciones no fue significativamente superior al de aquellos a quienes se había sometido a la operación real (aunque hay pocos datos del efecto a largo plazo como para estar seguros acerca de este efecto).

El efecto placebo no requiere engaños. No somos inmunes a él ni siquiera cuando somos conscientes de que lo que sentimos es consecuencia de este. En un estudio acerca de este efecto, los pacientes con síndrome del colon irritable (SCI) mejoraron clínicamente cuando tomaron un placebo de etiqueta abierta, es decir, cuando tomaron un placebo y se les informó de ello. Saber que era una gragea de azúcar no evitó que el efecto placebo cumpliera su función: estos pacientes con SCI mejoraron más que aquellos a quienes no se les dio nada.[7] Si el placebo da resultados incluso cuando sabemos que lo estamos tomando, debe de haber algo en esas creencias que va mucho más allá del mero hecho de contar con ese conocimiento en el momento presente. Aunque sepamos que una píldora es un placebo (o que la homeopatía no afecta directamente a ningún proceso fisiológico), algunos de los procesos de aprendizaje esenciales del cerebro (que influyen en el cuerpo) transmiten la creencia asentada de que la medicación y las consultas con médicos mejoran nuestros síntomas.

Los placebos desempeñan un papel crucial en la medicina. Con esto no quiero decir en absoluto que estos se usen por sí solos cuando hay tratamientos disponibles, porque eso supondría el riesgo de que los pacientes no accedieran a intervenciones mejores (aunque sí sería útil en algunas situaciones, como para ayudar a los pacientes a dejar progresivamente algún fármaco), sino que los tratamientos eficaces con que contamos se benefician del refuerzo que aporta el efecto placebo. Al igual que las ventajas que tiene el color de una píldora, la expectativa puede aumentar (o reducir) la eficacia de un tratamiento, ya sea este farmacológico, dietético o quirúrgico. Hay fármacos que pierden eficacia si esas expectativas desaparecen. Precisamente por eso, los ensayos clínicos que estudian fármacos nuevos han de incluir un grupo de placebo. Administrar un placebo a alguien es una manera de medir lo eficaces que son las expectativas por sí solas a la hora de tratar cualquier dolencia, pues todo tratamiento basado en la evidencia ha de ser más eficaz que las expectativas por sí solas.

Incluso los tratamientos basados en la evidencia dependen hasta cierto punto del efecto placebo. En un experimento en el laboratorio de Irene Tracey en Oxford, los voluntarios evaluaron el dolor que sentían cuando se les aplicaba calor después de que se les hubiera administrado un analgésico opioide potente por vía intravenosa.[8] Los voluntarios refirieron reducciones significativas en el dolor cuando se les dijo que la administración de analgésicos había comenzado, pero no era cierto: esta ya había empezado antes de que se les informara de ello. Una vez esperaron que se aliviase su dolor (es decir, cuando se les dijo), experimentaron el doble de alivio que antes de saber que se les estaba administrando el fármaco. Por lo tanto, incluso el alivio del dolor que ofrecen analgésicos muy potentes depende, en parte, del efecto placebo.

Sin embargo, el efecto placebo también puede ir en nuestra contra. En ese mismo estudio, cuando se informó a los voluntarios de que la administración del analgésico se había detenido (sin que fuese cierto), dijeron sentir más dolor.[9] Esto es un ejemplo de que las expectativas negativas acerca de un tratamiento anulan la capacidad de este para aliviar el dolor. Así pues, las expectativas son inevitables, para bien o para mal, y pueden cambiar significativamente la eficacia de un tratamiento.

La homeopatía y las intervenciones médicas eficaces tienen en común que uno de los factores de lo que funciona (o no) cuando hablamos de tratamientos para la salud mental es aquello que esperamos que suceda al probar una nueva forma de alimentación o fármaco o al iniciar un proceso de psicoterapia. El efecto placebo es crucial en los tratamientos médicos normales, pero, en algunos casos, deja un mal sabor de boca: muchas personas piensan que sus síntomas son menos reales, menos legítimos cuando descubren que han mejorado debido a algo relacionado con el efecto placebo. Superar ese estigma nos permitiría aprovechar las propiedades del efecto placebo clínicamente. Muchas pastillas para dormir que se suelen recetar son adictivas o provocan efectos secundarios no deseados, como amnesia o alucinaciones, pero en el futuro los médicos podrían aprovechar el poder del placebo y usar *trucos* para reforzar las expectativas, como recetar píldoras azules con dosis inferiores o nulas del ingrediente activo o informar acerca de la eficacia de las píldoras para dormir con el objetivo de mejorar las expectativas de los pacientes respecto al tratamiento y, así, que este sea más corto, o la dosis, más reducida. De igual modo, el médico podría disminuir el riesgo que supone polimedicar a un paciente sustituyendo algunos antiinflamatorios por placebos si se demostrara que son tan eficaces como el medicamento cuando las expectativas son altas. En definitiva, aprovechar las expectativas latentes y maximizar el potencial del efecto placebo permitiría tratar a los pacientes de un modo más eficaz o con menos efectos secundarios, quizá porque se administrarían dosis más bajas o se prescribirían tratamientos más cortos, e incluso en algunos casos se sustituiría el tratamiento por un placebo inactivo.

LA BASE CEREBRAL DEL PLACEBO

¿Cómo es posible que algo tan abstracto como una creencia ejerza cambios físicos sobre el cuerpo y el cerebro?

Comencemos por una explicación sencilla. Tras tomar un placebo, disminuye la actividad en varias áreas cerebrales que se encargan de procesar el dolor y la percepción del cuerpo, entre otras cosas.[10] La actividad de estas áreas, además de otras que intervienen en la toma de decisiones y el procesamiento de la recompensa y el castigo, se reduce más cuanto mayor sea el efecto placebo.[11] La diversidad de las áreas modificadas por el placebo indica que este actúa mediante múltiples sistemas cerebrales —desde la atención hasta la emoción, pasando por la toma de decisiones— y que aquellos implicados en cada efecto placebo varían en función del contexto.

Y lo que es aún más importante: cómo cambia el cerebro específicamente depende de qué esperamos que suceda. En algunos casos tomamos una pastilla esperando que nos alivie del dolor (efecto placebo); en otras, que empeore el dolor o los síntomas (efecto nocebo). En el experimento anterior, en el laboratorio de Irene Tracey, cuando se anunció a los voluntarios que el analgésico reduciría el dolor, el significativo alivio del dolor estuvo acompañado de una mayor activación de regiones que inhiben la percepción de este.[12] Sin embargo, cuando se les dijo que ese mismo analgésico opioide intensificaba el dolor, no lo alivió ni activó las regiones que lo inhiben. Por el contrario, las expectativas negativas estuvieron acompañadas de cambios en distintas áreas cerebrales, como el hipocampo y la corteza prefrontal medial, unas zonas que aumentan las respuestas de dolor, según experimentos anteriores.[13] Por lo tanto, el estado del cerebro tras la administración de un analgésico no solo refleja las propiedades químicas del fármaco en sí, sino la combinación de este y las expectativas al respecto. Por eso, el alivio del dolor no solo se debe al fármaco, sino también a nuestras expectativas. Esto coincide con la repercusión del estado emocional en el dolor (capítulo 1): los estados emocionales negativos intensifican el malestar producido por el dolor, mientras que los estados emocionales positivos lo reducen.[14]

El efecto del placebo en el cerebro no se limita a las áreas cerebrales que intensifican el dolor o lo reducen, sino que varía en función de las expectativas respecto a la acción de este. En la enfermedad de Parkinson, que se trata con L-DOPA para aumentar el nivel de dopamina (como hemos visto en el capítulo 4), el placebo también activa la liberación de dopamina en el mismo sistema, en niveles que dependen del beneficio que los pacientes de párkinson atribuyan al placebo[15] (fíjate en que tanto el sistema dopaminérgico como el opioide intervienen en el alivio del dolor que proporciona el placebo).[16] Tal y como supondrás, los síntomas relativos a la salud mental tampoco escapan a la influencia del efecto placebo: al igual que sucede con otros tratamientos basados en la evidencia, los destinados a mejorar la salud mental también se benefician de este. Muchos de los tratamientos psicológicos y farmacológicos de los que hablaremos en capítulos posteriores cambian implícita o explícitamente nuestras expectativas; de hecho, para algunos pacientes, lo eficaces o ineficaces que sean depende de hasta qué punto consigan cambiar sus creencias latentes acerca del mundo.

Los placebos eficaces para trastornos mentales influyen en gran medida en los sistemas cerebrales. Por ejemplo, cuando alguien espera que un medicamento (placebo) mejore su estado de ánimo, el sistema opioide de su cerebro presenta los mismos cambios que inducen los fármacos opioides (o, como hemos visto en el capítulo 1, la risa y otras actividades placenteras).[17] En general, es más probable que el estado de ánimo mejore más a largo plazo con un fármaco cuando las personas están predispuestas a que las expectativas influyan más sobre el sistema opioide, y el nivel en que este sistema respondía al antidepresivo placebo predijo hasta qué punto habría mejorado el estado de ánimo de alguien tras una semana de tratamiento con píldoras placebo.[18]

De todos modos, la sensibilidad al placebo predice más que la respuesta ante este. En el mismo estudio, la respuesta del sistema opioide al placebo predijo si alguien se recuperaría tras diez semanas de tratamiento con antidepresivos (el fármaco real, no el placebo).[19] Esto demuestra lo intrincado de la relación entre el placebo y el tratamiento médico, así como la posibilidad de que el placebo y los antidepresivos funcionen de maneras semejantes. Lo cierto es que el efecto placebo nos resulta provechoso a todos cada vez que tomamos un medicamento, aunque hay personas que tienen la suerte de salir algo más beneficiadas, dado que la eficacia percibida de un fármaco quizá dependa de la sensibilidad del cerebro al placebo. Por otro lado, los placebos tienen un efecto particular en caso de trastornos de salud mental.

El principio básico del efecto placebo (la capacidad de las expectativas para modificar la experiencia física y mental) también es clave para la salud mental global, como hemos visto en los capítulos anteriores. Lo comprobamos en los innumerables eventos mentales que vivimos a diario. Cuando vemos algo en un rincón de la estancia, quizá nos preguntemos: «¿Esa silueta es una sombra o un fantasma?», o, tras una situación incómoda tomando copas con nuestros compañeros de trabajo: «¿Les caigo bien o mal? ¿Se habrán molestado mis amigos por la anécdota que he contado?». En todos estos eventos hay cierto nivel de incertidumbre, por lo que nos valemos de las expectativas generadas a partir de la experiencia para conformar nuestras percepciones. Por lo tanto, entender cómo actúa el placebo puede ayudarnos a entender cómo alteran la experiencia física y mental las creencias y darnos algunas pistas acerca de cómo funcionan los trata-, mientos de salud mental.

APROVECHAR LOS PLACEBOS PARA TRATAR LA SALUD MENTAL

La mayoría de las personas piensan en pastillas cuando se habla de placebos. Sin embargo, el efecto placebo también es crucial en trata-mientos no farmacológicos, solo que medirlo es mucho más complicado. Se sabe que el efecto placebo es potentísimo cuando se da medicación para trastornos mentales, lo que complica mucho probar fármacos nuevos potencialmente eficaces (los ensayos clínicos también suelen usar un psicofármaco ya existente como grupo de comparación, por si el nuevo no fuera mejor que el placebo, pero sí que un tratamiento ya en uso). Esta dificultad es aún mayor cuando se trata de ensayos clíni-cos con tratamientos psicoterapéuticos, pues la psicoterapia no tiene un placebo equivalente obvio; nunca puede ser doble ciego, esto es, cuando nadie sabe a qué grupo se le ha asignado. Las personas saben si están recibiendo terapia y los terapeutas saben si están aplicando una terapia. Esto es un obstáculo importante para los investigadores que intentan desarrollar terapias y demostrar que son mejores que un pla-cebo. Como no hay terapias placebo con las que compararlas, muchas terapias nuevas usan el estar en lista de espera como grupo de control. Sin embargo, esto es problemático por muchos motivos, incluyendo que de este modo no se activan las expectativas acerca del tratamiento (por lo que no es comparable con el placebo); de hecho, es posible que los pacientes se encuentren peor mientras esperan, precisamente por-que esperar cuando uno necesita tratamiento es una experiencia frus-trante y desagradable (es decir, podría ser un nocebo más que un control con placebo).[20] Un grupo de placebo que se usa en algunos en-sayos con mejor éxito consiste en mantener un contacto regular con el terapeuta, con sesiones más enfocadas a la psicoeducación que a inter-venciones específicas. Sin embargo, el problema es que la psicoeducación es una terapia eficaz,[21] de modo que tampoco es un verdadero placebo para la psicoterapia. Es más, creo que hay otro problema: muchas psicoterapias sólidas y eficaces tienen paralelismos con la clave del efecto placebo: suelen tener el objetivo explícito de modificar las creencias, expectativas e interpretaciones.

Tal y como veremos en los capítulos que siguen, no creo que la psicoterapia sea el único tratamiento para la salud mental que se vale de los mismos procesos que el efecto placebo. El objetivo de muchos tratamientos de salud mental es cambiar las expectativas o bien modificando la percepción y la interpretación (un mecanismo habitual de los psicofármacos, como veremos en el capítulo siguiente), lo que acaba modificando las expectativas, o bien reinterpretando el mundo hasta que las expectativas cambian (un principio básico de muchas psicoterapias, como veremos en el capítulo 8).

Los placebos cambian qué aprendemos de lo que sucede en el mundo y cómo lo interpretamos mediante los mismos sistemas que mantienen el bienestar físico y mental. Pueden modificar el placer, el dolor, el estado físico y fisiológico, el aprendizaje y la motivación porque nuestras expectativas reconfiguran todos y cada uno de estos elementos. Los placebos modifican la salud física (lo que solemos entender por efecto placebo) de la misma manera que la modifican otros estados mentales, como el estrés, la depresión o el placer, y parece que usan vías neuronales similares.

Por desgracia, «Piensa en positivo» no es muy buen consejo: no sirve de nada cuando uno se siente muy mal ni sustituye a la psicoterapia ni a ningún otro tratamiento para la salud mental; además, es prácticamente imposible en determinados estados mentales. Las creencias (entendidas como expectativas consolidadas acerca de lo bueno o lo malo que es el mundo) son muy profundas, por lo que superarlas exige vivir muchas experiencias, y lo que es peor: tienen la misma capacidad que el estado de ánimo para reforzarse a sí mismas.

Uno de los motivos por los que pensar en positivo resulta tan difícil cuando se está deprimido es que las experiencias que se tienen durante la depresión consolidan aún más las creencias ya de por sí negativas acerca de lo mal que irán las cosas en el futuro. Cuando aprendemos a esperar algo malo, las expectativas empeoran enseguida si lo que nos sucede es aún peor de lo que esperábamos. Además, aprendemos mucho más lentamente de los eventos que no son tan malos como preveíamos.[22]

Por el contrario, si nos hemos creado expectativas positivas sólidas acerca de lo que ha de suceder, estas se volverán aún mejores si nos topamos con algo inesperadamente positivo, mientras que tardaremos más en empeorarlas si nos ocurre algo inesperadamente malo.[23] En resumen, las creencias se refuerzan a sí mismas: lo que esperamos que pase afecta a qué aprendemos y cómo lo hacemos. Por eso, la psicoterapia (y la mayoría de los tratamientos de salud mental) dura tanto tiempo y requiere muchos procesos para cuestionar las creencias de las personas y modificarlas (véase el capítulo 8).

No obstante, de la misma forma que nuestras creencias se construyen a base de muchas experiencias distintas, también se pueden cuestionar y reconfigurar de muchas maneras. Hay tratamientos de salud mental muy variados, pero, en el fondo, este es su efecto común sobre el cerebro: cuando funcionan, comienzan a modificar nuestras expectativas y a cambiar radicalmente nuestra salud física y mental.

Los placebos no son la solución para todo el mundo. Por el contrario, existen otras intervenciones que modifican las predicciones que las personas hacen respecto al mundo actuando directamente sobre las expectativas, con frecuencia durante periodos de tiempo prolongados, o sobre la información que usamos para elaborarlas. En ocasiones, una sola experiencia intensa muy inusual (como el consumo de una droga psicodélica) altera las creencias, al menos temporalmente. Sin embargo, en la mayoría de los casos, los tratamientos de salud mental consisten en una reconfiguración lenta, en una acumulación progresiva de experiencias que acaban dando lugar a expectativas más positivas acerca del mundo. En los capítulos siguientes hablaremos de cómo los tratamientos actuales y futuros para los trastornos de salud mental alteran las redes cerebrales que intervienen en las expectativas y de cómo estos cambios biológicos mejoran la salud mental a largo plazo.

Capítulo 6

¿CÓMO FUNCIONAN LOS ANTIDEPRESIVOS?

¿Has tomado antidepresivos alguna vez? Millones de personas de todo el mundo lo han hecho para mejorar su salud mental. Yo los tomé en una ocasión, solo por probar. Tenía dieciocho años y una amiga me dio una de sus pastillas, un inhibidor selectivo de la recaptación de serotonina (ISRS). En aquel momento me pareció transgresor, pero en realidad fue aburrido: no afectó en lo más mínimo a mi estado de ánimo.

Si los has tomado, ya lo sabías. La mayoría de los antidepresivos no te ponen alegre al instante. Lo más habitual es que haya que tomarlos a diario durante varias semanas antes de empezar a notar efectos en el estado de ánimo. Y esto es un misterio, porque ejercen su principal acción química, aumentar la cantidad de serotonina disponible en el cerebro, desde la primera dosis (si se trata de ISRS, los más recetados). Entonces, si elevar el nivel de serotonina mejorara el estado de ánimo, ¿por qué tardan tanto los antidepresivos en surtir efecto?

Quizá haga meses que tomas antidepresivos y te frustre que aún no hayan ejercido el menor efecto sobre tu estado de ánimo. Si hacen lo mismo en el cerebro de cualquier persona, ¿por qué no funcionan para todo el mundo?

EL DESEQUILIBRIO QUÍMICO Y LA DEPRESIÓN

Si buscas en Google «cómo funcionan los antidepresivos», es muy probable que encuentres muchas explicaciones. Algunas dirán que en realidad no lo sabemos del todo (lo que es bastante cierto) y otras afirmarán que «facilitan que las neuronas envíen y reciban mensajes» (no estoy muy segura de qué quieren decir con eso). La interpretación lega más habitual en internet dice que corrigen un déficit químico en el cerebro de las personas con depresión. Esto se suele explicar más o menos como sigue: «Cuando se está deprimido, el cerebro no tiene la serotonina suficiente. Los antidepresivos normalizan el nivel de serotonina y, ¡puf!, depresión resuelta». Esta explicación es muy popular, lógica y, según algunos, muy útil, pero tampoco es correcta.

En realidad, fue correcta hasta donde sabíamos en un momento dado. En el siglo XX, la teoría biológica más popular afirmaba que las personas con depresión presentaban un déficit de varios neurotransmisores, la serotonina entre ellos. Esta idea se inspiró en enfermedades con déficits neuroquímicos más obvios, como de dopamina en los enfermos de párkinson (véase el capítulo 4). De un modo similar, los fármacos que aumentan el nivel de neurotransmisores determinados, como la serotonina, mejoran el estado de ánimo y otros síntomas de depresión, lo que indujo a los investigadores a creer que debía de haber un déficit químico que la medicación subsanaba.

Esta teoría de la depresión como desequilibrio químico surgió casi por accidente. En la ciencia, la manera educada de referirse a los descubrimientos accidentales es «serendipia», que es mucho más elegante y no da tanta vergüenza, estoy segura de que coincides conmigo. Sin embargo, lo cierto es que fue bastante casual. El descubrimiento por serendipia sucedió en 1952, cuando se buscaba la cura para una enfermedad mortal, la tuberculosis. Desesperados por hallar tratamientos más eficaces, los médicos probaron la iproniazida, un fármaco nuevo que se había desarrollado para tratar a las personas con esta enfermedad, pero pronto detectaron efectos secundarios extraños e inesperados.[1] Los pacientes tuberculosos a quienes se trataba con iproniazida tenían un vigor y unas ganas de vivir renovados, algunos incluso estaban eufóricos: eran más sociables, comían más y dormían mejor.[2, 3, 4] No obstante, no todos los efectos secundarios fueron positivos: algunos pacientes estaban irritables o agitados o su conducta era inusual. Era evidente que la iproniazida afectaba de algún modo al estado de ánimo de los pacientes con tuberculosis. Esto fue una sorpresa que llevó a los médicos a preguntarse lo siguiente: si la iproniazida modificaba el estado de ánimo, quizá también sirviera para tratar a otros pacientes que se beneficiarían de efectos secundarios como el aumento del apetito y la mejora del sueño o la sociabilidad; es decir, aquellos con depresión mayor. Por lo tanto, varios grupos de médicos empezaron a diseñar ensayos clínicos de iproniazida destinados a pacientes con depresión y concluyeron que hasta en el setenta por ciento de los casos su estado de ánimo mejoraba significativamente tras algunas semanas tomando la medicación.[5]

Hay quien dice que la iproniazida fue el primer antidepresivo. Yo no lo tengo tan claro, porque las anfetaminas se empezaron a recetar un poco antes para la depresión y también mejoran el estado de ánimo. Y otros tratamientos farmacológicos, como el olíbano, son muy anteriores. Identificar cuál fue de verdad el primer antidepresivo resulta complicado. Sea como sea, la iproniazida pertenece a la primera generación de fármacos semejantes a los antidepresivos que se usan hoy y, como esta actuaba en neurotransmisores concretos del cerebro, inspiró la teoría de que la depresión se debe a un déficit neuroquímico.

El nombre preciso de la teoría del desequilibrio químico de la depresión es «hipótesis monoaminérgica». Este término más complicado se basa en las acciones químicas concretas de la iproniazida, que pertenece a un tipo de fármacos llamados «inhibidores de la monoaminooxidasa», los cuales inhiben una enzima específica que descompone las monoaminas. Al hacerlo, aumenta la concentración de monoaminas (como la serotonina, la noradrenalina y la dopamina, entre otros neurotransmisores), de modo que las neuronas pueden acceder a ellas con facilidad.

La hipótesis monoaminérgica establecía que, si la iproniazida mejora el estado de ánimo porque eleva la concentración de monoaminas, es probable que el origen de la depresión se halle en un déficit natural de monoaminas en el cerebro. Varios estudios la corroboraron: cuando se reduce médicamente el nivel de monoaminas en el cerebro, los pacientes pueden desarrollar depresiones graves. Múltiples informes indicaban que los pacientes tratados con dosis elevadas de un fármaco cardiovascular concreto que reducía las concentraciones de monoaminas se deprimieron tanto que, en algunos casos, se los trató con terapia electroconvulsiva.[6, 7]

A primera vista, parece que esto sustenta la teoría monoaminérgica de la depresión. Si los fármacos que reducen la concentración de monoaminas deprimen a quienes los toman, mientras que los fármacos que elevan su concentración tratan la depresión, esta última ha de deberse a un déficit de monoaminas (serotonina, dopamina y noradrenalina) en el cerebro. Sin embargo, incluso las pruebas tan concluyentes pueden llevar a los investigadores en la dirección contraria. Aunque las dos primeras partes de la afirmación son ciertas (aumentar la concentración de monoaminas puede mejorar el estado de ánimo, mientras que reducirla puede empeorarlo), esto no significa necesariamente que haya un déficit cuando se tiene depresión. De hecho, el verbo *poder* es fundamental, como veremos muy pronto.

Hoy ya no quedan demasiados defensores acérrimos de la hipótesis monoaminérgica. Cuando se explica ahora, la teoría se suele centrar en la serotonina, en línea con la nueva y más habitual gama de antidepresivos que aumentan la concentración de serotonina:[8] fluoxetina, citalopram, sertralina, paroxetina, escitalopram... La hipótesis de la serotonina caló entre la población general y, convenientemente para algunos, ayudó a las farmacéuticas a promocionar los antidepresivos que actúan en la serotonina. Aún más útil fue la capacidad de la teoría de proporcionar una explicación biológica de la depresión fácil de entender tanto para los pacientes como para sus familiares, lo que quizá redujo el estigma de los psicofármacos.

De todos modos, ahora se sabe que la tesis principal de que la depresión es consecuencia de un déficit de monoaminas/serotonina es errónea, algo aceptado por la mayoría de los científicos desde hace más de una década. Hay algunas pruebas que indican que se dan algunos cambios en el sistema dopaminérgico de las personas con depresión,[9] pero no todos los estudios han encontrado cambios en el sistema serotoninérgico,[10] por lo que es posible que estos, si es que se dan, no se correspondan con el estado depresivo *per se*. Del mismo modo, si te diera una bebida que redujera el nivel de serotonina en tu cerebro (existe, es un batido no demasiado apetitoso que administramos en los experimentos con todos los aminoácidos excepto el que se necesita para sintetizar serotonina), no causaría ningún cambio significativo en tu estado de ánimo a no ser que ya hubieras experimentado un episodio depresivo, en cuyo caso sí podría inducir síntomas depresivos.[11] Así pues, la serotonina forma parte de la historia, pero no es toda la historia. Gran parte de la comunidad científica opina que el nivel de serotonina tiene que ver con algunos aspectos de la depresión, sobre todo en algunas personas, pero que la depresión es algo más complejo que un mero déficit de neurotransmisores.

Que la depresión no se deba a un déficit de serotonina (o de monoaminas) no significa que los antidepresivos que actúan en el sistema serotoninérgico no sean eficaces. Este tema es objeto de un debate encendido en la actualidad: el descubrimiento de que la hipótesis del déficit de serotonina no lo explicaba todo enseguida dio lugar a acusaciones de que la serotonina no tenía nada que ver con la depresión y que esa teoría no era más que una argucia de marketing para vender más antidepresivos. Esto tampoco es cierto. Un nivel bajo de serotonina causa depresión en algunas personas, aunque no es un elemento necesario ni suficiente para hacerlo por sí solo.[12] La medicación que actúa sobre la serotonina (u otras monoaminas) mejora claramente la depresión, aunque sus efectos varían de una persona a otra y también dependiendo del fármaco de que se trate.[13] Cuando funciona, lo hace muy bien, pero su objetivo no es necesariamente corregir un déficit químico. De hecho, es muy posible que su mecanismo de acción sea mucho más interesante.

¿POR QUÉ TARDAN TANTO EN FUNCIONAR LOS ANTIDEPRESIVOS?

Uno de los misterios inexplicados de la hipótesis serotoninérgica (que yo descubrí sin querer durante la adolescencia) es que, a pesar de que un antidepresivo estándar eleva el nivel de serotonina, tarda varias semanas en mejorar el estado de ánimo.[14] Esto significa que aumentar la serotonina no basta para mejorar la depresión inmediatamente, sino que su nivel ha de ser alto durante un periodo de tiempo prolongado antes de que el estado de ánimo mejore. Vale, pero ¿por qué?

En su empeño por entender por qué los antidepresivos tardan tanto tiempo en funcionar, Catherine Harmer, profesora en Oxford, y su equipo descubrieron pruebas que la llevaron a una explicación convincente acerca de su funcionamiento: una teoría sobre su mecanismo de acción, que también nos da una idea de a quiénes dan resultado. Esta teoría es lo que se conoce como «cognitiva», es decir, aborda cómo modifican los antidepresivos el modo de pensar, recordar, percibir, etc., así como las áreas cerebrales que corresponden a esas funciones. Esto es distinto a lo que hacen otras hipótesis importantes, que solo tratan las acciones biológicas sobre las neuronas o los circuitos neuronales.

En todos los capítulos anteriores hemos visto que la manera en que interpretamos tanto el mundo que nos rodea como nuestro mundo interior es fundamental para la salud mental. Muchas de estas interpretaciones implican juicios emocionales. Por ejemplo, el cerebro decide a diario qué pensar de las interacciones sociales ambiguas, lo que tiene consecuencias importantes para el estado de ánimo y las emociones. Un día, un compañero de trabajo no te saluda cuando te cruzas con él en el pasillo, ¿será que le caes mal y no lo sabías?, ¿o quizá estuviese muy distraído y no te haya visto? Cómo interpretes esta interacción ambigua tiene que ver con cómo entiendes el mundo en general. Algunas personas tenderán a hacerlo de la primera forma (le caes mal), mientras que otras aceptarán la explicación neutra y asumirán que ese compañero estaba despistado, sin más. La preferencia constante por un tipo de explicación o la otra ante datos equivalentes recibe el nombre de «sesgo emocional». Los sesgos emocionales son automáticos, habituales y muy difíciles de resistir. Y, como la vida es un continuo de cosas inciertas y ambiguas, el sesgo emocional puede influir en todos los aspectos vitales y convertirse en una percepción general del mundo como un lugar negativo.

Para medir el sesgo emocional de alguien en un experimento, se le puede mostrar una sucesión de rostros en distintos puntos de una escala entre el enfado y la neutralidad, unos obviamente enfadados, otros no, y algunos en un punto intermedio. Al preguntar acerca de la emoción que transmite cada rostro, la mayoría de la gente coincide cuando se trata de un extremo (sería el equivalente de que tu compañero, al cruzarse contigo en el pasillo, te mirara a los ojos y te llamara «inútil»; casi todo el mundo pensaría que no es una buena señal para la relación). Por el contrario, cada persona interpreta de manera distinta un rostro emocionalmente ambiguo. ¿En qué punto un rostro con una pizquita de nada de ira recibe la etiqueta de airado? Es posible que tu respuesta a la pregunta sea distinta a la mía. Cuando un rostro está, digamos, entre un veinte y un treinta por ciento enfadado, habrá personas que dirán que es neutro y otras que enfadado. Como es de esperar, mucha gente con depresión presenta un sesgo inusualmente negativo en estos juicios perceptivos. Cuando se está deprimido, el umbral perceptivo de las emociones negativas suele ser inferior, es decir, el sesgo lleva a considerar negativo en lugar de neutro algo que parece ambiguo. El sesgo emocional negativo se extiende a múltiples ámbitos, no se limita a la percepción de rostros. Quienes padecen depresión recuerdan mejor las cosas negativas y las palabras emocionales negativas tienen más probabilidades de captar su atención.[15] Este sesgo en favor de recuerdos, percepciones e interpretaciones negativos se acumula con el tiempo y puede dar lugar a creencias y expectativas negativas tanto del mundo como propias, lo que promueve muchos de los síntomas clave de la depresión, como el estado de ánimo bajo, la falta de motivación o la pérdida de apetito. Sin embargo, según esta teoría, la depresión comienza con un cambio en el punto de inflexión emocional.

Los antidepresivos funcionan porque cambian este umbral emocional. Y no es cuestión de semanas: sucede mucho antes, a veces de inmediato. Una sola dosis de antidepresivos aumenta la probabilidad de que identifiquemos la felicidad en rostros poco alegres y de que recordemos cosas más positivas.[16, 17] Esta diferencia en el umbral emocional también se ve representada en el cerebro. Antes de tomar antidepresivos, cuando se les mostraba información emocionalmente negativa a personas con depresión, su amígdala se volvía hiperactiva.[18] La amígdala es un área cerebral que se sabe que interviene en el procesamiento de las emociones y su interpretación, además de en el aprendizaje, la memoria y la toma de decisiones. Esta diferencia en la activación de la amígdala se suele citar para explicar la presencia de un sesgo emocional negativo: las personas recordamos más la información negativa y le prestamos más atención debido a diferencias en la amígdala (aunque no son específicas de esta, sino que forman parte de una red de áreas cerebrales que intervienen en la emoción y que, con frecuencia, hacen que quienes sufren de depresión procesen la información negativa con más intensidad).[19] Una sola dosis de antidepresivos también cambió la manera en que el cerebro representaba la información emocional: aumentó la actividad de la amígdala ante emociones positivas y la redujo ante emociones negativas.[20] Básicamente, los antidepresivos causan cambios inmediatos en el procesamiento emocional de bajo nivel, lo que desplazaría el punto de inflexión del cerebro en una dirección más positiva.

Harmer y el también neurocientífico de Oxford Philip Cowen lo sintetizaron así: los antidepresivos no mejoran el estado de ánimo directamente, sino que cambian «la manera en que vemos las cosas».[21] Es decir, si estamos deprimidos y, al tomar antidepresivos, estos funcionan, será menos probable que pensemos que el compañero que no nos ha saludado nos detesta y más probable que pensemos que estaba distraído, o quizá leamos correos electrónicos breves como una muestra de premura más que como un rechazo directo de nuestras ideas. Así, los antidepresivos nos ayudan a reducir la probabilidad de elegir la interpretación más negativa y desplazan ligeramente el sesgo emocional hacia la zona neutra.

Los efectos del antidepresivo también podrían mejorar el estado de ánimo de una persona deprimida sin déficit de serotonina, pues la haría interpretar de manera más positiva (o menos negativa) los acontecimientos del día a día. De hecho, estos efectos no son específicos de los antidepresivos serotoninérgicos, sino que se extienden a los que actúan sobre la noradrenalina, otro neurotransmisor.[22] Los mecanismos del tratamiento no dependen de un déficit natural, sino que se ocupa del sistema natural de procesamiento de las emociones en el cerebro, en el que influyen la serotonina, la noradrenalina, la dopamina y otros neurotransmisores.

Estos cambios inmediatos pero sutiles en lo positiva o negativamente que procesamos el mundo que nos rodea acaban por mejorar el estado de ánimo. Además, se van acumulando poco a poco hasta que producen un cambio fundamental en nuestra percepción del entorno. Con el tiempo, tras múltiples interpretaciones algo más positivas del mundo que nos rodea, estas se convierten en parte de la representación del mundo que el cerebro elabora. Al final experimentamos esta transformación como un cambio general en el estado de ánimo y en la salud mental. Eso es lo que sucede cuando los antidepresivos funcionan.

La salud mental mejora gracias a la acumulación de elementos que experimentamos e interpretamos subjetivamente, los cuales se combinan para ayudarnos a estimar qué puede suceder. De este modo, las expectativas positivas y negativas acerca del mundo guían nuestras predicciones respecto a lo que ocurrirá en situaciones más generales y específicas, así como nuestras interpretaciones de lo que sea que acabe de suceder. Las interpretaciones dan lugar a nuevas expectativas, que crean en conjunto un modelo del mundo que nos rodea. Es curioso, pues el mecanismo de acción de abajo arriba de los antidepresivos (primero efectúan cambios mínimos en el procesamiento de las emociones, los cuales acaban dando lugar a cambios más significativos en el modo de interpretar el mundo y lo que esperamos de él) no necesariamente es el mismo que el de otros tratamientos contra la depresión. De hecho, es posible que algunos funcionen justo al revés (véase el capítulo 8, acerca de las terapias psicológicas). Esto nos indica cómo funcionan los antidepresivos, pero también el origen de la depresión. Es posible que el sesgo en favor de la información emocionalmente negativa se vaya acumulando con el tiempo y predisponga a alguien a sufrir depresión o un trastorno mental semejante. La ciencia ha hallado pruebas que lo corroboran: a veces, los familiares cercanos de una persona con depresión (que, por lo tanto, corren el riesgo genético de desarrollarla) presentan también un sesgo de negatividad a pesar de no tener síntomas depresivos.[23] Además, los eventos muy negativos (un divorcio, un fallecimiento, un acontecimiento traumático) también pueden producir cambios a largo plazo, que en algunos casos sientan las bases de un episodio depresivo mayor.

Sin embargo, no todo en el mundo es positivo; no todo ha de serlo. Por lo tanto, el sesgo de negatividad no es algo que se deba tratar necesariamente, pues no es un trastorno ni una enfermedad. Lo último que quiero con este capítulo es dar la impresión de que el sesgo de negatividad (que probablemente tengas) es casi una garantía de que se acabará desarrollando una depresión y necesitando antidepresivos. Para algunas personas es posible que ambas cosas acaben siendo así, pero muchas hacen interpretaciones bastante negativas y no se deprimen, o quizá comentarios divertidos y ácidos que sus amigos valoran, pero no necesitan antidepresivos: no hay nada que arreglar. El sesgo de negatividad no es más que otra manera de procesar la información emocional del mundo, de un modo parecido a lo que sucede con los rasgos de personalidad. Es posible que nos haga más propensas a la depresión, pero en absoluto constituye una sentencia inescapable. Sea como sea, en el caso de alguien con depresión, cuya vida ha empeorado sustancialmente debido al estado de ánimo deprimido, cansancio, insomnio (o hipersomnia), etc., saber que tiene un sesgo de negatividad y abordarlo con antidepresivos para cambiar cómo procesa su cerebro la información emocional supondría dar un paso hacia la recuperación.

Hasta ahora, en este capítulo he hablado, sobre todo, de personas con depresión. Sin embargo, el sesgo de negatividad no es exclusivo de ellas. También aparece cuando alguien padece dolor crónico,[24] trastornos de ansiedad,[25] trastorno bipolar[26] y esquizofrenia,[27] entre otros. Por lo tanto, podría ser un factor de riesgo para la mala salud mental en general, en lugar de ser específico de la depresión. Del mismo modo, el término *antidepresivos* con el que se conoce coloquialmente a estos fármacos puede dar a entender que solo están indicados para quienes cumplen los criterios diagnósticos específicos de la depresión. No es así. Los antidepresivos resultan muy eficaces con todo tipo de trastornos, desde el trastorno por atracón[28] hasta el síndrome del colon irritable.[29] Sea cual sea el motivo por el que se tomen, una de las razones por las que funcionan es que promueven un procesamiento emocional más neutro o positivo, lo que permite prestar más atención a los detalles buenos, a los recuerdos gratos y a las interpretaciones favorables de eventos, tanto en el interior como en el exterior del cuerpo.

¿LOS ANTIDEPRESIVOS FUNCIONARÍAN CONMIGO?

Los antidepresivos no siempre funcionan. De hecho, solo lo hacen para la mitad de las personas que los toman, sea cual sea su diagnóstico. Si los has tomado alguna vez, lo sabrás.

Se sabe que los antidepresivos les funcionan mejor a algunos pacientes que a otros desde algunos de los primeros estudios clínicos que se llevaron a cabo con la iproniazida.[30] Ya entonces se vio que esta nueva forma de tratamiento daba resultados fantásticos a algunas personas, mientras que en otras apenas ejercía efecto alguno. En la actualidad, la mayoría de la gente con depresión ha de probar varios fármacos o tratamientos antes de dar con el que le sirva. De momento, he hablado de antidepresivos en general, aunque lo cierto es que hay diferencias importantes entre cada tipo de antidepresivo, las cuales explican por qué uno puede mejorar el estado de ánimo de alguien mientras que otra persona necesitará un fármaco distinto. No notar mejoría al cabo de unas semanas tomando un antidepresivo no significa que ninguno nos vaya a hacer efecto: merece la pena probar otro. Por ejemplo, si la sertralina, un ISRS habitual, no nos alivia la depresión, aún tenemos un veinticinco por ciento de probabilidades de mejorar con antidepresivos de otro tipo.[31] El mismo antidepresivo no le irá bien a todo el mundo. Por el contrario, si ya hemos probado varios tipos de medicación y ninguna nos ha funcionado, quizá pertenezcamos a una categoría de personas cuya depresión no responde a ningún antidepresivo común (por suerte, existen otros tratamientos eficaces, de los que hablaremos en los capítulos que siguen).

El motivo por el que un mismo tratamiento no es eficaz para todo el mundo es que es muy poco probable que haya una sola causa biológica de la depresión. Es una explicación lógica, porque tampoco hay una sola experiencia de depresión. Tal y como hemos visto en el capítulo 3, en los experimentos siempre se trabaja con el promedio de los pacientes incluidos en el estudio (como cuando dicen «los pacientes con depresión presentan un sesgo de negatividad» o «los antidepresivos modifican este sesgo de negatividad»), por lo que puede ser que haya personas con un sesgo de negatividad que responden a los antidepresivos y cuyo estado de ánimo mejora, pero que también haya algunas cuyo estado de ánimo no cambia, quizá porque no tuviesen ese mismo sesgo. En el caso de la depresión, es posible que esta sea el resultado de varios cambios neurobiológicos. Sin embargo, a la hora de tratarla, el antidepresivo solo puede cambiar los sistemas a los que afecta farmacológicamente. Por lo tanto, si el paciente presenta cambios en algún sistema neurológico que ese antidepresivo concreto no modifica (por ejemplo, si su sistema de sesgo emocional no ha cambiado y, por el contrario, sí lo ha hecho su sistema motivacional, del que hemos hablado en el capítulo 4), es poco probable que esa medicación le funcione (más allá del efecto placebo).

Si pudiéramos predecir quién mejorará con qué medicación (o, aún mejor, con qué tratamiento en general, incluyendo abordajes no farmacológicos, como la psicoterapia), el proceso sería mucho más eficiente que la técnica de ensayo y error de los antidepresivos. Quizá erremos cuando lanzamos al mercado algunos tratamientos con la esperanza de que lleguen a la mitad de la gente que mejorará con ellos. Quizá erremos también cuando descartamos tratamientos tras un ensayo clínico negativo, pues podrían salvar la vida a una minoría de personas. Es extraordinariamente frustrante que no podamos predecir el tratamiento de salud mental óptimo para cada paciente. Por lo tanto, los investigadores hacen más hincapié en la actualidad en cómo mejorar esta estrategia de ensayo y error y desarrollar tratamientos adaptados a cada persona. El objetivo principal de esta línea de investigación es identificar el mejor tratamiento para cada paciente determinando qué indicadores predicen a cuál responderá. Esto funciona muy bien en otros campos de la medicina y, por ejemplo, ha revolucionado el tratamiento del cáncer: en lugar de tratar todos los cánceres de mama con el mismo fármaco, se analizan las células del tumor para identificar sus marcadores y elegir así el fármaco más eficaz en cada caso, adaptando el tratamiento al tipo de células presentes.

En el caso de la salud mental, disponer de un tratamiento personalizado sencillo que permitiera identificar si a alguien le conviene más probar un antidepresivo o una psicoterapia ya sería un buen comienzo (hablaremos más de esto en breve). Un objetivo más ambicioso sería predecir qué antidepresivo o psicoterapia funcionaría mejor para una persona concreta, lo que ahorraría semanas de espera y posibles efectos secundarios negativos. El tratamiento óptimo para una persona dada se podría descubrir revisando ensayos clínicos para determinar quién respondió a qué tratamiento. Asimismo, quizá haya subgrupos de personas que responden bien a un tipo de medicación o bastante mal a otra. Saberlo antes de iniciar un tratamiento permitiría tratar a los pacientes más deprisa, con más eficacia y con menos efectos secundarios graves.

Hay un tipo de estudio que usa datos bastante fáciles de obtener de los pacientes (aspectos demográficos como sexo y edad y puntuaciones en cuestionarios sobre la gravedad de los síntomas depresivos) y lleva a cabo grandes análisis que permiten predecir quién mejorará con cada tipo de medicación. Por lo general, estos estudios recogen muchísimos datos (cientos de miles de pacientes), los cuales procesa un algoritmo de aprendizaje automático: identifica los factores que se asocian a la mejoría y crea una manera de predecirla a partir de puntuaciones de referencia. Al principio parecía una estrategia muy prometedora, pero tiene dos inconvenientes importantes. El primero es meramente técnico. Los algoritmos de aprendizaje automático funcionan porque aprenden a predecir patrones en conjuntos de datos específicos, y suelen hacerlo muy bien. Una vez han aprendido a hacer esto (por ejemplo, un ensayo clínico con doscientos pacientes, de los cuales quienes tienen síntomas asociados al apetito, el sueño y la fatiga responden mejor a un tipo de antidepresivos, mientras que los que presentan ansiedad y problemas de atención responden mejor a otro), se los pone a prueba para determinar si pueden predecir patrones a partir de datos nuevos, por ejemplo, en un grupo de cien pacientes. Sin embargo, esto les resulta mucho más complicado y, con frecuencia, los matices específicos de los patrones que han aprendido a predecir solo son aplicables al primer conjunto de datos, por lo que acostumbran a fallar en este segundo paso. De todos modos, se trata de un inconveniente técnico que, en principio, se puede superar: los algoritmos de aprendizaje automático son cada vez mejores y es posible que, con los datos adecuados, lleguen a una solución que permita predecir con firmeza si alguien mejorará con un fármaco concreto.

Sin embargo, incluso aunque superáramos el problema de aprendizaje del algoritmo, el mejor procedimiento se enfrentaría a un segundo problema, científico esta vez. Por bien que funcione un algoritmo, nunca podrá explicar plenamente por qué importan esos factores en lo que a la respuesta antidepresiva se refiere, pues se trata de un procedimiento ajeno a los mecanismos de acción; es decir, el algoritmo no explica por qué hay personas que mejoran con un antidepresivo, solo dice que mejoran. Esto complica mucho saber cuándo habría que aplicarlo clínicamente o cómo mejorarlo.

En la actualidad se han abierto muchas más líneas de investigación como estos algoritmos con el objetivo de desarrollar un tratamiento para la salud mental más personalizado. Sin embargo, aún no contamos con los medios necesarios para emparejar con precisión a cada persona con el tratamiento más indicado en su caso. Personalmente, sospecho que uno de los motivos por los que este campo aún no lo ha conseguido es que todavía no entendemos por qué solo algunas personas mejoran tras un tratamiento determinado; qué diferencia a su cerebro y a los procesos cerebrales que intervienen en su experiencia de depresión y cómo se corresponden esos procesos cerebrales con el modo en que ese tratamiento modifica el cerebro.

Las pistas con que contamos acerca de los mecanismos de acción de los antidepresivos también nos dan información sobre las personas para quienes funcionan, lo que ayudará a saber por qué solo algunos pacientes responden a los tratamientos con antidepresivos. Cabe pensar que, si los antidepresivos actúan modificando el sesgo cognitivo en favor de emociones positivas, quienes tengan un sesgo más alterado tardarán más en recuperarse. Algunos experimentos confirman esta hipótesis. Si el sesgo de negatividad se reduce al cabo de solo una semana de tratamiento, aumenta la probabilidad de que los antidepresivos mejoren la depresión (medido ocho semanas después),[32] mientras que, si el sesgo de negatividad no se altera a corto plazo, disminuye la probabilidad de que el estado de ánimo mejore más adelante. Esto es un ejemplo magnífico de que entender los mecanismos psicológicos de los fármacos antidepresivos daría lugar a estrategias para identificar a los pacientes que más se beneficiarían de ellos, así como a opciones de tratamiento alternativas para los que no.

Quizá los cambios neurobiológicos concretos que los antidepresivos ejercen sobre el sesgo de negatividad solo son eficaces y modifican el estado de ánimo en personas concretas: aquellas cuya depresión se sustenta en los circuitos que mantienen el sesgo de negatividad. No obstante, tal vez haya quienes no presenten este sesgo por mucho que cuenten con el mismo diagnóstico y, por lo tanto, su neurobiología sea distinta y responda mejor a otros tratamientos, como la psicoterapia. Es posible que, en el futuro, los médicos puedan tomar decisiones basadas en la neurociencia a partir de la administración de una sola dosis de antidepresivos y de la evaluación de los cambios psicológicos inmediatos.

Quizá podamos usar estos datos neurobiológicos para facilitar el descubrimiento de nuevos fármacos, pues, si los estudios pudieran medir si un fármaco modifica el sesgo emocional en general, permitirían predecir si este sería eficaz como antidepresivo. Un aspecto· bastante prometedor de esto es que ayudaría a descubrir si un tratamiento farmacológico nuevo tiene efectos secundarios peligrosos para la salud mental. Por ejemplo, tras la comercialización de un nuevo medicamento contra la obesidad, aparecieron informes que indicaban que quienes lo tomaban se deprimían más e incluso tenían ideaciones suicidas. Resultó que una sola dosis reducía el sesgo de positividad de quien lo tomaba,[33] que es justo lo contrario de lo que hace un antidepresivo (en este caso, hablamos de un prodepresivo). Así, conocer el efecto que ejerce un fármaco sobre el sesgo emocional será clave para entender si funciona y para quién, además de los riesgos que entraña.

No es en absoluto aleatorio que haya personas que mejoran cuando toman antidepresivos y personas que no. Eso no significa que los antidepresivos no funcionen. Que no den resultados a todo el mundo tiene que ver directamente con los procesos cerebrales específicos sobre los que actúa cada psicofármaco. Modificar esos procesos será la clave para que algunas personas con depresión mejoren; en otros casos, modificar esos procesos concretos (por ejemplo, cambiar la respuesta de la amígdala ante la información negativa) tal vez no haga mejorar a la gente si son otras las vías biológicas que intervienen en su depresión.

LOS EFECTOS ADICIONALES DE LOS ANTIDEPRESIVOS Y LOS PLACEBOS

Además de los efectos biológicos del fármaco, hay otro factor importante que influye en si un antidepresivo funciona: la sensibilidad de la persona al efecto placebo. Cualquier tratamiento, ya actúe sobre la serotonina (como muchos antidepresivos) o el sistema opioide (como muchos analgésicos), lo hace mediante dos procesos: (1) alterando el sistema cerebral con los principios activos del fármaco y (2) alterando el sistema cerebral con las expectativas que se tienen cuando se toma el fármaco. Sin embargo, en el mundo real lo único que nos importa es si el medicamento surte efecto. Y, cuando lo hace, es imposible saber si esto se debe solo al placebo. Si le preguntamos al paciente, dirá que le importa bastante poco por qué funcione mientras lo haga. Por el contrario, si le preguntamos a un científico, dirá que le importa, y mucho. Para empezar, es evidente que, aunque los placebos son eficaces para muchos problemas mentales, el funcionamiento de los psicofármacos y la psicoterapia (manipular los sesgos emocionales, modificar las creencias e interpretaciones...) tiene mucho en común con el de los placebos.

La ventaja de la notable aportación del efecto placebo al tratamiento antidepresivo es que ayuda a que la medicación dé mejor resultado. El inconveniente es que el paciente nunca acaba de saber cómo o por qué funciona. El otro inconveniente es que los placebos son tan eficaces a la hora de mejorar el estado de ánimo que muchos de los antidepresivos nuevos que se prueban no son más eficaces que este, a pesar de que reducen la depresión considerablemente. La potencia del efecto placebo en los antidepresivos ha llevado a una creencia, aunque poco extendida: que los antidepresivos solo funcionan por el efecto placebo. Sin embargo, es muy poco probable que esto sea cierto. Muchos ensayos amplios han demostrado la superioridad de los antidepresivos respecto al placebo (en el tratamiento a corto y a largo plazo de la depresión), por no mencionar varios experimentos controlados con placebo que demuestran que los antidepresivos mejoran el sesgo de negatividad, un mecanismo para el tratamiento. No todo el mundo acepta estas conclusiones y, además, algunos ensayos están financiados por empresas farmacéuticas con un interés económico claro en que los antidepresivos funcionen. De todos modos, creo que las pruebas son convincentes: tanto estudios independientes como la acumulación de muchos estudios demuestran que los antidepresivos ofrecen beneficios claros en comparación con el placebo.[34, 35] La gran mayoría de los investigadores, yo incluida, no tienen intereses económicos en que un antidepresivo dé resultado o no. Y, en lo que a mí se refiere, creo que las pruebas científicas indican que, por lo general, estos funcionan (para muchas personas, aunque no para todas).

La suma de estos dos factores (que los placebos sean tan eficaces y que los antidepresivos no funcionen en todos los casos) ha dado lugar a un movimiento en contra de los antidepresivos. Las personas que interpretan las pruebas como que los antidepresivos no funcionan también citan el hecho de que estos no necesariamente corrigen un desequilibrio neuroquímico o que un nivel bajo de serotonina no siempre causa depresión. Tal y como hemos visto, aunque las pruebas son concluyentes en cuanto a que los antidepresivos son eficaces en promedio, criticar la teoría del desequilibrio neuroquímico es perfectamente válido (y, de hecho, es la postura de la mayoría de los investigadores). En el mejor de los casos, esta teoría es una hipersimplificación del mecanismo de acción de los antidepresivos (promovida por médicos, investigadores y medios de comunicación, en principio para ayudar a explicar la depresión a los pacientes). Sin embargo, también es una explicación a medida. Por el lado bueno, la popularidad de la teoría del desequilibrio neuroquímico ha ayudado a reducir el estigma de quienes padecen depresión, ya que esta se plantea como un problema de neurotransmisores y, por lo tanto, no es culpa de la persona. Sin embargo, tal y como hemos visto, es más que probable que la realidad respecto al mecanismo de acción de los antidepresivos sea más complicada que un mero déficit de serotonina o de cualquier otro neurotransmisor.

La experiencia subjetiva a la que ahora llamamos «depresión» se puede originar en muchos sistemas biológicos: hemos hablado de cambios en los sistemas de placer, aprendizaje, motivación y emoción del cerebro; de cambios en el cuerpo, como la inflamación, y, aunque no hemos hablado explícitamente de ello, también se dan cambios en las regiones frontales del cerebro que modifican la memoria a corto plazo, la atención y la regulación. Como la depresión es un trastorno heterogéneo, no siempre intervienen los mismos procesos en todos los pacientes. Así, parece lógico que los fármacos no funcionen para todo el mundo, pues cada uno de ellos actúa sobre un proceso distinto. Y también lo es que no funcionen al instante, porque los efectos fisiológicos inmediatos pueden causar cambios cognitivos que no modifican el estado de ánimo hasta que estos se han prolongado en el tiempo. También tiene sentido que los antidepresivos sean, por lo general, más eficaces que los placebos, pero que no siempre sean abrumadoramente mejores, pues, en última instancia, estos últimos se valen de mecanismos similares y muy potentes que también intervienen en la mala salud mental y en la recuperación.

En resumidas cuentas, los antidepresivos son un elemento extraordinariamente útil del tratamiento en salud mental para algunas personas, pero no son el tratamiento adecuado para todas. Ni siquiera aunque pudiéramos predecir a la perfección quién mejorará con antidepresivos ayudaríamos demasiado a quienes no les sirven. En muchos casos, este tipo de fármacos no mejoran la salud mental o causan tantos efectos secundarios que no merecen la pena, por lo que resulta bastante improbable que modificar ligeramente los que ya existen resultara útil.

A primera vista, los antidepresivos resultan incluso aterradores: ¡un fármaco que cambia cómo pensamos! Suena a control mental. Sin embargo, no solo es que haya muchos otros fármacos y sustancias químicas que tomamos con frecuencia que cambian cómo pensamos (como la cafeína), sino que lo hacen todos los tratamientos no farmacológicos para los trastornos mentales. Los investigadores se esfuerzan cada vez más en encontrar nuevas maneras de mejorar la salud mental farmacológicamente. Esto incluye fármacos que actúan sobre los mismos sistemas generales del cerebro que fomentan la buena salud mental y el bienestar, pero por vías distintas. Algunos de los enfoques más prometedores tienen que ver con el estudio de sustancias que se han usado con fines recreativos o en la medicina tradicional de otras culturas. Aunque una droga recreativa parezca muy distinta a un antidepresivo o un placebo, las tres cosas tienen mucho en común.

Capítulo 7
OTROS FÁRMACOS Y DROGAS

Me mudé a Londres cuando tenía veintiún años. Ese mismo año me invitaron por san Valentín a una fiesta en una casa en Peckham. Era justo el tipo de fiesta al que imaginaba que me invitarían cuando me mudara allí. Me sentía algo avergonzada porque llevaba ropa muy sosa y, aunque nadie me lo había avisado, parecía que se trataba de una fiesta de disfraces. Cerca de mí, frente al DJ, había alguien vestido de oruga fumando una pipa anticuada (por algún sitio, había un ratón y varias chicas con vestido azul y delantal blanco, así que supuse que el tema era *Alicia en el país de las maravillas*). Cuando hacía aproximadamente una hora que estaba allí, casi a medianoche, la música se detuvo en seco cuando alguien saltó (o cayó, no estaba muy claro) desde una diminuta escalera de caracol a la pista de baile. Todo el mundo se apartó, consternado. A primera vista, parecía que la persona se había roto la clavícula, así que llamamos a una ambulancia. Lo más sorprendente del episodio era que la persona en cuestión no lloraba ni gritaba. Se la veía algo afectada, pero no daba muestras del dolor que una herida semejante suele provocar. Es posible que parte de su falta de reacción se debiera al efecto de la adrenalina o los opioides endógenos activados por el dolor, pero era evidente que también se debía a algún tipo de droga.

Las sustancias más utilizadas en todo el mundo para mejorar el estado de ánimo o la sensación de bienestar no son ni los antidepresivos ni cualquier otro tipo de medicación; son las drogas recreativas. Esta es una categoría muy amplia: incluye todas las sustancias que las personas consumen por su capacidad para mejorar la experiencia subjetiva (en lugar de por su capacidad para saciar el hambre o la sed).

La cafeína, la nicotina, el alcohol, la cocaína y la heroína pertenecen a esta categoría. Imagino que no necesitas ningún estudio que te diga que las drogas recreativas mejoran temporalmente el bienestar subjetivo de la mayoría de las personas, y es probable que hayas probado al menos una de ellas.

No puedo estar segura de qué sustancia había tomado la persona accidentada en la fiesta de *Alicia en el país de las maravillas*, porque la inhibición del dolor es una consecuencia habitual de muchas drogas recreativas distintas, y en especial del alcohol. Cuando lleva unas cuantas copas encima, la gente rompe ventanas a puñetazos, se da cabezazos contra la pared, se cae por escaleras o se parte huesos y parece como si apenas se hubiera hecho nada. Al día siguiente les duele, pero en el momento no.

A pesar de su relación evidente con el daño que causa (al propio cuerpo y a la sociedad), el alcohol también influye positivamente sobre el bienestar si se consume en cantidades pequeñas o moderadas.[1] Uno de los efectos más evidentes del alcohol es la rapidez con que alivia el estrés: la mayoría de las personas indican sentirse menos estresadas tras tomar una copa. Esta reducción psicológica del nivel de estrés se refleja en la respuesta del cuerpo. Por lo común, si experimentamos algo estresante (dolor, estrés psicológico, ruidos fuertes...), la frecuencia cardiaca aumenta sustancialmente, pero el alcohol la reduce.[2] Esto inspiró la teoría de que el alcohol podría rebajar la tensión emocional en la vida cotidiana, una consecuencia útil de tomarse un par de copas, pues parece que así se matan dos pájaros de un tiro. Entonces, ¿por qué los médicos no nos dicen que nos tomemos una copa para mejorar el bienestar?

Bueno, básicamente, porque no les hace falta. A pesar de su sólida relación con efectos perjudiciales y negativos para la salud, el alcohol es una de las drogas menos reguladas en muchos países. Los médicos no necesitan recetarlo porque la mayoría de los pacientes ya se automedican con él, con frecuencia en cantidades más elevadas de las que hipotéticamente resultan beneficiosas. Pero incluso en pequeñas cantidades la capacidad del alcohol para aliviar el estrés no es en absoluto directa y hay individuos para quienes tiene repercusiones negativas. Cada persona presentará una respuestas de reducción del estrés muy distinta tras consumir alcohol. En algunos casos, este alivia el estrés, pero a veces incluso su efecto a corto plazo resulta muy estresante y no facilita en absoluto la relajación.

Cuando los investigadores preguntan a muchas, muchísimas personas acerca de sus hábitos de consumo de alcohol y evalúan su salud mental, aparece un patrón peculiar. Tanto la abstinencia como el consumo elevado se asocian a una peor salud mental que el consumo leve y moderado.[3] Así, la relación entre el alcohol y la salud mental tiene forma de U invertida,[4] donde tanto los abstemios como quienes consumen alcohol en exceso presentan una salud mental peor que aquellos que lo toman con moderación o apenas lo prueban. Otros factores, como la mala salud física o las circunstancias sociales, pueden llevar a alguien a abstenerse del alcohol y, además, empeorar la salud mental (y lo mismo sucede con el consumo elevado de alcohol), por lo que no necesariamente se trata de una relación causal. Sin embargo, corrobora la idea de que el alcohol es útil y peligroso al mismo tiempo y de que puede pasar de útil a peligroso en función de la dosis o la persona que lo consuma. Esto ocurre tanto con el alcohol como con la mayoría de las drogas.

El alcohol tiene mucho en común con otras drogas recreativas: aumenta temporalmente el bienestar subjetivo, pero se asocia a cierto nivel de perjuicio; hay que determinar hasta qué punto es beneficioso o perjudicial que una persona lo consuma o que una sociedad lo legalice. Y este equilibrio es aplicable a todas las drogas recreativas que existen, ya sean legales o ilegales.

REGULAR LAS SUSTANCIAS PSICOACTIVAS

Antes de hablar de la posible utilidad de las drogas recreativas en el tratamiento de la salud mental, debemos hablar de los riesgos que entrañan, tanto para la salud como para la sociedad. Desde que el ser humano usa sustancias (ya sean naturales o sintéticas), ha tenido que equilibrar los riesgos que suponen y los beneficios que ofrecen. Por ejemplo, los antidepresivos pueden provocar efectos secundarios significativos, como la pérdida de la libido o cambios en el apetito, pero, en el caso de los fármacos más recetados, los beneficios compensan los efectos secundarios para muchos pacientes. Los organismos reguladores evalúan la solidez de las pruebas que respaldan un medicamento, así como si los efectos secundarios o los riesgos para la salud o la sociedad son preocupantes. Esto les indica qué sustancias han de estar en el talonario de recetas de los médicos, las que no es necesario regular y pueden estar al alcance de la mayoría y cuáles deberían estar prohibidas, en principio. La estrategia más sensata consiste en estudiar qué dicen las pruebas científicas acerca de los riesgos y beneficios del fármaco antes de decidir cómo se ha de regular. En el caso de los fármacos recién descubiertos, esto exige un diálogo continuo, una evaluación continuada de la información que vaya emergiendo.

Parece sensato, si no obvio, y sin embargo no siempre sucede así. Otros factores, como la percepción del público, los artículos en medios de comunicación o las opiniones políticas acaban ejerciendo más influencia en las políticas públicas sobre las drogas y fármacos que lo que la ciencia tiene que decir acerca de sus riesgos y beneficios. Hay ejemplos de esta separación entre las políticas y la ciencia farmacológica en casi cualquier país que nos venga a la mente. En el Reino Unido, uno de los ejemplos más conocidos de ello es el del neurocientífico y médico David Nutt, profesor en el Imperial College de Londres. David Nutt es célebre por algo que hace sentir inspiración o regodearse (o ambas cosas) a la mayoría de los investigadores: publicó un estudio que, a pesar de ser veraz y científicamente sólido, le valió que el Gobierno lo despidiera.

En 2009, David Nutt era el presidente del Consejo Asesor sobre el Abuso de Drogas del Gobierno británico y expuso la postura que yo acabo de contar ahora aquí: que los fármacos y drogas se deberían clasificar legalmente con base en lo perjudiciales que sean para quienes los consumen y la sociedad. Por ejemplo, si la heroína fuera la droga más peligrosa, debería ser la más restringida y la que se asociara a un mayor castigo por su posesión o distribución, mientras que, si el alcohol fuera la droga menos peligrosa, estaría justificado que acceder a él fuera legal en comparación con otras drogas recreativas. Este método de clasificación parece tan racional que, probablemente, muchas personas en el Reino Unido asuman que es el que se aplica y, por extensión, crean que el alcohol es la droga más segura porque es una de las más fáciles de adquirir.

Nutt y su equipo han cuantificado científicamente la métrica del riesgo en numerosos artículos.[5, 6] En uno de ellos, para determinar sin sesgos la peligrosidad de las drogas, calcularon una puntuación para cada una de ellas a partir del tipo de daño que causaban: índice de mortalidad, daños para la salud física (cirrosis, virus...), interferencia con la función cognitiva, probabilidad de sufrir accidentes o cometer delitos, impacto negativo sobre la familia, coste económico para la sociedad, etc. (había dieciséis tipos de daño en total, nueve de los cuales referentes al daño para el propio consumidor, mientras que siete aludían a daños a otros y a la sociedad).[7] Una vez se combinaban matemáticamente los dieciséis riesgos, cada droga recibía una puntuación relativa respecto al resto, de modo que una con 50 puntos era la mitad de dañina que otra con 100. No todos los daños son igual de nocivos, una diferencia que se tenía en cuenta en la puntuación: la mortalidad asociada a la droga (hasta qué punto esta acorta la esperanza de vida) se ponderaba matemáticamente como el daño más importante de todos.

La droga con la puntuación total más elevada en esta escala de peligrosidad (tanto para uno mismo como para los demás) es el alcohol, que obtuvo 70 puntos en la escala de daño relativo. Esto es así porque, aunque las tres drogas con las puntuaciones más altas en lo que al daño para el propio consumidor se refiere son la heroína, el *crack* y la metanfetamina, el alcohol es la que se asocia al mayor riesgo de peligro para los demás (así como a un riesgo bastante elevado de daños para el propio consumidor). El tabaco quedó en sexto lugar, es decir, es menos peligroso que el alcohol, la heroína y la cocaína.

En comparación, otras drogas recreativas, como los hongos aluci-nógenos, prácticamente se asociaron a la ausencia de daño. De hecho, el éxtasis, el LSD y los hongos alucinógenos ocupaban las posiciones más bajas de la lista, con puntuaciones próximas a 0 para el peligro para los demás (de 0 en el caso de los hongos alucinógenos); y puntua-ron por debajo de 10 en cuanto al daño para el propio consumidor. El cannabis, aunque más perjudicial que los hongos alucinógenos, lo era mucho menos que el alcohol y algo menos que el tabaco.

En un principio, la escala se usó para puntuar el alcohol y otras drogas en un artículo de 2007.[8] Dos años después, Nutt escribió un artículo de opinión en el *Journal of Psychopharmacology*, «Equasy. An overlooked addiction with implications for the current debate on drug harms» [«El síndrome de adicción equina. Una adicción igno-rada con implicaciones en el debate actual sobre los peligros de las drogas»], en el que afirmaba que los riesgos de la equitación, que se asocia a un evento adverso grave por cada 350 exposiciones, supe-raban los riesgos del éxtasis, que se asocia a un evento adverso grave por cada 10.000 exposiciones. Luego, ese mismo año, Nutt declaró que el alcohol era más peligroso que muchas drogas ilega-les, lo que llevó a que lo despidieran de su cargo en el Consejo Asesor del Gobierno.[9] Sin embargo, y a pesar de que tanto su afir-mación como el artículo «Equasy...» eran obviamente provocadores, ambos hacían justo lo que tenían que hacer: usar pruebas científi-cas para asesorar acerca de las políticas en relación con el riesgo de las drogas recreativas.

Quizá veas con cierto escepticismo la provocadora afirmación de Nutt, como el entonces ministro del Interior. En mi entorno, me he encontrado con muchas personas que suelen montar a caballo y con-sumen éxtasis, o ambas cosas (aunque no simultáneamente). Los da-tos con que cuento, personales y parciales, coinciden claramente con la conclusión de David. Aún no he conocido a nadie que haya sufrido daños graves por el consumo de éxtasis ni que conozca a alguien que lo haya hecho (algo que no resulta sorprendente, dado lo infrecuentes que son). Por el contrario, no es una exageración decir que todas las personas a las que conozco que montan a caballo con regularidad o bien han sufrido lesiones graves, o bien conocen a alguien que lo ha hecho. Lo cierto es que el dolor crónico del que hablaba en el capítulo 1 apareció durante el periodo en el que montaba a caballo con asiduidad. Me rompí el pie en 2005 y, desde entonces, he necesitado varias intervenciones quirúrgicas y tratamientos médicos.

Sin embargo, casi ninguno de los datos acerca de los daños relativos como consecuencia del consumo de las drogas legales e ilegales ha repercutido sobre las políticas de salud pública. En el Reino Unido, la posesión de cannabis se castiga con hasta cinco años de prisión, mientras que la de LSD, hongos alucinógenos o MDMA se pena con hasta siete (la de alcohol, con ninguno.) Ahora, la ley británica prohíbe específicamente las sustancias psicoactivas, a las que define así:

Sustancia psicoactiva: toda sustancia que cause alucinaciones, somnolencia o cambios en el nivel de vigilia, de la percepción del espacio y el tiempo, del estado de ánimo o de la empatía hacia los demás.

Vuelve a leer esta definición de sustancia psicoactiva. ¿Crees que incluye al chocolate, por ejemplo? Pues sí, porque el consumo de chocolate induce cambios en el nivel de vigilia. ¿El tabaco? Por supuesto. Tal y como queda claro en otros capítulos del libro, el término *sustancia psicoactiva* incluye casi todo lo que nos metemos en el cuerpo (comida, agua, cafeína, etc.). Para sortear este escollo, la ley británica ha tenido que incluir una exención legal especial para *sustancias legales*, como la comida y el alcohol, a fin de evitar que quedaran automáticamente prohibidas tras la promulgación de la ley.

Por cierto, esta ley se promulgó porque, en la década de 2000, los llamados «colocones legales» se convirtieron en sustitutos populares de las drogas recreativas ilegales. Y eso no era necesariamente malo: por ejemplo, la mefedrona (o miau, como hemos visto en el capítulo 4) se consumía como sustituta habitual de la cocaína o las anfetaminas, lo que se estima que evitó trescientas muertes;[10] sin embargo, tras su prohibición, las muertes por consumo de cocaína han alcanzado las cotas más altas de toda su historia.[11] Por lo tanto, podría ser que ilegalizar una droga más segura haya causado más daños.

Tal y como sucede en muchos otros países, el castigo por consumir las drogas que el Gobierno ha decidido ilegalizar afecta de manera desigual a los miembros de la sociedad. En el Reino Unido, es seis veces más probable que se registre a una persona de color en busca de drogas, a pesar de que consumen la mitad de drogas ilegales que las personas blancas.[12] Cuando, tras un registro, se descubre que una persona blanca lleva drogas encima, la probabilidad de que la dejen marchar con una amonestación es el doble que si fuera negra. En la actualidad, siguen siendo ilegales las drogas más seguras según el estudio de David Nutt (las psicodélicas), lo que tiene un elevado coste económico y social.

Las normas no son iguales en todas partes. En Estados Unidos, entre otros países, el cannabis cada vez está menos criminalizado, si es que no es legal. Además de los diversos beneficios económicos y sociales, esto ha supuesto un cambio positivo para las personas cuyo bienestar aumenta con su consumo, lo que también promueve la salud mental. Además, el cannabis es una alternativa al alcohol, algo útil en términos de reducción del daño. No obstante, legalizar el cannabis también supone riesgos potenciales, aunque, según indican los datos de Nutt, menos que los derivados del alcohol. El cannabis funciona porque las sustancias químicas que lo componen se ligan a los receptores de endocannabinoides del cerebro, como los neurotransmisores que intervienen en la respuesta del placer y en algunos puntos calientes del cerebro (véase el capítulo 1). Sin embargo, al igual que sucede con el alcohol, los efectos a corto y largo plazo del cannabis resultan perjudiciales para algunas personas;[13] por ejemplo, la incidencia de episodios psicóticos entre quienes consumen cannabis es superior que entre quienes no lo hacen.[14] Las causas de esta asociación son complejas y parece que el riesgo depende de la dosis: cuanto mayor sea la frecuencia con la que se consume cannabis, mayor es el riesgo de sufrir brotes psicóticos. Un metanálisis (un estudio que integra las conclusiones de varios estudios) no halló relación entre el uso de cannabis a lo largo de la vida y el riesgo de desarrollar psicosis, excepto cuando las personas cumplían los criterios de dependencia de cannabis o abuso de este.[15] Esto refleja las conclusiones de otros estudios en los que haber consumido cannabis en algún momento de la vida no aumentaba el riesgo de psicosis, como sí sucedía en caso de sufrir un trastorno por abuso de cannabis.[16] No obstante, cabe señalar que las personas con predisposición a la psicosis también podrían estar más predispuestas a consumir cannabis. Es lo que se conoce como explicación de «causalidad inversa», que corroboran estudios genéticos que demuestran que el riesgo genético de esquizofrenia se correlaciona con el riesgo genético de trastorno por abuso de cannabis y que, aunque la relación causal es bidireccional, la dirección más potente es la de [riesgo de esquizofrenia] → [uso de cannabis], no al contrario.[17] De todos modos, incluso aunque la causalidad inversa explicara la asociación en parte, entender por qué sucede (además de a quién) es fundamental a la hora de evaluar el fármaco y, quizá, garantizar una transición segura de sustancia ilegal a sustancia legal.

Como el cannabis es ilegal en casi todo el mundo, o al menos lo ha sido hasta hace muy poco, sus ingredientes no están bien regulados y ni siquiera se entienden del todo. Mientras que basta con leer la etiqueta de una botella de vino para saber cuánto alcohol estamos a punto de tomar y de qué uvas se ha extraído, cuando fumamos un porro no solemos tener ni idea de qué dosis de cannabis estamos consumiendo. Este desconocimiento es peligroso para la salud pública, porque cada vez hay más pruebas sobre la importancia de las sustancias que componen el cannabis. Cada ingrediente, así como su proporción, tiene unas consecuencias muy distintas para la salud mental. En algunos casos, ayudan a la recuperación de trastornos mentales, mientras que en otros empeoran en gran medida la salud mental debido a la adicción o a experiencias psicóticas.

Los primeros en detectar la variabilidad de los ingredientes del cannabis fueron los investigadores que llevan años analizando la potencia del que se vende en la calle. El cannabis contiene más de 140 cannabinoides únicos, cuyos niveles varían dependiendo del tipo de cannabis. El más célebre es el △9-tetrahidrocannabinol (THC), el ingrediente que nos coloca. Sin embargo, hay otro componente del cannabis que hace poco se ha vuelto casi tan famoso como el THC: el cannabidiol (CBD). Se pueden comprar suplementos de CBD en línea, en tiendas y, en algunas ciudades, literalmente en cualquier sitio. El CBD es objeto de muchas afirmaciones infundadas; en ocasiones lo venden como una especie de curalotodo para dolencias físicas y mentales. Por mi parte, me centraré en un aspecto específico del cannabidiol: es posible que ejerza un efecto opuesto al del THC sobre la salud mental. Mientras que el THC induce estados semejantes a la psicosis (delirios, paranoia, etc.), el cannabidiol tiene propiedades antipsicóticas:[18] en proporciones altas, reduce las experiencias semejantes a la psicosis que causa el THC.[19] Esto también ocurre a largo plazo. Cuando los investigadores recogieron muestras de cabello de 140 personas con un pasado diverso de consumo de drogas, aquellas cuyo cabello contenía niveles superiores de THC (lo que reflejaba un consumo elevado de cannabis) presentaron un índice más alto de síntomas psicóticos mientras estaban sobrias (alucinaciones y delirios) en comparación tanto con quienes tenían niveles elevados de THC y de cannabidiol como con quienes no los tenían.[20] Esto da a entender que el consumo de THC podría estar relacionado con las experiencias psicóticas y que el cannabidiol podría proteger de las experiencias psicóticas.[21]

Los elementos constituyentes del cannabis que se vende en la calle han ido cambiando con los años: el que se fuma hoy es muy distinto al que fumaban las generaciones anteriores. Hace varias décadas, el cannabis que se consumía en la calle procedía en gran parte de cepas en las que predominaba el CBD, mientras que ahora la mayoría de las cepas son ricas en THC. Esto puede repercutir en la salud mental de los consumidores tanto en términos de experiencias semejantes a la psicosis como de dependencia. En un ensayo clínico que Tom Freeman y Val Curran llevaron a cabo hace poco en el University College de Londres, administrar dosis de cannabidiol ayudó a reducir la dependencia del cannabis a personas dependientes.[22] Por lo tanto, podría ser que, además de proteger de las experiencias psicóticas inducidas por el THC, el cannabidiol también reduzca la dependencia del THC.

Esto no significa que las múltiples afirmaciones positivas en relación con el cannabidiol estén justificadas. La cantidad de cannabidiol que contienen la mayoría de las preparaciones que se venden sin receta es significativamente inferior a la que Tom Freeman y Val Curran administraron en su experimento, y este no siempre aporta beneficios para la salud a dosis tan bajas. Sin embargo, sí que demuestra la complejidad de cualquier relación aparente entre una droga y la salud mental, porque los distintos elementos de una misma droga pueden tener efectos contrarios sobre la salud mental.

El cannabis y el alcohol tienen muchas cosas en común. Para algunas personas, los dos se asocian al placer a corto plazo y es posible que determinados aspectos de estos sean incluso beneficiosos para la salud mental a largo plazo. Sin embargo, también se corre un riesgo importante con ambos. En el caso del alcohol, décadas de consumo legal han permitido entender bien cuáles son los límites del consumo seguro y del peligroso, los patrones de consumo y los ingredientes del producto. A la investigación sobre el cannabis aún le queda mucho camino por delante para equipararse con la del alcohol en estos aspectos. Las acciones opuestas del THC y del cannabidiol en lo referente a las experiencias psicóticas y la dependencia del cannabis apuntan a una relación tan compleja como mal entendida entre el cannabis y la salud mental y demuestran que, a veces, una misma sustancia (como el cannabis) supone tanto una causa como una cura para la mala salud mental. Y, sin duda, nos dice que es crucial para la salud de la población que las políticas sobre el consumo de drogas tengan en cuenta todos estos matices.

LA NEUROCIENCIA DE LAS SUSTANCIAS PSICODÉLICAS

Las sustancias psicodélicas ocupan las posiciones inferiores de la tabla de David Nutt que clasificaba la peligrosidad de cada tipo de droga, es decir, se asocian a poco riesgo de daño o ninguno para quien las consume o para terceros. Son populares como drogas recreativas y no conllevan el riesgo de adicción o sobredosis que sí tienen la cocaína o los opioides. Habituarse al consumo compulsivo de las drogas psicodélicas es imposible, porque tomarlas en múltiples ocasiones a lo largo de un periodo de tiempo breve reduce drásticamente su efecto: al cabo de unos cuantos intentos, no se siente nada, por lo que no hay nada a lo que engancharse. Debemos el término *psicodélico* al psiquiatra británico Humphry Osmond, que lo acuñó en 1956 (a partir del griego Ψύχή, 'psique', 'mente', y δήλειν, 'manifestar'). No obstante, el uso de sustancias psicodélicas en ceremonias religiosas y culturales de todo el mundo se remonta a mucho antes, posiblemente a ocho mil años atrás, como demuestran pinturas rupestres halladas en el desierto del Sáhara en el sureste de Argelia, que muestran especies de hongos alucinógenos locales.[23]

He probado una droga psicodélica, la psilocibina, la sustancia que contienen los hongos alucinógenos, legal en aquel entonces y aún hoy en muchos lugares. La psilocibina se liga a los receptores de serotonina, el mismo sistema neuroquímico que usan la mayoría de los antidepresivos. Sin embargo, la psilocibina activa una familia de receptores de serotonina distinta a la de los ISRS y tiene unos efectos muy diferentes: no se asemejan en absoluto al sutil cambio en el sesgo emocional que producen los antidepresivos. En todas las descripciones personales del consumo de sustancias psicodélicas hay determinados clichés: la sensación de conexión con la naturaleza, la experiencia de ser uno con el mundo y, quizá, una mayor comprensión de uno mismo. Por lo tanto, no te aburriré con la nada original descripción de mi experiencia con el consumo de estas drogas: fue como cualquier otra y sentí todo lo que acabo de mencionar durante unas horas.

A dosis más bajas, la mayoría de las personas no alucinan ni sienten nada muy raro; por lo general, son capaces de autocontrolarse más que el universitario promedio en una noche de fiesta. Para mí, lo más interesante de las sustancias psicodélicas no es tanto lo que sucede en el momento de consumirlas (a pesar de lo que afirmen algunos aficionados cuando nos cuentan las revelaciones a las que han accedido gracias a estas drogas) como lo que sucede después. Mi propia experiencia es un ejemplo de ello. Durante los meses posteriores a mi única toma de psilocibina volví a experimentar brevemente algunos detalles de lo que había sentido en aquel momento. No me refiero al colocón, sino a la intensificación sutil de una sensación muy específica, la del asombro, en concreto el que causa el cielo (el cual siempre he sentido en cierta medida, de todos modos). Bajo el efecto de la psilocibina, la sensación de asombro se intensificó hasta convertirse en una experiencia plenamente corpórea mientras miraba el cielo, y no desapareció del todo hasta pasados seis meses. La sentía la mayoría de los días cuando volvía a casa en bicicleta desde el trabajo y admiraba el inmenso cielo del norte de Londres, un pequeño fragmento de la profunda conexión con el cielo inducida químicamente que había sentido antes. Fue un cambio pequeño, aunque se repetía a diario y, sin duda, bastaba para que mi pedalada bajo el cielo nuboso pareciera menos gris y menos deprimente. Era magnífico aunque desconcertante. ¿Cómo era posible que una sola experiencia con psilocibina cambiara cómo veía el cielo durante un periodo de tiempo tan prolongado? ¿Por qué había sucedido y por qué acabó desapareciendo?

Las sustancias psicodélicas han influido considerablemente sobre la investigación en salud mental de los últimos años, y lo han hecho de dos formas. En primer lugar, se las ha presentado como un posible tratamiento para enfermedades mentales, como la depresión. Los periódicos y los libros de ciencia divulgativa han prestado gran atención a esta línea de investigación, con frecuencia antes de que hubiese resultados científicos definitivos (y en ocasiones obviando los riesgos clínicos). Sin embargo, las sustancias psicodélicas también influyen de modo indirecto sobre la salud mental. Estas tienen cosas en común con otros fármacos para la salud mental, aunque también son muy distintas en muchos aspectos a otros tratamientos (farmacológicos). Por eso, también revelan la posibilidad de actuar de una manera distinta sobre el cerebro para mejorar la salud mental.

Hasta hace poco era muy raro que se presentaran estudios acerca de sustancias psicodélicas en congresos sobre neurociencia, pues había un escepticismo generalizado entre la comunidad científica respecto a su utilidad (en comparación con los fármacos desarrollados por empresas farmacéuticas). Sin embargo, y a pesar de las continuas dificultades logísticas que plantea la investigación con sustancias psicodélicas, durante los últimos diez años, la neurociencia ha experimentado una segunda revolución en este campo.

Digo «segunda» porque la primera ocurrió mucho antes. Durante las décadas de 1950 y 1960, se llevaron a cabo multitud de estudios de investigación acerca de las sustancias psicodélicas, estudios que revelaron su farmacología, efectos secundarios, perjuicios y posibles beneficios. Esta revolución duró aproximadamente diez años, pero se detuvo en la década de 1970, cuando tanto la opinión científica como la pública acerca de las sustancias psicodélicas se volvió cada vez más negativa: el entusiasmo (y la financiación) de las farmacéuticas se desvaneció, los ensayos clínicos sobre drogas y fármacos se regularon más y eran más difíciles de llevar a cabo (tras el desastre de la talidomida) y las sustancias psicodélicas se ilegalizaron.[24] Cuando la sociedad comenzó a dar la espalda a las sustancias psicodélicas, los científicos orientaron su trabajo sobre farmacología a otras sustancias (además, cada vez era más difícil adquirir las drogas necesarias para investigar sobre sus efectos psicodélicos. Incluso hoy es tediosamente difícil obtener la autorización del Gobierno para llevar a cabo estudios sobre sustancias psicodélicas).

En la década de 2000, varios estudios reavivaron el interés que despertaban las sustancias psicodélicas y hubo investigadores que se empezaron a plantear si, quizá, se habían precipitado al rechazar estas drogas (no todos los científicos piensan así, algunos creen que el abandono de su investigación estuvo justificado, pues los primeros ensayos no fueron tan positivos como se esperaba).[25] Sin embargo, la recuperación de esta línea de investigación en el siglo XXI produjo estudios que concluían que las sustancias psicodélicas eran más seguras de lo que se había pensado hasta entonces. Al mismo tiempo, estos estudios mostraban que podrían mejorar la salud mental, que se estaba empezando a convertir en uno de los principales problemas de salud en todo el mundo. En la actualidad hay muchos investigadores de sustancias psicodélicas, expertos en distintos tipos de neurociencia (neurociencia computacional, diagnóstico por imagen, ensayos clínicos), que usan estas técnicas para entender mejor su acción y si ayudarían a personas que sufren ciertos trastornos mentales. Es una época emocionante para las drogas preferidas de los *hippies*.

Uno de los primeros estudios de esta nueva ciencia de la psicodelia se llevó a cabo en la Universidad Johns Hopkins. En un entorno relajante, se administró psilocibina a un numeroso grupo de personas que nunca habían consumido alucinógenos: pasaron un día escuchando música y mirando *hacia dentro*. Al cabo de un año, más de la mitad de los voluntarios puntuaron esta experiencia como una de las cinco más significativas en lo personal y una de las cinco más significativas en lo espiritual de toda su vida y la equipararon a eventos como el nacimiento de su primer hijo.[26, 27] Es extraordinario. A lo largo de varios años he llevado a cabo experimentos con cientos de personas con distintas drogas (aunque nunca psicodélicas), además de estimulación cerebral y psicoterapia, y nadie me ha dicho nunca que participar en alguno de ellos haya sido la experiencia más significativa de su vida, ni siquiera me incluyen entre las diez primeras.

Aún más destacable en lo que a los voluntarios de este experimento se refiere es que la sensación no desapareció. Catorce meses después, las puntuaciones que otorgaban a la importancia espiritual no habían disminuido de modo significativo y la mayoría refirieron que su bienestar, o satisfacción con la vida (eudaimonia), había aumentado moderadamente o mucho. Fue una única experiencia en un solo día y, sin embargo, más de un año después seguía siendo importante para los voluntarios y había influido a largo plazo en su salud mental subjetiva.

Quizá disponer de un tan necesario día de relajación e introspección fuera suficiente. De hecho, mucha gente acude a retiros en los que no se consumen drogas y disfrutan de beneficios duraderos sobre su salud mental. O tal vez estas repercusiones positivas se den siempre que se toma cualquier droga con efectos agradables potentes. Por eso, en la condición de comparación, los científicos compararon el día relajante de psilocibina con un día relajante de metilfenidato, un estimulante al que también se conoce por su nombre comercial, Ritalin, y midieron lo significativa que resultó la experiencia. El día fue agradable y los voluntarios dijeron que la experiencia había sido significativa, pero nadie la clasificó entre las cinco más significativas de su vida, ya fuera personal o espiritualmente hablando.[28, 29] El Ritalin no produce los mismos efectos a largo plazo que la psilocibina.

Muchas drogas recreativas mejoran el bienestar a corto plazo, por eso las toma la gente. Este efecto inmediato es distinto al de la mayoría de los antidepresivos habituales, que necesitan bastante tiempo antes de repercutir en el bienestar, tal y como hemos visto. A diferencia de los subidones a corto plazo de otras drogas recreativas, las experiencias significativas que causa la psilocibina indican que esta influye sobre el bienestar mental, además de aportar relajación general y otras sensaciones placenteras a corto plazo. Aunque esto fuera cierto, esta propiedad tan interesante no tiene por qué significar que la psilocibina sea útil como tratamiento de salud mental. Habría que poner a prueba la hipótesis en ensayos clínicos diseñados específicamente para evaluar los síntomas de salud mental. Ya se han llevado a cabo varios de estos estudios en todo el mundo, y se sigue haciendo.

En 2014, el neurocientífico Robin Carhart-Harris presentó un estudio en la reunión de nuestro grupo clínico local en Londres para recabar la opinión de otros médicos e investigadores antes de llevar a cabo un ensayo clínico con pacientes con depresión. Estábamos en una sala grande abarrotada en el University College de Londres. Era pronto, quizá las ocho de la mañana. Todos intentábamos acabar de despertarnos a base de café mientras esperábamos con impaciencia que nos llegara la bandeja cargada de minicruasanes. Cuando Robin comenzó a hablar, todo el mundo se despertó de golpe: no era un estudio típico.

Robin y su equipo, uno de cuyos miembros era David Nutt, el director del centro donde se iba a llevar a cabo el estudio, proponían administrar psilocibina a un grupo reducido de pacientes. Se trataba de personas con una depresión bastante grave que se había mostrado resistente ante otros tratamientos más convencionales. Esto nunca se había hecho en un ensayo clínico sistemático. La sala se llenó de animación (probablemente con una pizca de escepticismo también). Doce pacientes iban a recibir dos dosis de psilocibina con siete días de separación y, luego, los investigadores seguirían su estado de ánimo durante los tres meses siguientes. Todo esto iba a suceder en un entorno muy poco habitual en la investigación científica: una sala decorada con iluminación suave y altavoces y auriculares estéreo de alta calidad. Unos años después (la paciencia es una cualidad imprescindible para todo el que se quiera dedicar a la investigación), tuve la suerte de asistir también a la presentación de los resultados: los síntomas depresivos de los doce pacientes se habían reducido tras una semana y, para la mayoría de ellos, ese alivio había durado tres meses. Es más, a los tres meses, cinco de ellos seguían en remisión completa: ni rastro de depresión.[30] Aunque se trataba de resultados preliminares en ese momento, un estudio posterior, más amplio y mejor controlado, concluyó que la psilocibina era tan eficaz como el escitalopram, un ISRS habitual.[31]

La manera en que la psilocibina mejora la salud mental aún no está clara, al menos en mi opinión. Cuando los investigadores usaron PET para medir la actividad cerebral bajo el efecto de la psilocibina y sin él, vieron que esta aumentaba la actividad global del cerebro, esto es, en todas las áreas.[32] Durante mucho tiempo se asumió que esta sencilla explicación aclaraba cómo afecta esta droga al cerebro. (En mi caso, no tengo claro qué significa exactamente un aumento de la actividad global del cerebro.) Más desconcertante resulta que, cuando estudios más recientes midieron los efectos de la psilocibina con RMf, se vio que esta reducía la actividad cerebral, sobre todo en áreas que presentan una actividad elevada en descanso en condiciones normales.[33] A primera vista parece contradictorio que, dependiendo de cómo se mida, la actividad cerebral haga cosas muy distintas bajo el efecto de la droga. Sin embargo, recuerda que los aumentos y las reducciones no se miden directamente en las neuronas, sino indirectamente a través de los disparos de estas: las PET y las RMf miden cosas distintas, lo que, en teoría, da lugar a resultados contradictorios. Una de esas diferencias está en las escalas temporales: las PET miden el metabolismo de glucosa a lo largo de un periodo de tiempo prolongado, mientras que las RMf miden cambios a corto plazo, es decir, inmediatamente después de que los efectos subjetivos de la psilocibina se empiecen a hacer notar. Por lo tanto, ambos resultados serían ciertos: a corto plazo, la psilocibina reduce la actividad en las áreas cerebrales que suelen estar activas durante el descanso; a largo plazo, esto aumenta la actividad global del cerebro.[34] De todos modos, esto tampoco explica cómo influye este cambio en la actividad cerebral global. Por ejemplo: ¿la psilocibina cambia cómo procesamos las emociones, las recompensas o los recuerdos en el cerebro? De ser así, ¿cómo?, ¿y durante cuánto tiempo? Estudios recientes están empezando a analizar estas cuestiones,[35] aunque aún son muchas las preguntas sin respuesta, lo que significa que todavía no entendemos del todo cómo funciona la psilocibina (suponiendo que lo haga) ni hasta qué punto su mecanismo de acción es parecido al de tratamientos ya existentes.

Si creemos lo que dicen los estudios que muestran repercusiones significativas de la psilocibina sobre la salud mental, si creemos que se trata de un método que merece la pena aprovechar para mejorar la calidad de vida de personas con trastornos mentales, como la depresión, es urgente que determinemos cómo funciona, porque eso nos informaría acerca de cuándo sería eficaz y a quién ayudaría. Esto sería muy útil para muchas personas que no encuentran alivio en los antidepresivos, ya que estos tratamientos alternativos les ofrecerían otra posibilidad de recuperarse, al menos a algunas de ellas. Es posible que los efectos psicológicos de la psilocibina sean muy distintos a los de los antidepresivos: un estudio concluyó que esta aumentaba las respuestas de la amígdala ante los estímulos emocionales, justo lo contrario de lo que se espera de un fármaco antidepresivo típico.[36]

LA CARA B DE LA MAGIA

Quizá hayas oído que los defensores de la psilocibina la presentan (o a las sustancias psicodélicas en general, o al LSD, o incluso al éxtasis) como el futuro de la psicofarmacología. Hay quien afirma que carecen de los efectos secundarios que son motivo de preocupación con los psicofármacos más típicos. Por desgracia, no es así. La psilocibina no fue una experiencia universalmente positiva ni siquiera en la pequeña muestra del estudio de Robin Carhart-Harris para la depresión en 2014. Todos los pacientes experimentaron efectos secundarios negativos transitorios durante las sesiones: ansiedad, cefalea y náuseas. Más tarde he conocido a psicólogos clínicos que han tratado a personas con angustia u otros síntomas de salud mental que, en su opinión, eran resultado de la administración de psilocibina en estudios de investigación. Esto no le resta importancia al estudio (ni refuta el daño relativo de las sustancias psicodélicas en comparación con el de otras drogas recreativas legales), pero sí que significa que la psilocibina no es inofensiva y que los investigadores clínicos han de tener muy en cuenta los riesgos que entraña. No creo que sea necesario que las sustancias psicodélicas carezcan de efectos secundarios para ser un tratamiento potencialmente transformador, pues casi todos los tratamientos médicos los tienen, con frecuencia muy alarmantes. Lo que sí me preocupa es que el campo necesita con urgencia un enfoque renovado en estudios que midan cuidadosa y sistemáticamente los inconvenientes de las sustancias psicodélicas, incluyendo daños a largo plazo, como los que han referido algunos pacientes. Desde el punto de vista de la población general, tenemos que templar las expectativas en consonancia con las pruebas de que disponemos: las sustancias psicodélicas no son una solución mágica. En el futuro, una vez conozcamos mejor los daños, tanto investigadores como médicos podrán modificar los enfoques de tratamiento y, quizá, recomendar que ciertas poblaciones de pacientes eviten los psicodélicos.

Otra advertencia acerca de la revolución psicodélica en la salud mental. Muchos estudios sobre sustancias psicodélicas son de etiqueta abierta, lo que significa que no son ciegos: los pacientes saben cuándo reciben psilocibina, y esto es un problema, dada la potencia del efecto placebo en la salud mental. Quizá pienses que administrar un placebo es absurdo en el contexto de una sustancia psicodélica, pues los participantes sabrían cuándo se les ha dado y cuándo no. Suele ser así en los estudios de investigación y es muy posible que el mejor grupo de control sea otra droga euforizante, como las anfetaminas. De todos modos, los placebos típicos tampoco son inútiles: los placebos inactivos inducen fenómenos psicodélicos en algunas personas. Un artículo sobre este tema tiene el maravilloso título de «Tripping on nothing»[37] («Colocarse con nada»). En este estudio se administró a treinta y tres participantes una droga que se les dijo que tendría el mismo efecto que la psilocibina, en un contexto grupal intensificado por un entorno típicamente psicodélico (música, cuadros y luces de colores). Los investigadores midieron los efectos psicodélicos típicos: felicidad, sensación de haber salido del cuerpo, sensación de unidad, etc. Los investigadores también pidieron a los participantes que llevaran a cabo las actividades que se suelen usar en los estudios sobre sustancias psicodélicas, como dibujar. Para intensificar aún más el efecto placebo, los científicos usaron infiltrados, como en los antiguos experimentos sobre la adrenalina: personas que conocían el propósito del estudio y que fingieron estar bajo los efectos de una droga psicodélica.

¿Estás leyendo esto con una sonrisa de satisfacción, convencido de que a ti nunca te podrían engañar para que creyeras estar bajo el efecto de una droga psicodélica? Lo más probable es que te equivoques. El treinta y nueve por ciento de los participantes refirieron que no habían notado ningún efecto del placebo psicodélico. La mayoría de ellos (el sesenta y uno por ciento) informaron de algún efecto de la droga. Algunos de los voluntarios presentaron efectos tan significativos como los que cabría esperar de una dosis razonable de hongos alucinógenos. Uno dijo que mientras estaba colocado:

No noté nada hasta que empezamos a dibujar. Entonces, todo se desplazó un poco y creo que me empezó a doler la cabeza un poco... me quedé como sin energía... Era como la sensación de hundirme, como si la gravedad tirara de mí con fuerza... sobre todo en la cabeza. Específicamente, en la nuca.

Otro describió la experiencia así:

No sentí nada hasta que vi eso [un cuadro]. Se movía. No es que los colores cambiaran, es que se movía. Cambiaba de forma solo.

Aún otros reportaron sentirse relajados, como si la droga actuara «en oleadas», y una intensificación sensorial, como sonidos y colores más vivos, náuseas durante toda la duración del estudio, cefaleas leves o cambios en la percepción del tiempo. En un caso, incluso cuando se informó a una de las participantes de que el fármaco no contenía sustancias psicodélicas, esta afirmó que estaba «segura» de que había tomado una sustancia psicodélica y preguntó dónde podía conseguir el placebo.

Esto significa que es esencial contar con el control del placebo. En los estudios sin placebo, que con frecuencia cuentan con el resto de los elementos intensificadores (iluminación, música, dibujos...), resulta imposible saber hasta qué punto los efectos de la psilocibina sobre la salud mental se deben directamente al efecto placebo. Siendo optimista, a medida que se publiquen estudios más amplios e, idealmente, se entienda mejor a quién beneficia (y a quién perjudica), la psilocibina podría ser una nueva clase clave de fármaco para el tratamiento de la salud mental en algunas personas. Solo falta saber quiénes son esas personas.

Que la psilocibina sea un tratamiento eficaz para la mayoría de las personas con depresión o resulte útil cuando hay otros trastornos de salud mental es aún objeto de debate. Faltan estudios amplios y bien controlados, aunque los más pequeños parecen prometedores. De todos modos, incluso aunque tuviéramos clara su eficacia clínica, la psilocibina presenta diferencias importantes respecto a cómo altera el cerebro en comparación con los antidepresivos (a pesar de que actúa sobre el mismo sistema químico general, lo hace de un modo muy distinto), lo que significa que hay otras maneras de modificar lo que creemos acerca del mundo y lo que esperamos que pase, además de los cambios sutiles que suscitan los antidepresivos.

La psilocibina (y potencialmente otras sustancias psicodélicas, como el LSD) podría alterar en mayor medida lo que esperamos del mundo que las percepciones de bajo nivel proporcionadas por los ISRS. Algunos estudios han concluido que las sustancias psicodélicas provocan una «sobrecarga sensorial» que aumenta la entrada de información impredecible[38, 39] al tiempo que relajan las limitaciones que nos imponemos relacionadas con nuestras creencias respecto al mundo, según un modelo planteado por Carhart-Harris y Karl Friston.[40] Indican que las sustancias psicodélicas debilitan la seguridad en creencias que se han vuelto desadaptativas en el contexto actual; por ejemplo, en la depresión, la certeza de que el mundo es un lugar decepcionante. Este mecanismo es distinto al cambio perceptual de bajo nivel que causan los antidepresivos. Sin embargo, esto no solo sucede en los tratamientos existentes en salud mental. De hecho, creo que tiene elementos en común con algunas formas de psicoterapia cuyo objetivo también es alterar las convicciones inflexibles acerca del mundo (cuando las creencias se han convertido en un problema para la persona). Estudios recientes indican que la psilocibina aumenta la flexibilidad cognitiva, esto es, la capacidad de adaptar la conducta a los cambios en el entorno, un efecto que se prolonga durante cuatro semanas tras la administración de la droga.[41] Quizá eso explique por qué gran parte de los estudios más recientes sobre las sustancias psicodélicas las examinan en el contexto de la psicoterapia: cuestionar creencias desadaptativas inflexibles en terapia resultaría más fácil con la ayuda de sustancias que aumentan tanto la sensibilidad ante la nueva información acerca del mundo como la flexibilidad ante las situaciones cambiantes.

Los investigadores que estudian la psicoterapia y los que estudian la farmacoterapia acostumbran a trabajar por separado y a considerar sus técnicas la clave para la recuperación en los trastornos de salud mental, y algunos creen incluso que los unos tienen poco o nada que aprender de los otros. Sin embargo, se trata de una dicotomía falsa. Aunque la farmacoterapia y la psicoterapia son distintas, tienen muchas cosas en común y pueden complementarse. Aplicadas a los trastornos de salud mental, ambas inciden en el cerebro tanto de maneras similares como diferentes. Los drásticos efectos de las sustancias psicodélicas parecen extraños y nuevos, pero, en realidad, podrían mejorar la salud mental a través de procesos similares a los que explican la eficacia de psicoterapias que también modifican las creencias y las expectativas acerca del mundo.

Capítulo 8

MODIFICAR EL CEREBRO CON PSICOTERAPIA

«Centraos en la respiración», dijo la instructora. Ahí estábamos, inmóviles como estatuas, intentando no mover ni un músculo durante treinta minutos. Era un taller de yoga de tres días de duración en Mánchester.

Periódicamente, la instructora dejaba caer algún comentario útil. «Dejad que los pensamientos pasen como nubes», decía. Casi al instante, los pensamientos me inundaban, como grandes pompas de jabón a punto de explotar. Oía sirenas a lo lejos, el motor de los coches en la calle, la tensa respiración de la abogada sentada junto a mí..., sentía que contaba los segundos que la separaban de salir corriendo hacia la ducha.

¿Alguna vez has intentado no moverte? Si te esfuerzas mucho, es una hazaña casi imposible. Solo sientes dolor de pies y tobillos, por la imposibilidad de moverlos, tensión en el cuello (darías lo que fuera por girar la cabeza), incomodidad al intentar mantener una quietud absoluta... Al cabo de unos quince minutos, dejas de sentir algunas partes del cuerpo, lo que es un alivio. Al final, pierdes toda noción de dónde están tus brazos en el espacio (esta sensación recibe el nombre de «pérdida de propiocepción» y también se consigue, por ejemplo, con una borrachera). Al cabo de treinta minutos se oscila entre la felicidad de no sentir nada y la desdicha de no poder aguantar ni un segundo más. Al menos eso es lo que me pasa a mí.

Si sueles meditar, es muy probable que ya te hayas dado cuenta de que esto de la meditación se me da regular, aunque me esfuerzo mucho (mala señal). Durante este taller, al que asistí en 2021, se me dio peor de lo normal porque la respiración ocupaba intrusivamente mis pensamientos. Por lo general, centrarse en la respiración relaja, pero en aquel momento solo me preocupaba la posibilidad de que alguno de los participantes del abarrotado estudio de yoga o yo misma tuviéramos covid-19.

Aunque muchas personas (entre las que me incluyo) intentan usar la meditación para mejorar su salud mental, lo cierto es que la meditación funciona mucho mejor cuando se empieza desde un estado bastante relajado. Justo cuando más la necesitas, justo cuando empiezas a pensar en una pandemia letal, justo entonces es cuando se vuelve más difícil.

Hace más de una década que practico yoga casi a diario. Me gusta mantener el equilibrio sobre una pierna, adoptar posturas extrañas y olvidarme de otras partes de mi vida mientras me concentro en una postura complicada. Sin embargo, por mucho que me esfuerce, meditar se me da fatal. De momento he descubierto que solo lo hago bien si estoy agotada físicamente. De otro modo, me esfuerzo demasiado y me resulta imposible.

CAMBIAR LA MENTE

El ser humano prueba maneras de mejorar su estado mental se encuentre en el rincón del mundo en el que se encuentre. Los objetivos de cada estrategia varían ligeramente y van desde la liberación del sufrimiento individual (el nirvana budista) hasta trabajar del modo más eficiente y concentrado posible (el nirvana capitalista). Algunas técnicas, como la terapia cognitivo-conductual (TCC), salvan vidas (por ejemplo, reducen en un sesenta por ciento los intentos de suicidio en soldados con un pasado de ideaciones o intentos suicidas).[1] Otras psicoterapias, como la terapia cognitiva basada en el *mindfulness* (MBCT, por sus siglas en inglés), basada en el yoga y la meditación budista, son bastante útiles para prevenir episodios depresivos en el futuro.

En la actualidad, las personas apenas entran en contacto con estas técnicas en ninguno de estos dos contextos (clínico o meditativo), sino a través de estrategias populares para mejorar el bienestar mental, desde la lectura de libros hasta la participación en cursos o la descarga de aplicaciones de autoayuda. La calidad y la eficacia de estas estrategias varía muchísimo. Por ejemplo, hay más de veinte mil aplicaciones digitales que prometen mejorar la salud mental, pero en la mayoría de los casos no se han llevado a cabo estudios de investigación concluyentes que evalúen si funcionan de verdad. Sin embargo, todas ellas aprovechan el constante esfuerzo humano de alcanzar la felicidad cambiando cómo pensamos.

Por su parte, las psicoterapias clínicas (así como la meditación y el yoga) se conocen bastante bien. *Psicoterapia* es un término paraguas que alude a muchas logoterapias, algunas individuales y otras en grupo o pareja; sin embargo, todas ellas tienen algo en común: el objetivo de mejorar el funcionamiento general de la persona ayudándola a reflexionar acerca de sus patrones cognitivos y conductuales y a modificar los que estén contribuyendo a su mala salud mental. Tal y como hemos visto en el capítulo 5, la expectativa de que funcione un tratamiento (ya sea farmacológico o psicológico), es decir, el efecto placebo, refuerza los resultados de dicho tratamiento. Sin embargo, evaluar el efecto placebo en los estudios sobre psicoterapia es prácticamente imposible. A diferencia de lo que ocurre en ensayos clínicos sobre medicamentos, en que se administra un placebo farmacológico, en psicoterapia no hay un placebo equivalente. Para compensarlo, los entornos clínicos acostumbran a ceñirse a tratamientos basados en la evidencia o terapias que han demostrado ser más eficaces que, por ejemplo, apuntarse a una lista de espera (aunque recuerda el capítulo 5) o sesiones de psicoeducación (un placebo mejor). Entre todos los tipos de psicoterapia basados en la evidencia, la primera con diferencia es la TCC, sobre todo en caso de depresión. Es la más estudiada y, en muchos lugares, la más aplicada; además, en algunos estudios comparativos, es la intervención psicológica más eficaz para los problemas de salud mental, sobre todo en caso de depresión o ansiedad[2] (de todos modos, hay que tener en cuenta que hay estudios comparativos que lo refutan y muestran una comparabilidad relativa entre las técnicas psicoterapéuticas).[3, 4]

Las raíces de la TCC se remontan a dos teorías básicas (y en un principio supuestamente opuestas) acerca del funcionamiento de la mente: el conductismo y el cognitivismo. Según los conductistas, nuestras conductas son el resultado del condicionamiento por experiencias: si obtenemos un resultado positivo o recompensa al hacer algo, lo repetiremos; si obtenemos un resultado negativo al hacer algo, haremos todo lo posible por evitar esa conducta en el futuro. El condicionamiento ejerce una influencia enorme sobre la conducta. Muchos niños tocan antes o después un cazo caliente puesto al fuego, y es la primera y la última vez que lo hacen. Todos hemos sufrido vómitos en alguna ocasión y luego hemos evitado lo que sea que hubiéramos comido antes de encontrarnos mal. Para explicar la mala salud mental, un conductista atribuiría, por ejemplo, la evitación extrema de situaciones sociales de un paciente a experiencias negativas en entornos sociales similares. El conductismo ha influido sobremanera en la neurociencia de la salud mental. De hecho, reconocerás muchos de los elementos de esta explicación a lo largo del libro. En gran parte, los experimentos con animales y humanos consisten en medir la conducta (y los correlatos cerebrales de la conducta) en contextos relacionados con la salud mental, por lo que las explicaciones que surgen aluden a procesos conductuales de modo natural. En el capítulo 4 vimos las ventajas de hacerlo así: la conducta es una medida objetiva que nos da información importante acerca del estado mental presente y pasado de la persona. Sin embargo, hay ocasiones en que la conducta no basta para inferir el estado mental.

El conductismo puro rechaza la importancia de todo lo que no sea observable, como el estado mental. Esto significa que las estrategias conductistas pueden medir las acciones derivadas de estados mentales concretos, pero que, al mismo tiempo, el conductismo en sí desdeña los pensamientos que motivan dichas acciones. El problema es que procesos cognitivos muy distintos pueden motivar conductas idénticas, por lo que es imposible inferir el estado cognitivo de alguien solo a partir de la conducta manifiesta. Por el contrario, el cognitivismo reconoce que un amplio abanico de procesos cognitivos distintos puede inspirar las mismas acciones y, por eso, intenta describir y explicar los diversos procesos cognitivos (percepción, memoria, emoción, etc.) que elaboran nuestras experiencias mentales e influyen en la conducta. Si lo único que supiéramos de alguien es que evita las reuniones sociales, como conductistas pensaríamos que esa persona ha tenido experiencias desagradables y estresantes en situaciones sociales que la han condicionado a evitarlas. Sin embargo, podría ser que evitase las situaciones sociales solo por la ansiedad que le causa pensar en la posibilidad de que le suceda algo malo, aunque aún no le haya pasado nunca (o por el miedo a contagiarse de una enfermedad, o por la preocupación que le causa dejar su vivienda vacía, o por cualquier otra idea que dé lugar a la misma conducta de evitación). Para un científico cognitivo, entender los procesos cognitivos que motivan la conducta permite diferenciar entre las causas posibles y es clave a la hora de determinar cómo reducir la conducta evitativa desadaptativa de una persona concreta.

A pesar de que el conductismo y el cognitivismo conceptualizan la mente de maneras muy distintas, la relación entre ellos es evidente. El aprendizaje condicionado a partir de las experiencias en el mundo que nos rodea influye en el estado mental porque afecta a los procesos cognitivos; y los procesos cognitivos, como la atención y el estado emocional, afectan a qué aprendemos del mundo, de modo que influyen en la conducta.

En las sesiones de TCC, el terapeuta ayuda al paciente a identificar patrones conductuales desadaptativos (como evitar reuniones sociales) y cogniciones desadaptativas (como pensar que todo el mundo nos critica). El terapeuta cognitivo-conductual abordará ambos procesos y, por ejemplo, es posible que, en algún momento, anime al paciente a que empiece a asistir a reuniones sociales poco numerosas y no demasiado importantes (una estrategia conductista: terapia de exposición), así como a que, en algún otro momento, cuestione la idea de que todo el mundo lo critica ayudándolo a encontrar pruebas que demuestren que la mayoría de las personas no lo hacen (una estrategia cognitiva). Existen múltiples variaciones de TCC para todo tipo de problemas de salud mental, como los trastornos de la alimentación, el trastorno obsesivo-compulsivo, la depresión, los trastornos de ansiedad, etc. Juntos, el conductismo y el cognitivismo, modifican patrones cognitivos y conductuales y, en muchas ocasiones, mejoran el estado de ánimo, reducen el malestar y ayudan a la persona a funcionar mejor en general.

¿CÓMO FUNCIONA LA TERAPIA?

Esta fue la pregunta que le hice a mi amiga Caitlin Hitchcock, una gran investigadora y psicóloga clínica que trata de descubrir cómo mejorar las psicoterapias. En su opinión, la TCC intenta reentrenar el modelo mental que tenemos del mundo y actualizar las predicciones vitales (y, por extensión, las experiencias). Por ejemplo, si alguien está deprimido y desmotivado y ha perdido el interés por la vida, se lo podría animar a que participe poco a poco en actividades que lo reconecten con otras personas o con valores que considere importantes, o quizá incluso a que encuentre alguna afición. Al probar actividades de este modo, podría experimentar un error de predicción positivo y lograr un resultado mejor del que esperaba, como los monos del capítulo 3. Y, dado que los errores de predicción intervienen en el aprendizaje, la persona empezará a aprender que el futuro no es tan gris y aburrido como creía. Al final, este reaprendizaje llevará a la persona a recalibrar sus predicciones acerca del mundo más en general.

De todos modos, la terapia no funciona de inmediato, hay que esperar a que los errores de predicción se acumulen. De todos modos, al igual que sucede con los antidepresivos, hay indicios que apuntan a que una sola sesión (dosis) de TCC por videoconferencia da lugar a interpretaciones más positivas de situaciones ambiguas.[5] Y, también como sucede con los antidepresivos, la psicoterapia necesita algo de tiempo para funcionar, pero parece que la manera en que se llega a la mejoría es muy distinta.

Según la teoría cognitiva que explica el funcionamiento de los antidepresivos (capítulo 6), estos modifican las interpretaciones automáticas de eventos emocionales, esto es, la percepción, el modo en que se suele procesar la información emocional inconscientemente. Por el contrario, la TCC es un proceso consciente que exige un esfuerzo durante el que se aprende a tomar conciencia de los sesgos cognitivos personales y a cuestionarlos. Cada una de estas vías tiene sus ventajas y sus inconvenientes. Una de las ventajas de la TCC es que no deja de funcionar cuando la terapia cesa. Durante las sesiones de terapia, Caitlin enseña a sus pacientes a reconocer sus errores cognitivos, como cuando sus pensamientos son negativos en exceso y los llevan automáticamente de un solo evento desafortunado a una percepción general de que toda su vida es un desastre. Luego, les enseña a ir modificando sus pensamientos hasta desembocar en una creencia distinta. Incluso una vez terminada la terapia, algunos de los antiguos pacientes de Caitlin refieren que oyen su voz, como si estuviera dentro de su cabeza, diciéndoles «Eso es un error cognitivo» o «Puedo llevar mis pensamientos en otra dirección». La probabilidad de recaída de muchas personas se reduce incluso mucho después de haber terminado la TCC para la depresión.[6]

La capacidad de la TCC para prevenir episodios depresivos es un efecto derivado de los cambios que suceden en el cerebro de la persona cuando esta reevalúa sus creencias de forma consciente. Las experiencias (capítulo 3), las cosas de las que aprendemos (mediante el error de predicción) y lo que esperamos y creemos acerca del mundo configuran el cerebro. La psicoterapia altera estos procesos y, de este modo, modifica el cerebro. La TCC (como todas las psicoterapias) es inherentemente biológica: funciona porque cambia el cerebro.

En uno de mis estudios de investigación, comparé directamente los patrones de cambios en el cerebro después de un tratamiento con antidepresivos y tras un proceso de psicoterapia.[7] Dado que tanto los antidepresivos como la psicoterapia se usan para tratar múltiples trastornos de salud mental, no solo la depresión, incluí a pacientes a quienes les habían prescrito estos tratamientos tan habituales para distintos diagnósticos: trastorno obsesivo-compulsivo, trastorno bipolar, trastorno de ansiedad social y trastorno de estrés postraumático (TEPT). El área cerebral cuya actividad cambió tras el tratamiento con antidepresivos en todos estos trastornos fue la amígdala, una zona que interviene en la experiencia de las emociones y su percepción. En comparación, la psicoterapia modificó la actividad, sobre todo, de la corteza prefrontal medial, un área que interviene en la atención y la conciencia de los estados emocionales.[8] Se trata de dos áreas anatómicamente distintas, pero con funciones relacionadas. En el cerebro, ambas forman parte de una red que interviene en la experiencia de las emociones y del estado de ánimo, por lo que la psicoterapia y los antidepresivos podrían funcionar cambiando aspectos relacionados pero diferentes del procesamiento de las emociones: la percepción (en el caso de los antidepresivos) y la conciencia (en el caso de la psicoterapia).

Si los tratamientos psicológicos y farmacológicos mejoran la salud mental de formas distintas, parece lógico que les funcionen también a personas distintas. Abordar directamente la percepción de las emociones con la medicación será una manera muy potente de mejorar la salud mental de algunas, mientras que aprender a aplicar habilidades asociadas a la psicoterapia puede ser mucho más eficaz para otras. También hay gente para la que ambas cosas irán igual de bien y quien no mejorará mucho ni con lo uno ni con lo otro.

En el caso de la TCC, hay veces en que los errores de predicción no bastan para actualizar el modelo del mundo del paciente. Por ejemplo, durante un episodio depresivo, las creencias y las expectativas negativas pueden estar tan arraigadas, ser tan sólidas (precisas, en términos matemáticos) que es dificilísimo que las modifique la información nueva (los errores de predicción). En estos casos, cuando el modelo del mundo no cambia, el terapeuta puede invertir más tiempo en determinar qué ha llevado al paciente a desarrollar unas creencias tan inamovibles para desestabilizarlo y hacerlo abierto, o sensible, a información nueva (como la teoría de la acción de las sustancias psicodélicas de Carhart-Harris y Friston que hemos visto en el capítulo 7).

Imagina que te sucede algo positivo de forma inesperada. Quizá lo interpretes como que el día será mejor de lo que esperabas o como que has tenido suerte, sin más. Si, por ejemplo, tuvieses depresión, tendrías tan clara la certitud de tus predicciones negativas que desestimarías cualquier evento sorprendentemente positivo (errores de predicción), al que considerarías ajeno al funcionamiento de tu mundo. En el contexto de la psicoterapia, si te animaran a probar algo que anticipas negativo y te encontraras con un resultado sorprendentemente positivo, partir de predicciones precisas en exceso te llevaría a interpretar un resultado positivo como algo aleatorio, debido a la incertidumbre del mundo, en lugar de tomártelo como una prueba con la que empezar a esperar resultados distintos en el futuro. O podrías atribuir los errores de predicción a otra causa, no a que tus expectativas fueran demasiado negativas.

En función de cómo interpretes la sorpresa, un error de predicción aparente no tendría por qué cambiar tu modelo del mundo en absoluto; de hecho, podría llegar a confirmarlo. Según una teoría muy elegante, los neurocientíficos y psiquiatras Michael Moutoussis y Ray Dolan afirman que la psicoterapia puede fracasar cuando alguien asimila la información nueva a sus creencias negativas preexistentes (por ejemplo, «He tenido un buen día porque mi psicólogo es fantástico, pero yo sigo siendo un desastre») en lugar de generar una creencia nueva («La vida es mejor de lo que pensaba»).[9]

Imagina que tuvieras fobia a las multitudes y creyeras que, si estás entre mucha gente, sucederá algo terrible. Lo tienes tan claro que esa creencia se verá reforzada pase lo que pase en la realidad. Cuando estés entre mucha gente, tu fisiología reafirmará la creencia, pues, como la sensación es tan mala (corazón acelerado, hiperventilación, mareos), se reforzará la asociación entre la multitud y la experiencia de algo desagradable. Incluso aunque alguna experiencia no sea tan mala como prevés, lo atribuirías a que estabas allí con el terapeuta y, de este modo, no lo generalizarías a todas las multitudes. Es decir, sobregeneralizarías en un sentido (todas las multitudes hacen que me sienta fatal y, por lo tanto, son peligrosas) e infragenerarizarías en el sentido contrario (esta multitud concreta no ha estado tan mal, pero eso no cambia lo que siento acerca de las multitudes en general).

Cuando funcionan, las técnicas de psicoterapia cuestionan las creencias y las expectativas y promueven el aprendizaje. Dos investigadores de mi laboratorio, Quentin Dercon y Sara Mehrhof, dirigieron un estudio que concluyó que mejorar el aprendizaje a partir del *feedback* negativo podría ser uno de los objetivos de la psicoterapia.[10] Entrenamos a más de novecientos participantes (con y sin trastornos mentales) en la técnica del distanciamiento cognitivo, que los psicoterapeutas que aplican TCC[11] y las terapias basadas en el *mindfulness* usan con frecuencia. Luego medimos qué sucedía con sus conductas y emociones durante una tarea computarizada de aprendizaje por recompensa (consistía en aprender qué símbolo predecía un resultado positivo). El distanciamiento cognitivo consiste en dar un paso atrás respecto a las reacciones emocionales inmediatas ante los eventos, en distanciarse de cualquier reacción emocional. Cuando los participantes lo practicaron durante la tarea de aprendizaje por recompensa, su desempeño mejoró notablemente. Esto se debió a que aprendían más de los resultados negativos en comparación con las personas que no practicaban esta técnica. Esto indica que el distanciamiento cognitivo mejora la integración de los errores de predicción negativos en las expectativas o en el modelo del mundo personal. Esta es una de las maneras en que las terapias cognitivas, como la TCC, mejoran la salud mental: entrenando a los pacientes a usar adaptativamente los eventos negativos (en lugar de limitarse a reaccionar ante ellos.)

Caitlin Hitchcock halló un patrón interesante en quien mejora con la TCC y quien no. Hay quienes cuentan con un monólogo interior muy poderoso, una especie de narración acerca de todas las situaciones en las que se encuentran. Para muchas personas (yo entre ellas), se trata de una narración verbal y, en algunos casos, incluso de una experiencia auditiva, de una voz interior. Durante las sesiones de TCC, cuando Caitlin preguntaba a una de estas personas qué pensaba antes de un evento o durante este, por qué había evitado a un grupo de gente, qué se le había pasado por la cabeza mientras estaba rodeada de otra gente, etc., estas podían acceder a esa información. «¿Qué pensaste?» es una pregunta lógica que eran capaces de responder. Sin embargo, una minoría no tan pequeña de personas no presentan este monólogo interior. No es un trastorno, solo una diferencia. Significa que sus pensamientos no se verbalizan con tanta facilidad, que no tienen una historia clara. Es posible que su mundo interno esté más dominado por imágenes mentales. Cuando Caitlin formuló estas mismas preguntas, habituales en la TCC, a personas que carecían de monólogo interior, estas tuvieron dificultades para responder acerca de qué estaban pensando. A la pregunta «¿Qué se te pasaba por la cabeza en ese momento?», contestaban «No lo sé, de verdad que no». Quienes carecen de un monólogo interior natural tienen muchas más dificultades a la hora de identificar patrones cognitivos desadaptativos, un primer paso crucial para modificar los pensamientos y conductas que no las ayudan.

Como sucede con los restantes tratamientos en salud mental, a excepción de ejemplos clínicos como el anterior, no podemos predecir con solidez qué tratamiento será el mejor para cada persona, ni siquiera responder a la pregunta básica de qué será más eficaz, si la psicoterapia o la farmacoterapia. Dada esta situación, cabría pensar que combinarlas y actuar simultáneamente sobre las dos vías neuronales sería una buena solución temporal. Aunque los investigadores discuten con frecuencia acerca de qué estrategia es mejor (en función de la escuela de pensamiento a la que pertenezcan), en la vida real, la mayoría de las personas reciben alguna combinación de medicación y psicoterapia. Esta solución tan pragmática podría resultar beneficiosa: recientemente, un metanálisis a partir de datos obtenidos de más de once mil pacientes con depresión de moderada a grave concluyó que la combinación de tratamientos era más eficaz que cualquiera de los dos tratamientos por separado.[12] Así, quizá los objetivos distintos pero relacionados de los antidepresivos y la psicoterapia se refuercen mutuamente. E, incluso si no es así, dado que no sabemos a quién le dará resultado cada opción, comenzar ambos tratamientos aumenta las probabilidades de que el paciente mejore (aunque no sepamos nunca si fue por un tratamiento, por el otro o por la combinación de ambos).

La TCC y los antidepresivos tienen mucho en común: ambos causan pequeños cambios en los pensamientos y en la conducta, los cuales se van acumulando en el tiempo y acaban repercutiendo en aspectos más profundos, como el estado de ánimo. En el caso de los antidepresivos, estos cambios se deben a las pequeñas diferencias que provocan en la percepción y la interpretación inmediata de lo que sucede en el mundo. En cuanto a la TCC, son el resultado de un proceso más consciente y deliberado para modificar cómo se interpretan los pensamientos y el entorno. Ambos tratamientos se solapan con la actividad de los placebos y alteran profundamente las creencias y expectativas acerca del mundo. Si la TCC tiene éxito, el modelo del mundo cambia y se pasa de esperar siempre resultados negativos (en general, entre la multitud, etc.) a plantear un modelo predictivo del mundo más flexible y equilibrado que incluye la posibilidad tanto de eventos positivos como negativos y se adapta mejor al contexto en el que suceden.

LA PSICOTERAPIA Y LA SALUD FÍSICA

En general, existe una división clara entre los tratamientos que se cree que funcionan para la salud mental (antidepresivos, psicoterapia, etc.) y los que se cree que funcionan para la salud física (intervenciones quirúrgicas, fisioterapia, antiinflamatorios, etc.). Sin embargo, en realidad, la distinción no es tan clara. Los antiinflamatorios resultan beneficiosos para algunas personas con depresión y, en ocasiones, las intervenciones quirúrgicas placebo curan incluso dolencias físicas como la artritis. La psicoterapia también plantea límites difusos: de la misma manera que los placebos tienen una extraordinaria capacidad para modificar la salud física mediante el sistema de expectativas del cerebro, la psicoterapia, a pesar de que se la conoce, sobre todo, por mejorar la salud mental, también mejora la física en muchos casos. Quizá sea porque la TCC modifica las creencias y las expectativas; en el caso del cuerpo, las creencias y las expectativas acerca del mundo interno, en lugar del externo.

Por lo general se piensa en la psicoterapia solo en relación con problemas de salud mental: depresión, ansiedad, trastorno obsesivo-compulsivo, etc. Sin embargo, esta funciona cuando se dan estos trastornos porque cambian cómo nos vemos en el mundo: cómo interpreta el cerebro nuestras experiencias y genera expectativas. Dado que la sensación del estado físico del cuerpo también procede del cerebro, de nuestras experiencias, interpretaciones y expectativas acerca de él (capítulo 3), las psicoterapias también pueden modificar el cuerpo. Y esto resulta muy útil, porque muchos trastornos psicológicos tienen manifestaciones muy físicas, como sucede con la mayoría de los síntomas clave del trastorno de pánico (hiperventilación, desmayos, mareos, etcétera).

Pensemos ahora en los trastornos que están en el límite entre la salud física y la salud mental. Hay uno que se ubica en esta frontera y quienes lo padecen sufren caídas inexplicables, conocidas también como «crisis otolíticas de Tumarkin» o «*drop attacks*». Se trata de caídas incapacitantes que pueden causar lesiones graves. Sin embargo, al igual que sucede con los trastornos neurológicos funcionales, no se deben a una enfermedad típica ni a un proceso degenerativo. Estudios de investigación recientes acerca de las personas que sufren estas caídas inexplicables descubrieron que el trastorno aparece después de que el paciente haya experimentado una caída traumática por causas médicas o mecánicas.[13] Los investigadores sostenían que la caída original (junto con otros factores biológicos y sociales) provoca una atención excesiva a la posibilidad de caerse y una preocupación también excesiva al respecto (dos procesos que pueden ser inconscientes y deberse al procesamiento automático que el cerebro hace de las señales corporales). Esto asienta la creencia de que hay que evitar las caídas tanto como sea posible, reforzada por la conducta, ya que los pacientes empiezan a evitar entornos o situaciones donde creen que pueden sufrir caídas.[14] La presencia de estímulos concretos reproduce en el cerebro la caída anterior, lo que puede provocar una crisis otolítica. Y así se crea un círculo vicioso: la experiencia y el temor a un síntoma físico perpetúan precisamente los síntomas que la persona intenta evitar.

Sin embargo, que los síntomas físicos se deban a una combinación de factores experienciales y psicológicos no significa que sean voluntarios o fingidos. Tal y como sucede con los trastornos neurológicos funcionales, las crisis otolíticas son síntomas físicos causados por procesos cognitivos sustentados por procesos biológicos en el cerebro. Y, como se trata de un proceso distinto al de una enfermedad o una degeneración neurológica, es posible que estos síntomas sean fácilmente tratables mediante psicoterapia. Con frecuencia, síntomas físicos como estos se suman a enfermedades existentes en el cerebro o el cuerpo, como la esclerosis múltiple, los ictus o la artritis (véase el capítulo 2). Los cambios en la percepción de los síntomas físicos, así como en las expectativas respecto a ellos, pueden exacerbarlos o incluso originarlos.

Y es así cómo la TCC puede abordar este ciclo de pensamientos y conductas desadaptativos que llevan a síntomas físicos, no psicológicos. Durante la sesión de terapia, Caitlin ayuda a sus pacientes a examinar cómo evalúan sus síntomas físicos y a modificar cómo interpretan el dolor o malestar físicos, de modo que dejan de parecer catastróficos y pasan a entenderlos como algo menos amenazador. Esta es una de las cosas más útiles que se pueden hacer durante un ataque de pánico: reconocer que no se está sufriendo un ataque al corazón y que no se está a punto de morir. La psicoterapia tiene la capacidad de alterar las creencias acerca del mundo, y el mundo incluye tanto el entorno como el cuerpo.

Cuando las personas padecen trastornos físicos crónicos (sea cual sea su origen), abordar los síntomas de un modo equilibrado (reconocerlos y aceptarlos, pero sin prestarles una atención excesiva) reduce tanto la cantidad como la gravedad de estos. La terapia cognitiva es muy útil al respecto, por lo difícil que resulta reconocer que la experiencia física se origina en procesos mentales. Esto nos parece que va en contra de toda lógica, pues nos gusta pensar que ejercemos control sobre el cuerpo, que somos conscientes de nuestras acciones y reacciones. Yo misma investigo este tema y pienso acerca de ello sin parar y, sin embargo, cuando algo me duele o tengo náuseas, dolores de cabeza, etc., esta creencia es inamovible también para mí. A pesar de ello, es importante que valoremos explicaciones alternativas, porque reconocer que los procesos mentales pueden dar lugar a síntomas físicos es esencial para que se recupere quien sufra síntomas físicos incapacitantes de origen cognitivo. En un amplio estudio en el que se administró TCC a pacientes con trastornos neurológicos funcionales, la única medida que predijo si un paciente concreto mejoraría con la TCC fue que aceptara que sus síntomas tenían una explicación psicológica.[15] Sé que decir que los procesos mentales causan dolor físico, fatiga o malestar o que los intensifican nos resulta ilógico, así que quiero insistir en que no estoy diciendo que sean la única causa. Identificar los orígenes de la enfermedad o del malestar es fundamental, pero, aunque se cuente con una causa externa obvia, aceptar que los factores cognitivos influyen en los síntomas es clave para mejorar la salud.

EL CEREBRO CONSCIENTE

¿Y qué hay de las personas que no mejoran con la TCC? Si bien la TCC es un tratamiento psicológico eficaz para trastornos de salud mental y algunas dolencias físicas, no es la única manera en que la psicoterapia cambia la mente. Las terapias basadas en el *mindfulness* usan una estrategia distinta. Últimamente se ha disparado su popularidad (entendidas en su sentido más amplio) como intervenciones para el bienestar tanto de la población general como de aquella en entornos clínicos.

El *mindfulness* es la práctica de centrar la atención en el momento presente (es decir, eso que se me da tan mal en las clases de yoga). Las técnicas de *mindfulness* entrenan una forma de pensar consistente en aceptar las sensaciones y los pensamientos inmediatos que experimentamos sin juzgarlos, lo que reduce la asociación entre el pensamiento y la reacción emocional o física que los suele acompañar. Así se reduce la intensidad de los pensamientos y se ralentiza lo que sea que sucede en la mente, algo para lo que hay quien recurre al alcohol o al cannabis. Las teorías más recientes indican que prestar más atención a las percepciones y sensaciones inmediatas consigue que cada una de estas sensaciones sea más específica o precisa. Reorientar la atención de este modo reduce la certidumbre de las creencias que se tienen acerca del mundo. Por ejemplo, prestar atención a las sensaciones inmediatas ayuda a las personas a darse cuenta de que no pueden controlar gran parte de lo que sucede en el mundo, de que a veces las cosas pasan y punto.[16] Fíjate en que esto se basa en un proceso muy distinto al de la TCC, que nos enseña a cuestionar activamente nuestras creencias acerca del mundo. Por eso resulta más útil para determinadas personas. Caitlin Hitchcock afirma que hay a quienes les resulta más fácil aceptar que sus pensamientos no son importantes que aceptar que sus pensamientos pueden ser erróneos. Por lo tanto, si alguien dice que es un desastre, en el contexto del *mindfulness* diría: «¿Y qué? Te has equivocado en esto, pero ¿acaso este error ha de definir toda tu vida? ¿Acaso este error abarca todas las facetas de quien eres?».

El *mindfulness* es muy útil para evitar las recaídas cuando alguien se ha recuperado de la depresión. Así, la terapia cognitiva basada en el *mindfulness* (MBCT, por sus siglas en inglés) se suele usar como programa para la prevención de recaídas con personas que han sufrido depresión en el pasado, pero que ya no están deprimidas. A veces, incluso cuando la TCC ha sido eficaz a corto plazo y ha conseguido modificar las expectativas del paciente, pequeños cambios, como un contexto nuevo, pueden reactivar el antiguo modelo desadaptativo del mundo. El *mindfulness* nos enseña a salir del bucle de pensamientos negativos usando la autocompasión y la aceptación[17] o, al menos, a lograr una plácida indiferencia. No prestar atención excesiva al nuevo contexto y responder con amabilidad y compasión a los pensamientos angustiantes es otra manera de debilitar el modelo desadaptativo original.

Al debilitar el modelo del mundo que no nos funciona, modificamos cómo interpreta el cerebro las experiencias emocionales y las controla. Al enseñar a algunas personas a practicar *mindfulness* durante un escáner cerebral, se vio que se activaba el área prefrontal (que se asocia a la regulación emocional y a la toma de decisiones) cuando estas preveían la aparición de una imagen negativa en la pantalla.[18] Esto se podría entender como que el *mindfulness* adapta las respuestas conscientes a la información negativa y mejora la aceptación y la compasión, lo que nos ayuda a pensar «¿Y qué?» cuando esperamos algo malo. En el estudio también se observó una disminución de la actividad cerebral en áreas que intervienen en el procesamiento emocional, como la amígdala, cuando los voluntarios veían una imagen negativa mientras practicaban *mindfulness*.[19] Esto refleja el efecto inmediato de esta técnica: al disminuir la saliencia o relevancia de la imagen negativa, limita la importancia de esta para el modelo del mundo de la persona.

Sin embargo, y yo soy un perfecto ejemplo de ello, el *mindfulness* no se le da igual de bien a todo el mundo, incluso aunque se practique mucho. Hay personas a quienes les resulta mucho más fácil que a otras permanecer en el momento presente. En algunos estudios, la activación de la corteza prefrontal de personas con una tendencia natural a la atención plena[20, 21] es menor cuando prevén una imagen negativa en comparación con la de aquellas sin esa tendencia.[22] Quizá sea porque quienes tienen más facilidad para permanecer en el presente necesitan emplear menos recursos cerebrales (indicados en este estudio por la activación de la corteza prefrontal) para alcanzar el mismo nivel de *mindfulness* (en este caso, la tarea algo difícil de atenuar las reacciones emocionales ante las imágenes negativas). Dirigir la atención a los pensamientos y sensaciones inmediatos es un proceso activo que requiere esfuerzo para la mayoría de la gente. Aun así, es muy posible que aprender a practicar *mindfulness* sea de gran importancia para quienes nos tenemos que esforzar un poco más que el resto, pues nos ayudaría a mantener el equilibrio cuando nos topamos con momentos difíciles, a conservar una buena salud mental y a debilitar nuestro modelo negativo del mundo.

El *mindfulness* es maravilloso; al menos, a mí me lo parece. En el peor de los casos, parece inocuo. Quizá pienses que solo los fármacos y las drogas tienen efectos secundarios, y no hay duda de que los antidepresivos, además de otros psicofármacos, vienen acompañados de una larga lista de ellos, algunos peligrosos y muchos otros que llevan a los pacientes a cambiar de medicación o abandonar el tratamiento. Sin embargo, todos los tratamientos entrañan un riesgo y el *mindfulness* no es una excepción. Muchas veces, no se entiende muy bien que las psicoterapias también tengan efectos secundarios adversos, los cuales casi nunca aparecen en ningún prospecto.

Por ejemplo, no es raro que los pacientes sientan ira o malestar durante un tratamiento con *mindfulness* o después de este y, a las personas con experiencias traumáticas, entre otras, la meditación basada en el *mindfulness* puede llegar a inducir síntomas graves, como la disociación,[23] que consiste en la sensación de haber salido del cuerpo y estar viéndose desde fuera. Como es de esperar, se trata de una experiencia que asusta y angustia a quien la experimenta. Muchos estudios no informan de si los pacientes han sufrido efectos secundarios, pero los que sí lo hacen muestran que la disociación les sucede aproximadamente a un quince por ciento de ellos.[24] De todos modos, ten cuidado con esta estadística, porque otros estudios han concluido que los efectos secundarios perjudiciales son más elevados en los grupos de control en lista de espera que en los de *mindfulness*.[25] Por otro lado, no hay suficientes estudios que hayan medido sistemáticamente los efectos secundarios como para conocer la verdadera prevalencia de la disociación. Y, para complicar las cosas aún más, puede ser que las personas que experimentan efectos secundarios abandonen los estudios y no participen en el seguimiento, por lo que estas estimaciones son aún más inciertas.[26]

Por mucho que la prevalencia de un efecto secundario, como la disociación, sea bastante rara, ¿cómo puede una misma técnica psicológica sencilla dar resultados maravillosos a algunas personas y causar efectos secundarios angustiosos a otras?

Porque la psicoterapia y los fármacos tienen otra cosa en común: dos personas que siguen el mismo tratamiento pueden tener una experiencia muy distinta en función del estado de sus circuitos cerebrales. La oportunidad que esto supone (como veíamos en el capítulo 6) es que las diferencias en estos circuitos ayudarían a determinar quién tiene más probabilidades de mejorar con un tratamiento o con otro.

A veces, las diferencias cerebrales que dictan las distintas respuestas al tratamiento se observan en el plano conductual. Por ejemplo, podría ser que personas con síntomas clínicos concretos (trauma, síntomas obsesivo-compulsivos...) tuvieran más probabilidades de disociarse durante la terapia basada en el *mindfulness*. En otras ocasiones será necesario un escáner cerebral que muestre por qué cada persona responde de manera distinta a un tratamiento. Este trabajo sigue en curso, pero ya se han obtenido pruebas de que los pacientes con una actividad muy elevada en la corteza cingulada anterior perigenual (cerca de la *rodilla* de esta área con forma de arco) tienden a responder mejor a los antidepresivos y peor a la psicoterapia cuando están procesando información negativa. Por el contrario, las personas con menos actividad en esa área no responden bien a los antidepresivos, pero sí a la psicoterapia.[27]

Los genes y las experiencias vitales influyen en el estado de los circuitos cerebrales y, por lo tanto, en la respuesta al tratamiento. Cada uno de nosotros reacciona de una manera distinta a todo lo que modifique esos circuitos, ya sea una copa de vino, una dosis de hongos alucinógenos o prestar muchísima atención a la respiración. Y este estado no es fijo, sino que cambia en cada momento de la vida, incluso inmediatamente antes de recibir el tratamiento. En este caso, los tratamientos combinados modernos aprovechan la circunstancia y mejoran la respuesta de alguien a la psicoterapia preparando al cerebro con potenciadores previos al tratamiento.

POTENCIAR LOS TRATAMIENTOS

«Háblame de alguna de las últimas veces en que te hayas sentido triste» es una manera habitual de iniciar una sesión de psicoterapia. Gran parte de la terapia consiste en hablar del pasado y recurrir a recuerdos para explicar cómo nos encontramos hoy. El problema con esto es que la persona ha de encontrar ejemplos concretos, pero los recuerdos y la memoria cambian cuando se tienen problemas mentales como depresión o TEPT. La memoria se decanta por lo negativo, por lo que los recuerdos malos son más accesibles, además de más generalizados y menos específicos. Por eso, una instrucción así puede dar lugar a respuestas como «Bueno, llevo casi toda la vida estando triste». Durante la TCC es habitual que el terapeuta le pida al paciente que le ponga un ejemplo de pensamiento que haya tenido. Muchas personas tendrían dificultades para responder y dirían algo como «Es que es constante, no puedo decirte un ejemplo concreto». Este estilo cognitivo generalizado hace que incluso el terapeuta más experto tenga muchas dificultades para ahondar en lo que ha hecho que algo se experimente de cierta manera y para identificar patrones cognitivos y conductuales desadaptativos susceptibles de mejora.

Varios investigadores, Caitlin entre ellos, trabajan en cómo estimular la memoria y mejorar la respuesta terapéutica. El terapeuta puede hacer cosas sencillas que dan como resultado maneras más útiles de pensar antes de iniciar la TCC y mejorar así la capacidad del paciente para rememorar ciertos sucesos. Una de ellas es entrenar la memoria autobiográfica del paciente y ayudarlo a recordar eventos concretos. Incluso aunque esas experiencias sean negativas, referir ejemplos tangibles, en lugar de hablar en general, les da algo con lo que trabajar durante la terapia. Idealmente, entrenar la especificidad de la memoria también ayudaría a los pacientes a traer a la mente recuerdos positivos determinados a los que recurrir cuando necesiten cuestionar sus creencias negativas generales acerca del mundo durante la terapia cognitiva. Estimular la memoria de este modo también reforzaría los aspectos conductuales de la terapia, pues los recuerdos hipergeneralizados complican sobremanera la tarea de planificar el futuro. Por lo tanto, entrenar la memoria ayudaría a los pacientes a desarrollar un plan, a identificar ejemplos precisos de los obstáculos con que se pueden encontrar y a ejecutar elementos concretos del plan. Asimismo, los terapeutas podrían beneficiarse del entrenamiento de la memoria para conseguir que sus pacientes desarrollen un estilo cognitivo que responda mejor a la terapia (básicamente, un estado cerebral más abierto).

Los potenciadores psicológicos, como el entrenamiento de la memoria, son una manera indirecta de conseguir que el cerebro de alguien responda más a la terapia, porque influyen en él a través de estímulos externos (diálogo, ejercicios prácticos), y no directamente mediante la modulación química o eléctrica. Hay otras técnicas en esta misma línea, como incluir movimientos oculares rítmicos en la terapia de exposición para aumentar su eficacia (esto suele recibir el nombre de «terapia por desensibilización y reprocesamiento por medio de movimientos oculares» o EMDR, por sus siglas en inglés). Lamentablemente, este refuerzo no mejoró la terapia de exposición típica en un ensayo reciente con pacientes que sufrían aracnofobia.[28] De todos modos, hay formas más directas de cambiar el estado del cerebro y facilitar que el paciente se comprometa con la terapia. La medicación es una de ellas. No tiene por qué ser un tratamiento farmacológico de larga duración, como suele suceder con las personas que toman antidepresivos mientras asisten a psicoterapia para la depresión. Por el contrario, estos potenciadores farmacológicos podrían combinar un fármaco específico con el contenido u objetivos concretos de una sesión de psicoterapia para aumentar sus efectos. Por ejemplo, si un terapeuta decidiera que a un paciente le convendría exponerse a situaciones nuevas (algo habitual en el tratamiento de la ansiedad social, entre otros trastornos), podría combinar la exposición con un fármaco que mejorara la base neurológica del aprendizaje a partir de experiencias. Limitar la medicación a una sola tarea terapéutica evitaría los riesgos de la medicación a largo plazo y aprovecharía los beneficios a corto plazo para el cerebro. Una exposición guiada breve a nuevas situaciones de aprendizaje combinada con un fármaco dopaminérgico mejoraría el sistema de aprendizaje y de predicción y facilitaría la generación de expectativas más positivas acerca del mundo.

Dada su capacidad para provocar cambios drásticos en nuestro modelo del mundo, las sustancias psicodélicas y similares ofrecen un potencial especial como fármacos reforzadores de terapias. Recuerda que, en casi todos los ensayos con psilocibina, esta no se administró en solitario, sino en el contexto de una psicoterapia de apoyo. Quizá el motivo por el que algunos de estos estudios parecen tan prometedores no sea la droga en sí misma, sino su capacidad para potenciar la psicoterapia.

De hecho, quizá funcionen de un modo similar a como se estimula la memoria y actúen sobre procesos cognitivos cruciales para el éxito de la terapia. Por ejemplo, la terapia centrada en el trauma habitual resulta difícil e incluso abrumadora para algunos pacientes con TEPT. Sobre todo, cuando este es grave, comprometerse con la terapia para reflexionar acerca de algo terrible y asumirlo resulta muy complicado. En un amplio ensayo controlado aleatorizado, los investigadores administraron una dosis de MDMA a pacientes con TEPT grave justo antes de que iniciaran una sesión de psicoterapia y lo repitieron en tres ocasiones. Esperaban que el MDMA catalizara la terapia y permitiera a los pacientes participar activamente en ella sin quedar abrumados por la experiencia traumática sufrida.[29] Los resultados fueron aún mejores de lo esperado: la combinación de MDMA y psicoterapia redujo el malestar de los pacientes casi el doble que la terapia reforzada con placebo.

Esto parece muy prometedor, pero no todo el mundo estaría dispuesto a probar la psicoterapia reforzada con MDMA. Por suerte, se están estudiando otros potenciadores más sutiles, como practicar ejercicio justo antes de la terapia o programar las sesiones en momentos concretos del día para sincronizarlas con los ritmos circadianos del paciente. Incluso la cafeína, la nicotina y otras drogas legales ayudarían a algunas personas a comprometerse más con la terapia. Encontrar el mejor tratamiento individual exigirá revisar por completo la estrategia actual, sobre todo en lo que a la gran brecha entre los tratamientos psicológicos y biológicos se refiere. Entender los efectos psicológicos de la medicación y los efectos biológicos de la psicoterapia será uno de los pasos clave que permitirá empezar a cerrarla.

A veces, la mejor manera de abordar una fisiología alterada es hacerlo indirectamente: todos sabemos que la fisioterapia es uno de los tratamientos más eficaces para las lesiones físicas, ya sea por sí sola o en combinación, por ejemplo, con intervenciones quirúrgicas. En el caso del cerebro, la psicoterapia es un tratamiento indirecto muy eficaz que se entiende como una manera precisa, si bien indirecta, de cambiar los procesos cerebrales clave para la salud mental: las expectativas y el aprendizaje. Y, si bien la fisioterapia cambia los hábitos y las capacidades del cuerpo, la psicoterapia cambia el cerebro cuestionando procesos mentales desadaptativos y exponiéndolo a experiencias de aprendizaje. Juntos, estos dos abordajes ayudan a la persona a desarrollar estrategias nuevas útiles para enfrentar los retos que le plantee la vida. No obstante, al igual que otros tratamientos para la salud mental, la psicoterapia puede tener efectos secundarios graves; además de la disociación, hay casos en que la terapia agrava la ansiedad, la depresión y los síntomas asociados al trauma. También hay informes de cambios vitales negativos en algunas circunstancias (por ejemplo, pérdida de empleo), lo que también entra en la amplia categoría de efecto secundario.[30] De todos modos, tras todos estos años de neurociencia, los investigadores tendrían que haber ideado algún modo de manipular los circuitos cerebrales de un modo más directo que la psicoterapia sin usar fármacos, ¿no? La respuesta es un sí provisional. Hay varios tratamientos de estimulación cerebral que hacen precisamente eso. En cierto sentido, esta es la forma más directa de remediar los circuitos disfuncionales en la enfermedad mental. Los *neurohackers* creen hasta tal punto en la capacidad de la estimulación cerebral para mejorar el cerebro que la usan para mejorar la vida cotidiana. Aunque es una técnica que uso desde hace años en mis experimentos, sigue planteando tantas preguntas acerca de la codificación de la enfermedad en el cerebro como las que responde.

Capítulo 9
EMOCIONES ELÉCTRICAS

«¡A veces me enfado tanto que lo único que quiero es tirarlo al suelo!», exclamó Peter señalando el dispositivo de estimulación cerebral que tenía conectado a la cabeza. Hacía semanas que habíamos comenzado el ensayo clínico y esa era, creo, la sexta sesión de media hora durante la que Peter había recibido estimulación cerebral para tratar su depresión, además de la primera en que manifestaba una opinión tan vehemente acerca del tratamiento. También era la primera vez que parecía enfadado por lo que fuera; hasta entonces, solo se había mostrado amable, profundamente triste y desesperado por probar un tratamiento que lo ayudara a salir de su depresión crónica. «¿Seguro que quieres seguir? Lo podemos dejar ya si quieres», le dije. «No, no. Quiero seguir, seguro. Creo que luego me encontraré mejor, pero quería que supieras que no lo puedo detestar más, por si te ayuda en el estudio», respondió.

Asentí y anoté sus comentarios en el registro de efectos secundarios. Era la primera vez en todos mis experimentos que un paciente decía que detestaba la estimulación cerebral. Se trataba de una tecnología bastante nueva y parecía rara. Aunque había científicos que pensaban que sería eficaz para tratar la depresión, solo se habían llevado a cabo un par de estudios bastante pequeños, por lo que no sabíamos si funcionaría (por eso estaba llevando a cabo mi propio experimento). Los voluntarios se habían quejado antes en alguna ocasión: era aburrida, molesta, no servía de nada..., pero también había quien afirmaba que se encontraba mucho mejor después.

Al cabo de varios años, cuando el tratamiento ya se había generalizado en todo el mundo, me acordé de Peter al recibir la llamada de un periodista que escribía para el *New Scientist*. Un hospital psiquiátrico de Taiwán acababa de publicar un informe de caso y los autores afirmaban que la ira era un efecto secundario raro de los tratamientos de estimulación eléctrica para la depresión. «¿Alguna vez ha conocido a alguien que sintiera ira como efecto secundario de la estimulación cerebral para tratar la depresión?», me preguntó el periodista. «Sí, a una persona», respondí pensando en el odio pasajero de Peter.

En el estudio taiwanés, como en el caso de Peter, la ira desaparecía en cuanto la estimulación eléctrica cesaba (al cabo de unos veinte minutos de haberla iniciado). Sin embargo, el estudio taiwanés detallaba que los mismos pacientes que habían sentido ira eran aquellos cuya depresión se había reducido significativamente. ¿Cómo podía ser que una leve corriente eléctrica aplicada a través del cráneo hiciera enfadar a alguien o aliviara la depresión? ¿Acaso era un placebo muy convincente? ¿O había peligros ocultos (y quizá beneficios reales) en la estimulación cerebral?

EL CEREBRO ELÉCTRICO

En este preciso momento, cada una de las neuronas de tu cerebro tiene una probabilidad concreta de disparar: esta es la manera en que las neuronas se comunican entre ellas. La señal eléctrica avanza a lo largo de una neurona y desencadena la liberación de neurotransmisores de esta a otra, activando o inhibiendo así la señal eléctrica de la neurona siguiente. Algunas de las neuronas de tu cerebro están disparando en este momento, otras acaban de hacerlo y muchas otras están en un estado de activación intermedio, aguardando la señal que les ordene disparar.

Como las neuronas necesitan estas señales eléctricas para disparar, la electricidad permite alterarlas de modo artificial. Si un científico aplica una descarga eléctrica directamente sobre una neurona, puede hacer que esta dispare, pero la descarga también puede ser mínima y limitarse a aumentar la probabilidad de que lo haga. Muchos experimentos con humanos han demostrado que distintos tipos de estimulación eléctrica alteran los patrones eléctricos naturales de las neuronas. Conceptualmente, se asemeja a las estrategias de aplicación de electricidad que se usan para modificar o reiniciar las señales eléctricas en el corazón, otro órgano eléctrico. Por supuesto, todos los tratamientos para trastornos de salud mental (farmacoterapia, psicoterapia, ejercicio físico) cambian los patrones de disparos de las neuronas, por lo que las descargas eléctricas no son la única manera de modificar la probabilidad de que una neurona dispare, sino que los cambios químicos o mecánicos en la neurona pueden dar un resultado similar. Sin embargo, lo que la estimulación cerebral puede hacer, a diferencia de la psicoterapia y la farmacoterapia, es actuar directamente sobre un área o un circuito concretos y modificar la conducta electroquímica de las neuronas de esa zona. Esto da a los investigadores la oportunidad de poner a prueba la hipótesis de si un área cerebral concreta es importante en relación con ciertos síntomas de salud mental, pues puede determinar si estos mejoran al modificar la actividad eléctrica en esa zona. En cuanto a los pacientes con un trastorno mental, les ofrece una alternativa cuando todo lo demás ha fallado.

La estimulación del cerebro acostumbra a ser algo más mundano de lo que probablemente imagines, pero, en los casos menos triviales, se asemeja a la acción de un marcapasos cardiaco: un dispositivo que se implanta quirúrgicamente en el cerebro para que envíe señales eléctricas precisas a una pequeña área cerebral y corrija las señales anómalas a largo plazo. Los pacientes pueden controlar la señal y activarla o apagarla por control remoto. Otros tipos de estimulación cerebral evitan las cirugías invasivas y aplican la estimulación sobre el cuero cabelludo, administrando así una corriente eléctrica levísima por vía transcraneal (a través del cráneo, como en el caso de Peter) o una descarga más intensa, como las de los desfibriladores cardiacos.

Ya habrás oído hablar de un tipo de estimulación cerebral: la terapia electroconvulsiva (TEC). La TEC aplica en el cerebro descargas eléctricas muchísimo más altas que otros tipos de electroestimulación (unos cien voltios), que bastan para provocar convulsiones breves. A pesar de su terrible reputación, resulta más eficaz que cualquier otro tratamiento en caso de depresión grave, bastante más que la de los fármacos antidepresivos[1] o la estimulación magnética transcraneal[2] (otro tratamiento de estimulación cerebral con buenos resultados del que hablaremos más adelante), incluso en comparación con TEC placebo. La probabilidad de que alguien con depresión mejore es cuatro veces superior con la TEC que con antidepresivos.[3] Sin embargo, esta terapia no se usa casi nunca, y cada vez menos, por varios motivos.

Hay pocos tratamientos médicos en los que se aprecie una brecha tan grande entre cómo los percibe la población y lo útiles que son realmente en la clínica. La TEC adquirió una fama terrible con *Alguien voló sobre el nido del cuco*, una película de 1975 que dio lugar a la creencia generalizada de que esta terapia era peligrosa e inhumana y de que se usaba en exceso. A pesar de que la TEC ha pasado por múltiples revisiones de seguridad (y éticas, algo esencial) desde la época en que el libro se escribió y la película se rodó, la crítica más habitual aún hoy es que sus riesgos no compensan los beneficios.

Los dos riesgos más citados son el daño estructural en el cerebro y la pérdida de memoria. El primero es más fácil de refutar. Durante los últimos setenta años, los investigadores han buscado y rebuscado pruebas de daños cerebrales tras una TEC midiendo cambios pequeños, en las células, y grandes, en la función cerebral, pero no han hallado ninguna.[4] «El debate científico sobre la TEC se zanjó hace décadas», escribieron los psiquiatras Sameer Jauhar y Declan McLoughlin en el *British Medical Journal*.[5] Eso no significa que el debate público se haya zanjado también; por el contrario, sigue muy vivo, reforzado por la convicción de médicos y pacientes que han tenido experiencias terribles con la TEC.[6] Sin embargo, el debate científico terminó porque esas experiencias no se sustentaban en pruebas neurocientíficas de calidad. Para convencer a los científicos, habría que demostrar que la TEC causa lesiones cerebrales en comparación con un grupo de control, porque la muerte neuronal puede suceder de forma natural y el cerebro cambia durante muchas otras circunstancias (como ya hemos visto a lo largo del libro), pero esos cambios no son necesariamente indicativos de daños. Lo que es más, si la TEC se asociara a cambios microscópicos en el cerebro, cabría esperar que las personas a quienes se ha administrado TEC presentaran un riesgo mayor de desarrollar ictus[7] o demencia,[8] pero no es así. De hecho, en animales, la TEC aumenta la producción de neuronas nuevas (neurogénesis), sobre todo en el hipocampo. Hay estudios en humanos que van en esta misma línea, pues hallaron que un área del hipocampo había aumentado significativamente de tamaño tras la TEC, lo que indicaría el nacimiento de neuronas.[9] Teniéndolo todo en cuenta, parece que, en lugar de muerte neuronal, la TEC promueve el nacimiento de neuronas.

El segundo daño potencial está más fundamentado. Hay pruebas sólidas y convincentes de que hay personas que sufren déficits de memoria tras un tratamiento con TEC, un efecto secundario grave. Sin embargo, las pruebas indican también que estos casi siempre son transitorios. Un análisis de ochenta y cuatro estudios que analizaron veinticuatro variables cognitivas y de memoria concluyó que la función cognitiva se reduce durante los tres días posteriores a la TEC, pero que, a los cuatro días, veintitrés de los veinticuatro valores o bien eran iguales en comparación con los obtenidos antes de la TEC, o bien eran mejores. Tras dos semanas, ninguna de las variables mostraba un déficit y la mayoría de ellas, incluida la memoria, habían mejorado en comparación con los valores anteriores a la TEC.[10]

De todos modos, recuerda que estas conclusiones se han obtenido a partir de muestras muy grandes (en este caso, 2.981 pacientes), lo que es bastante alentador, pero, al igual que sucede con los restantes tratamientos (medicación, psicoterapia, psilocibina), hay pacientes que sufren efectos secundarios y muchos de ellos refieren pérdida de memoria a largo plazo. Así, es fundamental que no desestimemos las experiencias de estas personas ni las de cualquier otra tras un tratamiento que creía seguro. Es posible que la pérdida de memoria subjetiva se deba a la propia depresión, que se sabe que causa déficits importantes en la memoria,[11] pero también lo es que un efecto secundario importante aparezca en una pequeña cantidad de pacientes y que, por lo tanto, no sea visible en un estudio a gran escala. Un estudio en profundidad que permitiera identificar quién sufre déficits de memoria y por qué ayudaría a los médicos a identificar factores de riesgo antes del tratamiento y a informar mejor a los pacientes acerca de los beneficios y riesgos de la TEC. Por desgracia, ni este estudio ni el peso de las pruebas científicas que demuestran la eficacia de la TEC cambiarán la percepción del público. Tal y como oí decir a un psiquiatra en una reunión, «hemos perdido la batalla pública con la TEC y no hay prueba capaz de convencer a nadie de lo contrario. Vale más que nos dediquemos a otros tratamientos de estimulación cerebral».

Con este fin, desde principios de la década de 2000, los organismos reguladores estadounidenses, británicos y de otros países han aprobado otros tipos de estimulación cerebral como tratamiento médico. Se usan con éxito para tratar la depresión y otras enfermedades mentales y neurológicas; por ejemplo, la estimulación magnética transcraneal detecta daños en el sistema nervioso tras un ictus, enfermedad o lesión en la médula espinal.

Por futurista que suene, aplicar electricidad en el exterior del cráneo con el objetivo de cambiar lo que sucede en el interior es una idea muy antigua. A comienzos del siglo XIX, el físico y médico italiano Giovanni Aldini afirmó que algunos trastornos psiquiátricos se curaban con descargas eléctricas suaves. Dicha idea motivó la apertura de clínicas electroterapéuticas a finales del siglo XIX por toda Europa, sobre todo en balnearios y centros de reposo junto al mar.[12] Sin embargo, la eficacia de la electroterapia quedó a la sombra de los antidepresivos y otros fármacos que se descubrieron durante la revolución psicofarmacológica. La electricidad como tratamiento o medio para mejorar la salud cayó en desuso en favor de los fármacos (y las primeras formas de terapia electroconvulsiva).

En la actualidad, la estimulación cerebral vuelve a estar en auge, aunque se aleja en muchos aspectos de las fórmulas antiguas: los avances técnicos permiten que sea más precisa y ahora se aplica en puntos concretos del cerebro (con frecuencia, los que intervienen en determinados trastornos, según los estudios de neurociencia) usando protocolos de estimulación específicos que se han regulado muy estrictamente y cuya seguridad se ha comprobado. Aunque no es en absoluto tan habitual como los psicofármacos o la psicoterapia, muchas clínicas usan la estimulación cerebral para tratar trastornos de salud mental, sobre todo la depresión, pero también otros, como el trastorno obsesivo-compulsivo o el dolor crónico. Varios estudios de neurociencia pioneros sobre la estimulación cerebral inspiraron miles de estudios de investigación y de tratamiento, como el ensayo clínico dirigido por mí en el que Peter participó como voluntario.

Mucho antes de las clínicas de electroterapia del siglo XIX, médicos y científicos ya habían empezado a usar la electricidad con fines medicinales de un modo más general. Algunos atribuyen el primer uso, hacia el 47 d. C., a Escribonio Largo, un médico de la corte del emperador romano que usaba electricidad para tratar la migraña y otras afecciones dolorosas. Para ello, Largo fijaba una anguila eléctrica sobre la piel del paciente o le hacía meter las piernas en un depósito de agua con anguilas eléctricas.[13] La técnica se fue sofisticando poco a poco y, a mediados del siglo XVIII, científicos italianos y alemanes usaron las primeras versiones de la pila eléctrica para comprobar si aplicar descargas sobre las partes afectadas del cuerpo permitía tratar distintos tipos de parálisis.[14] Los resultados iniciales fueron alentadores: curaron la parálisis y la debilidad incluso en pacientes que las sufrían desde hacía años.

Los informes acerca de los beneficios de la electroterapia parecían tan prometedores que no tardaron en llegar a las colonias americanas. En Pensilvania, una de las figuras más importantes del siglo, Benjamin Franklin, empezó a recibir visitas que, sabedoras de su conocimiento en el ámbito de la física, le pedían que las «electrizara»[15] para curar sus dolencias. Franklin descubrió que electrocutar a estos voluntarios solo mejoraba temporalmente la parálisis y otros síntomas posteriores a un ictus, lo cual atribuyó al efecto placebo, al menos en parte (al final se acabó aceptando de forma generalizada que, cuando se trataba de personas con afecciones graves debidas a un ictus o a una parálisis, la electroterapia ofrecía beneficios a largo plazo en muy pocas ocasiones). De todos modos, Franklin y muchos más siguieron siendo optimistas respecto al potencial de la electricidad para tratar otras enfermedades y tuvieron cierto éxito, como cuando curaron a una mujer que probablemente sufría crisis psicógenas no epilépticas.[16]

Mientras, en Gran Bretaña, varias personas con dolencias similares también mejoraron tras recibir tratamientos con electricidad. Un paciente que necesitaba muletas desde hacía siete años fue capaz de caminar sin ayuda tras una sola sesión[17] y la parálisis casi total de otro remitió.[18] Esto no cuadraba con las observaciones de Franklin acerca de la brevedad de las mejoras en la mayoría de los pacientes, aunque sí que coincidía con los pocos éxitos que había logrado. Las explicaciones modernas plantean la posibilidad de que las discrepancias se debieran a que los casos de éxito correspondían a pacientes con trastornos neurológicos funcionales, cuyas probabilidades de recuperación tras los tratamientos con electricidad eran mayores que cuando se trataba de pacientes con ictus u otras parálisis.

Cuando Franklin halló mejorías a corto plazo en la mayoría de los pacientes, lo atribuyó al efecto placebo, una idea con la que coincidía el neurólogo londinense Wilfred Harris, que escribió: «Con frecuencia se obtienen mejores resultados con una pila grande, porque impresiona más que una pequeña».[19] Y es que, tal y como hemos visto en el capítulo 5, los placebos son muy poderosos. La pila, así como la propia estimulación eléctrica, modificaba las expectativas de los pacientes en relación con los síntomas físicos que experimentaban. Una hipótesis muy convincente plantea que estimular el cerebro o su periferia para provocar movimientos en extremidades paralizadas o debilitadas cambiaba las expectativas acerca del cuerpo, lo que facilitaba el aprendizaje y la reducción de los síntomas.[20] En los pacientes con discapacidades motivadas fundamentalmente por alteraciones asociadas al aprendizaje y a las expectativas, esto podía dar lugar incluso a una recuperación completa.

LA ESTIMULACIÓN ELÉCTRICA HOY

Me han estimulado el cerebro en varias ocasiones: ser un conejillo de indias forma parte de la vida cotidiana del neurocientífico. Un día, tu colega necesita probar un dispositivo experimental, así que te ofreces como sujeto; al día siguiente, tienes un voluntario dispuesto a participar en tu propio experimento.

La estimulación eléctrica transcraneal, como la que recibió Peter, se suele percibir como una especie de cosquilleo o, en ocasiones, si la sensación es más intensa, como unas agujas clavándose en la superficie del cuero cabelludo. Para este tratamiento, unos pequeños electrodos (de unos pocos centímetros cuadrados) se adhieren con un gel a la cabeza o se introducen en esponjas para reducir la impedancia eléctrica entre estos y el cuero cabelludo. A veces, la parte de la cabeza que queda bajo el electrodo se calienta o pica, pero no sucede nada drástico: los músculos no se contraen solos y uno no se vuelve más inteligente de repente (para gran decepción de todo el mundo la primera vez que se somete a la electroestimulación). La pequeña descarga eléctrica que se aplica con este tipo de estimulación (de unos dos milivoltios en el exterior del cráneo) ejerce un efecto leve sobre las neuronas: aumenta la probabilidad de que las que están cerca del área estimulada disparen y también puede inducir cambios asociados a la neuroplasticidad en ellas, pero no suele provocar disparos neuronales directamente, como sí hacen otras formas de estimulación cerebral.

Un segundo tipo de estimulación cerebral popular, la estimulación magnética transcraneal, se sirve de campos magnéticos que ejercen un efecto más notable. A diferencia del cosquilleo de la estimulación eléctrica transcraneal, en este caso se percibe un TAP, TAP, TAP fuerte y, en ocasiones, molesto. Consiste en colocar un artilugio pesado con forma de ocho en un punto preciso de la cabeza, donde crea un campo magnético que hace que las neuronas disparen en unas pequeñas áreas cerebrales específicas. En un experimento muy divertido, el investigador coloca el artilugio sobre la corteza motora del cerebro, donde cada zona es responsable de una parte del cuerpo, y, cuando este apunta directamente al área de esta corteza responsable de los movimientos dactilares, los dedos se mueven involuntariamente. Es indoloro, pero muy sorprendente. El investigador podría mover los dedos del voluntario en orden y de uno en uno estimulando zonas contiguas de esta área del cerebro, una detrás de la otra. Es un procedimiento muy seguro: no es más que un cambio momentáneo de los disparos neuronales. Por visibles que sean los resultados de esta estimulación, se desvanecen con la misma rapidez con que aparecen. El cerebro vuelve a la normalidad y se recupera el control del dedo.

Como los efectos de la estimulación cerebral son transitorios y reversibles, si se buscan cambios más duraderos hay que estimular el cerebro durante más tiempo, lo que significa dar descargas repetidas. Con el tiempo, esto provoca en el cerebro cambios en la excitabilidad eléctrica que perduran una vez la estimulación ha terminado.[21] Múltiples sesiones con descargas repetidas hacen que los cambios cerebrales duren aún más. Esta es la premisa sobre la que descansa la estimulación cerebral para la depresión y otros trastornos mentales.

Hay muchos estudios modernos acerca de las repercusiones positivas a largo plazo de las técnicas de estimulación cerebral repetida sobre el estado de ánimo. En los ensayos sobre tratamientos para la salud mental, la estimulación transcraneal magnética y la eléctrica acostumbran a dirigirse a un área del cerebro que está justo bajo las sienes, la cual está hipoactiva en caso de depresión: la corteza prefrontal dorsolateral. Esta zona forma parte de una red que nos ayuda a dirigir la atención de un modo adecuado, a activar la memoria a corto plazo y a tomar decisiones.

Algo habitual cuando se tiene depresión es la incapacidad para concentrarse y tomar decisiones. La mayoría de las personas tienen dificultades para concentrarse en algún momento (algunas más que otras), pero, cuando hay depresión, la pérdida grave de atención y la sensación de bloqueo por indecisión son dos de los síntomas más incapacitantes de todos. Como la estimulación cerebral aumenta temporalmente la actividad de la corteza prefrontal dorsolateral (respecto al estado por lo general reducido durante estas tareas difíciles que se aprecia en la depresión),[22] intenta mejorar la capacidad de las personas con depresión para centrarse y controlar sus emociones.

En ensayos clínicos sobre la estimulación magnética transcraneal (la del TAP, TAP, TAP), las personas con depresión mayor acuden a la clínica para recibir estimulación un promedio de cinco veces a la semana durante varias semanas. Unas veinte sesiones de estimulación magnética transcraneal de cuarenta minutos reducen los síntomas de depresión de muchas personas[23] y la probabilidad de mejorar se duplica con creces tras seguir esta técnica en comparación con una estimulación cerebral placebo.[24] En algunos métodos más recientes, las sesiones son más breves pero más concentradas; en un estudio reciente, diez sesiones diarias durante cinco días consecutivos produjeron una reducción drástica de los síntomas de más del noventa por ciento de los pacientes.[25] Normalmente, tanto en los ensayos como en la clínica, la estimulación cerebral se dirige a pacientes que no han respondido a otros tratamientos, como los antidepresivos o la psicoterapia,[26] por lo que este nivel de eficacia es aún más impresionante; claro que, como sucede con todos los tratamientos, la estimulación magnética transcraneal no funciona con cualquiera. Sea como sea, da suficientes resultados como para que muchas clínicas la usen en la actualidad y ya son muchos los pacientes que se han beneficiado considerablemente de ella. De todos modos, presenta un inconveniente práctico en comparación con los fármacos o la psicoterapia: el dispositivo es muy caro y requiere un personal formado, algo que la mayoría de las clínicas no pueden permitirse.

Por eso, en el estudio en el que participó Peter, usamos estimulación eléctrica transcraneal, una manera menos consolidada pero más práctica de aumentar la actividad en la misma área cerebral, la corteza prefrontal dorsolateral, pues los primeros ensayos clínicos modernos tuvieron resultados muy prometedores. En uno de los primeros estudios sobre este tratamiento, los pacientes con depresión acudieron a la clínica en cinco ocasiones y recibieron sesiones de veinte minutos de estimulación eléctrica leve, lo que redujo sobremanera la depresión.[27] Además, parecía que esta funcionaba no solo en solitario, sino también como un potenciador que incrementaba la probabilidad de que el paciente respondiera a otros tratamientos eficaces, como la psicoterapia.

Con base en esto, me pasé gran parte de mi doctorado yendo de una clínica especializada en depresión a otra en Londres para aplicar estimulación eléctrica a pacientes como Peter. Pensábamos que aumentar la actividad en la corteza prefrontal elevaría la probabilidad de que los pacientes se recuperaran tras seguir una terapia cognitivo-conductual. Nuestra hipótesis era que la estimulación los ayudaría a implicarse en las sesiones de terapia, algo que con frecuencia resulta difícil, ya que estas exigen prestar atención y tomar decisiones complicadas, precisamente dos de las cosas que tanto cuestan a las personas con depresión.

El experimento[28] duró años y nos exigió muchísimo trabajo a Jon Roiser, mi supervisor de doctorado, a mi estimado colega Chamith Halahakoon, también psiquiatra, a docenas de científicos y expertos clínicos y a mí misma. Sin embargo, si avanzamos deprisa en el tiempo y dejamos eso atrás, la cuestión es que descubrimos que nuestra hipótesis era errónea. La estimulación cerebral no aumentó sustancialmente la cantidad de pacientes que mejoraron tras ocho semanas de TCC combinada con estimulación eléctrica en comparación con la cantidad de pacientes que mejoraron con una estimulación placebo idéntica (que también habían recibido terapia). Aproximadamente, un veinte por ciento más mejoraron cuando recibieron estimulación cerebral en comparación con el placebo, pero las cifras no tenían significación estadística, por lo que no podemos asegurar que la terapia combinada fuera mejor que el placebo. Hay varios motivos que lo podrían explicar. El más obvio es que, en promedio, no funciona mejor que el placebo y punto (el placebo va bien; además, todo el mundo recibió psicoterapia, que también da muy buenos resultados). A veces, incluso las hipótesis más meticulosamente elaboradas se equivocan. Otra posibilidad es que funcione un poco, pero que hubiéramos necesitado un ensayo más amplio para comprobarlo (por cuestiones estadísticas, se necesitan más personas para observar efectos leves). Entre las dos posibilidades, la intuición me dice que lo que sucede es que no funciona, o al menos no como creíamos que lo haría, no en promedio.

De todos modos he de mencionar que hubo personas que mejoraron tras el tratamiento combinado y que pensábamos que no lo harían nunca. Recuerdo que Eric, uno de los pacientes, me dijo: «La terapia no funcionaba, los antidepresivos no funcionaban, pero, tras las sesiones semanales de estimulación cerebral, la terapia me parece menos inútil. Me está ayudando».

Hubo varios pacientes a quienes la estimulación pareció beneficiar bastante, como Eric. Cuando estudiamos los escáneres cerebrales de todos los participantes, descubrimos por qué. Las personas que mejoraron con la estimulación presentaban una actividad elevada, próxima a la normal, en la corteza prefrontal dorsolateral ya antes del comienzo del tratamiento. De hecho, cuanto más alta fuera esta, mayor era la probabilidad de que mejoraran. Esto no sucedía con los pacientes que recibieron estimulación placebo: no había correlación entre la actividad prefrontal y la mejoría tras el placebo.

En definitiva, la estimulación cerebral funcionaba cuando el área estimulada ya era bastante activa. Como la estimulación era igual para todos los participantes, imagino que el cerebro de quienes mejoraron no necesitó demasiada estimulación para volverse más excitable, mientras que el de quienes no mejoraron hubiera necesitado un nivel superior de estimulación durante más tiempo. No lo sabemos. De todos modos, es una explicación biológica posible acerca de por qué la estimulación cerebral funcionaba en unos casos y en otros no. De ser cierta, lo podríamos corregir en el futuro y aplicar un nivel distinto de estimulación cerebral a cada paciente dependiendo del estado de su cerebro: menos para las personas con una actividad próxima a la normal y más para las personas con una actividad más alejada de la normalidad.

Si la ventaja de la estimulación cerebral es su capacidad de estimular distintas áreas cerebrales, también debería ser capaz de estimular un área diferente de cada persona. Sin embargo, la estimulación transcraneal también está limitada, ya que, como se aplica desde fuera del cráneo, solo alcanza las áreas cerebrales bastante próximas a este. Activar algunas de ellas, como la corteza prefrontal dorsolateral, puede ser útil para la recuperación de determinadas dolencias, pero muchas otras áreas igualmente importantes no son accesibles. Zonas como la amígdala (y otras estructuras cerebrales profundas de las que ya hemos hablado que son relevantes en el contexto de los trastornos de salud mental) no se pueden estimular de un modo seguro y preciso con este método. Por ello hay técnicas que actúan por debajo de la superficie en lugar de alterar la actividad cerebral desde fuera del cráneo. Por ejemplo, la estimulación cerebral profunda quirúrgica consiste en implantar electrodos en estructuras cerebrales concretas y aplicar una corriente directamente a esas neuronas. Se trata de una versión sofisticada de las estrategias que se describen en el capítulo 4.

ESTIMULACIÓN CEREBRAL PROFUNDA

En su origen, la estimulación cerebral profunda se desarrolló como un tratamiento quirúrgico para la enfermedad de Parkinson avanzada. Una de las maneras de elevar el nivel de dopamina en el cerebro es administrar un fármaco como la L-DOPA. Sin embargo, estos fármacos no siempre funcionan y, a dosis elevadas, pueden provocar efectos secundarios incapacitantes. Hace varias décadas, los científicos descubrieron que la estimulación cerebral profunda mediante implantes quirúrgicos sustituía en gran parte la función de la dopamina como iniciadora del movimiento. Si colocaban electrodos diminutos en las áreas que la dopamina suele inhibir o activar, podían manipular los circuitos disfuncionales del cerebro y lograr que recuperaran una función mucho más próxima a la normal. Aunque parece ciencia ficción, se ha usado con éxito en más de un millón de pacientes de todo el mundo y ha cambiado la vida de personas con párkinson grave, que han recuperado la capacidad de caminar, hablar y moverse con más facilidad.

A principios de la década de 2000, el éxito de esta técnica en el tratamiento de la enfermedad de Parkinson inspiró a un grupo de investigadores y cirujanos dirigidos por la neuróloga Helen Mayberg a llevar a cabo el primer ensayo clínico de estimulación cerebral profunda para tratar la depresión.[29] Los seis pacientes de este primer ensayo tenían una depresión resistente, lo que significa que no habían mejorado tras cuatro tratamientos distintos, incluyendo medicación, psicoterapia o terapia electroconvulsiva. Los investigadores implantaron electrodos en un área profunda del cerebro, la corteza cingulada anterior subgenual, que Mayberg había demostrado que era un área clave en la depresión. La actividad en esta área cerebral aumentaba cuando los voluntarios estaban tristes y se reducía después de un tratamiento exitoso para la depresión.[30] Este trabajo inicial proporcionó a Mayberg y a su equipo un objetivo probable y creían que, si modificaban la actividad con electricidad, cambiarían el estado de ánimo de los pacientes.

En cuatro de los seis pacientes del ensayo, la estimulación cerebral profunda causó una remisión «sorprendente y sostenida» de la depresión.[31] Todos los pacientes informaron de cambios en el estado de ánimo durante la operación: cuando el electrodo se activaba, sentían que «el vacío desaparecía» o decían que percibían con más agudeza detalles visuales de la estancia o que se intensificaban los colores. Esto era muy significativo porque, hasta la fecha, nada había funcionado para ellos. Y el área que Mayberg y su equipo habían elegido era crucial para el efecto antidepresivo: en un paciente dado, cuanto más se redujese la actividad en el área estimulada, mejor se encontraba. La estimulación cerebral profunda no solo mejoraba la depresión, sino que lo hacía debido a su acción sobre el área cerebral estimulada: los pacientes se iban encontrando cada vez mejor a medida que la actividad cerebral se iba aproximando a la normalidad.

El ensayo de Mayberg revolucionó el pensamiento acerca de los tratamientos para la depresión y otros trastornos mentales. De repente, modificar de un modo preciso y directo áreas cerebrales parecía realista y factible en caso de trastornos psiquiátricos graves. En la actualidad, la estimulación cerebral profunda se ha probado en todo el mundo y la implantación de electrodos en distintas regiones ha permitido tratar con éxito a pacientes con otros trastornos neuropsiquiátricos, como el trastorno obsesivo-compulsivo[32] o el síndrome de Tourette[33] (debido a los riesgos que entraña esta intervención quirúrgica, solo se ha probado en pacientes muy graves que no habían hallado alivio con ningún otro tratamiento).

Aunque ha sido revolucionario, el camino a los tratamientos que actúan directamente sobre el cerebro no ha estado exento de baches. Al igual que sucedió en el ensayo original de Mayberg, algunos pacientes a quienes se implantaron dispositivos de estimulación cerebral profunda mejoraron de un modo casi milagroso y sintieron que el tratamiento les había salvado la vida. Sin embargo, desde estos primeros trabajos, la estimulación cerebral profunda ha sido objeto de gran controversia. En 2013, el patrocinador del ensayo clínico más grande hasta la fecha sobre esta técnica como tratamiento para la depresión lo suspendió cuando los resultados iniciales no fueron tan prometedores como se esperaba.[34] El fracaso del estudio dio lugar a muchísimas especulaciones en la comunidad médica y científica: se filtraron informes anecdóticos que recogían los efectos secundarios que habían sufrido los participantes en el estudio y a los neurocientíficos y psiquiatras les llegaron rumores de sus colegas de que la estimulación cerebral profunda no funcionaba para la depresión y que quizá fuera más peligrosa que útil. Fue como volver a los oscuros orígenes de esta técnica. Muchos científicos empezaron a pensar que tal vez las milagrosas recuperaciones anteriores no habían sido más que otro ejemplo de un efecto placebo muy poderoso. Y, para ser justos, el placebo contribuye a los resultados de todos los tratamientos, pero, cuanto más inusual e invasivo («cuanto más grande sea la pila»), mayores serán las expectativas de recuperación de quien lo recibe.

Sin embargo, entonces sucedió algo muy interesante con los pacientes del ensayo fallido. Aunque no se implantaron electrodos de estimulación cerebral profunda a más pacientes una vez se puso fin al estudio, sí que se autorizó a quienes ya los tenían a que los continuaran usando y se llevó un seguimiento durante meses y años. Con el tiempo, cada vez más pacientes dieron muestras de recuperación. Al cabo de dos años, la depresión se había reducido significativamente para la mitad de ellos (una cantidad enorme en un grupo con trastornos tan graves).[35]

Este estudio es un buen ejemplo de lo difícil que es realizar un estudio clínico: si se detiene demasiado pronto, el ensayo se considera fallido y un tratamiento que podría ser útil se pierde para siempre. Por otro lado, la estimulación cerebral profunda también es un ejemplo extremo de cómo un mismo tratamiento para la salud mental ayuda a unas personas y perjudica a otras. Las historias negativas eran ciertas, en parte: algunos pacientes a quienes se implantaron electrodos empeoraron o sufrieron infecciones en el cerebro; otros se suicidaron. Determinar qué causa unos resultados tan distintos con un mismo tratamiento y reducir los efectos secundarios en el futuro es vital.

Al igual que sucede con la estimulación eléctrica transcraneal, lo que la estimulación cerebral profunda haga en el cerebro y que ello alivie la depresión (o los síntomas de cualquier otro trastorno mental) depende en gran medida del estado inicial del cerebro. Solo esto es una de las primeras causas de que varíe tanto la percepción de si un tratamiento funciona, incluso cuando hablamos de antidepresivos o psicoterapia. La estimulación cerebral debería resolver mejor este problema, porque permite ajustar la intensidad, pero la complejidad que entraña evaluar la actividad cerebral de una persona en el momento plantea uno de los primeros obstáculos a la personalización. En mi estudio, hacíamos una evaluación al comenzar (una RMf antes de iniciar el tratamiento), aunque la actividad cerebral puede cambiar de un día al siguiente o incluso de un momento a otro, por lo que conocer la situación en cada momento preciso permitiría intensificar la estimulación o suavizarla en función de la situación del cerebro durante esta.

Esta medicina personalizada se ha hecho realidad recientemente con la estimulación cerebral profunda, cuyos electrodos implantados, además de estimular, permiten controlar la actividad de neuronas concretas, aunque esta técnica aún es incipiente. A una paciente cuya depresión no había respondido a ningún otro tratamiento se le colocó un electrodo que *atendía* a su estado cerebral inmediato y modificaba la cantidad de electricidad que administraba en función de este.[36] Esto permitió que el tratamiento fuese individualizado y se adaptara no solo a su cerebro, sino también a las fluctuaciones diarias de este. Sin duda, fue todo un éxito para esta paciente, pero también muy difícil de lograr: exigió una intervención quirúrgica, así como múltiples sesiones de registro. No obstante, se desconoce la capacidad de esta técnica para convertirse en un tratamiento a mayor escala.

La estimulación cerebral profunda ofrece posibilidades a los pacientes que han agotado los demás recursos. No obstante, al igual que sucede con todos los tratamientos de salud mental eficaces, podría no ser mejor que un placebo para algunos de ellos. Dado que entraña riesgos quirúrgicos, identificar quiénes son estas personas y optimizar la manera en que se estimula su cerebro es una prioridad urgente en mi campo.

Espero que, en el futuro, se les siga ofreciendo esta opción más arriesgada a los pacientes *adecuados*. Las mejores pruebas de que disponemos hasta la fecha indican que es eficaz para algunas personas, a quienes ya no les quedan otras opciones de tratamiento y, de este modo, encuentran esperanza. En los demás casos, creo que las técnicas no invasivas de estimulación cerebral, sin capacidad para alcanzar las áreas cerebrales más profundas, pero con un riesgo más bajo, se podrían convertir en un tratamiento tan habitual como la medicación o la psicoterapia. Además, pronto podríamos contar con una opción intermedia, ya que se están desarrollando técnicas no invasivas de estimulación cerebral que podrían tratar áreas cerebrales profundas, como la amígdala, sin necesidad de cirugía.

MEJORES DE LO NORMAL

Parece lógico pensar que, si la estimulación cerebral mejora el cerebro de personas con trastornos de salud mental o neurológicos, también podría mejorar un cerebro sano. Es decir, producir cerebros mejores de lo normal.

En la década de 2010, los experimentos de estimulación eléctrica inspiraron a varios *neurohackers* que llevaron a cabo experimentos caseros y ensayos consigo mismos. Compraron en internet instrumentos no diseñados con fines médicos o construyeron dispositivos con pilas de nueve voltios con la esperanza de mejorar su estado de ánimo normal, su inteligencia o incluso su habilidad con los videojuegos. El atractivo es comprensible. Al igual que los fármacos inteligentes, serían una manera de mejorar nuestras habilidades naturales.

Cuando empecé a investigar el tema de la estimulación cerebral (hacia 2012), dediqué algo de tiempo a leer los consejos de los *neurohackers*. Presentaban sus dispositivos, recomendaban dosis de estimulación diarias, si no varias veces al día, y probaban distintas áreas cerebrales (aún no se había investigado sobre algunas de ellas). Me quedé impresionada por lo meticulosos que eran y por lo bien que documentaban hasta la más mínima variación en los dispositivos, organización y aplicación de la estimulación cerebral. Y por sus éxitos: escribían en los hilos de ciertos foros que se habían vuelto invencibles en videojuegos concretos o que sus notas habían mejorado y sacaban excelentes en lugar de suficientes. Algunos de los que habían tenido problemas de ansiedad y estado de ánimo deprimido se encontraban bien desde que habían empezado a estimular su cerebro.

Sé lo que estás pensando: ¡se trata de un potente efecto placebo generalizado! Y, en efecto, es posible que fuera así para muchos de ellos. Hay pruebas contradictorias acerca de si la estimulación cerebral suave causa cambios drásticos en cualquiera de estos aspectos, más allá de las extraordinarias expectativas que se tengan al colocarse un estimulador cerebral en la frente. Cuando se hace en un entorno de investigación controlado, parece que se obtienen algunos beneficios sobre la cognición y el estado de ánimo, aunque más sutiles y variables de lo que se pensaba al principio. Sin embargo, aunque su eficacia se demostrara sin lugar a dudas en el laboratorio, los métodos que usan los *neurohackers* solo se parecen remotamente a los estudios de neurociencia que dicen emular y, como dependen de anécdotas cautivadoras que no tienen en cuenta el enorme efecto placebo de la estimulación cerebral, parece que obtienen resultados muy superiores a los que se logran en cualquier experimento de laboratorio.

Probar dispositivos nuevos no testados puede provocar también efectos secundarios inesperados. Los *neurohackers* acostumbran a sufrir quemaduras en el cuero cabelludo, por descargas demasiado intensas o por una mala aplicación. He leído acerca de una persona que perdió la visión cromática (no tengo ni idea de si eso es posible con el dispositivo que usó): está convencida de que, tras la descarga, su visión ha quedado limitada al blanco y negro de modo permanente. Este efecto secundario nunca se ha dado en la enorme cantidad de estudios de laboratorio, por lo que podría no estar asociado a la estimulación o a algún tipo de efecto nocebo, aunque también podría ser un efecto secundario de un estimulador o dispositivo inusual empleado por el *neurohacker*.

Se trate de un nocebo o no, los efectos secundarios negativos no merman el entusiasmo de estos aficionados a la estimulación cerebral ni el de los científicos que estudian la manera de estimular el cerebro para mejorar directamente algunos de los circuitos cerebrales que intervienen en la salud mental. Por supuesto, yo misma soy culpable de ello: me parece un tema apasionante. Tal vez algunas de las técnicas de estimulación cerebral resulten decisivas para la salud mental y otras, infructuosas; aún no sé cómo determinar en qué grupo englobar cada una de ellas. De momento, mi recomendación es que no construyas un estimulador eléctrico casero para ver lo que pasa. Si te interesa experimentar contigo, te puedes ofrecer voluntariamente para ello en un laboratorio cerca de ti. O, si prefieres los abordajes caseros, será mucho más seguro que investigues con base en la información que encontrarás en los dos capítulos siguientes, que presentan un método antiguo pero eternamente popular de modificar la salud mental modificando el organismo mediante el sistema digestivo, el sueño y la actividad física.

Capítulo 10
¿QUÉ ESTILOS DE VIDA FAVORECEN LA SALUD MENTAL?

La mayoría de las personas no llegan a padecer una depresión tan grave que las lleve a plantearse una TEC. Sin embargo, casi todo el mundo sufre fluctuaciones en su salud mental y, entonces, piensa en qué podría hacer para ser más feliz. Si preguntamos, la mayoría de las personas dirían sin pensar mucho algo como «Ay, sería más feliz si me tocara la lotería». La realidad es que, si la persona promedio ganara la lotería, dejara su trabajo y se mudara al campo, es muy posible que, en efecto, experimentara una mejoría inmediata y a corto plazo en lo que a su salud mental se refiere. No obstante, al final, se acostumbraría a su nuevo estilo de vida y el bienestar subjetivo volvería más o menos al nivel inicial.

No es una anécdota para consolar a los que no somos millonarios. Por lo general, y dependiendo de las técnicas estadísticas y medidas de felicidad que usen los investigadores, la mayoría de los estudios muestran que la felicidad aumenta cuando los ingresos pasan de un nivel bajo a uno intermedio (que son distintos en cada país). Por el contrario, algunos estudios revelan que, cuando los ingresos alcanzan un nivel promedio, la posibilidad de que la felicidad aumente se aplana considerablemente: al menos algunas personas quedan *saciadas* cuando llegan a un nivel de ingresos promedio. De hecho, y en función de las medidas de felicidad que se usen, es posible que el nivel de felicidad empiece a caer a partir de ese punto. Por ejemplo, en Europa, las personas que ganan el equivalente de 145.000 libras esterlinas son menos felices que las que ganan 73.000 libras anuales (según varias mediciones).[1] Se sabe que el nivel de felicidad se regula incluso después de eventos muy significativos, ya sean positivos o negativos.

Es lo que se conoce como «adaptación hedónica», la cual, aunque puede limitar el aumento de la felicidad a pesar de que se eleven los ingresos, también ayuda a seguir adelante en situaciones catastróficas o traumáticas.

Hay circunstancias vitales que superan cualquier influencia que el estilo de vida ejerza sobre la felicidad, como la pobreza, la enfermedad, la guerra o el maltrato, entre muchas otras. La mala salud mental de alguien sometido a un trauma continuado tiene una explicación evidente. Lo que ya no se explica con tanta facilidad es por qué la gran mayoría de las personas que se encuentran en situaciones horrendas conservan la salud mental.[2] La ciencia de la salud mental llama «resiliencia» a esta capacidad, como hemos visto en el capítulo 3. De la misma manera que hay factores de riesgo para desarrollar un trastorno mental (por ejemplo, un pasado traumático), también hay factores de protección, propiedades del cerebro que protegen la salud mental incluso cuando nos enfrentamos a grandes dificultades.

La resiliencia es como el sistema inmunitario de la salud mental. Y, de la misma manera que podemos hacer cosas para reforzar el sistema inmunitario, podemos hacerlas para reforzar la inmunidad mental (no te sorprenderá saber que algunas de ellas son las mismas para la inmunidad física que para la mental). Aunque también hay influencias genéticas que nos predisponen a reaccionar de una manera más o menos resiliente, gran parte de la resiliencia depende de factores controlables del entorno, lo que incluye el interior del cuerpo.

Por eso, hay personas que afirman que ha mejorado su estado de ánimo el hecho de cambiar determinados aspectos físicos, ya sea mediante la alimentación, la actividad física, intervenciones quirúrgicas o incluso técnicas más experimentales, como los trasplantes fecales. Hace mucho que tanto investigadores como gente de a pie atribuyen propiedades protectoras de la salud mental a actividades físicas y alimentos concretos. Hipócrates (c. 460-370 a. C.) escribió que «solo con comer no basta para estar sano, también hay que hacer ejercicio». En la actualidad hay investigaciones científicas que van más allá de la prevención de enfermedades mentales (y físicas) y se orientan a conservar el bienestar mental en general o mejorarlo.[3] Sin embargo, ¿cómo es posible que lo que comemos o hacemos influya en nuestra salud mental?

Para explicar cómo mejoran la salud mental los cambios en el estilo de vida (en algunos casos), recuperemos el ejemplo del capítulo 1 acerca de un estado físico que empeora la salud mental: el dolor crónico. Esto se debe en parte a un motivo tan evidente como que el dolor es incómodo y la incomodidad produce malestar. Sin embargo, la relación también se explica porque el dolor es mucho más que la incomodidad a corto plazo: modifica áreas y redes cerebrales que desempeñan funciones clave para mantener la salud mental, y esos cambios hacen que quienes lo sufren sean más vulnerables a circunstancias que provocan mala salud mental.

La resiliencia es la otra cara de esta moneda. Algo que mejora el estado del cuerpo a corto plazo (descanso, alimento, cobijo, etc.) debería mejorar la salud mental, no solo porque dejamos de estar cansados o de tener hambre o frío, sino porque así reforzamos también la inmunidad mental, quizá porque modificamos la actividad cerebral en las áreas responsables de la homeostasis física y emocional (véase el capítulo 2). Por eso, aumentar el nivel de actividad física, seguir una dieta nueva o mejorar la higiene del sueño son estrategias populares de fomentar el bienestar mental. Son maneras de mejorar el estado físico que, en algunos casos, conservan la inmunidad mental o la restauran. Incluso aunque no tengamos ningún trastorno, a la mayoría de nosotros nos iría bien cultivar la inmunidad mental para afrontar los retos a los que nos enfrentamos en la vida.

Quizá precisamente porque se trata de cambios en el estilo de vida muy populares (parecen saludables y buenos a primera vista), la mayoría de las personas no ahondan en qué dice la ciencia al respecto antes de iniciar un nuevo plan de ejercicio físico para aumentar el bienestar. Sea como sea, la ciencia está empezando a demostrar que cambiar el estilo de vida puede alterar los mismos circuitos que tratamientos médicos más consolidados, como los medicamentos o la psicoterapia. Quizá también porque los cambios de estilo de vida parecen tan positivos, se asume que son eficaces en todos los casos y que carecen de efectos secundarios. No obstante, no tiene por qué ser así. La investigación también demuestra que, al igual que sucede con otras maneras de mejorar la salud mental, los cambios en el estilo de vida dan resultados para muchas personas, pero son peligrosos para otras pocas. Es posible que aún no conozcamos todo su potencial, dado que la ciencia aún está en proceso de determinar cuándo y cómo cambiar el estilo de vida de alguien para obtener los máximos beneficios en relación con la salud mental.

CAMBIAR EL CUERPO PARA CAMBIAR LA MENTE

«Cuando hago ejercicio me encuentro mejor, tengo más energía, estoy más alegre.»

¿Cuántas veces has oído esta afirmación tan habitual e irritante de boca de alguien fan del gimnasio? A mucha gente le suena a trola, a algo que se dice alguien para justificar algo que es aburrido o incluso desagradable, pero que la sociedad valora. Sin embargo, una cantidad significativa de personas estarían de acuerdo (¡aunque no lo dirían!) con ella, a pesar de que no siempre actúen en consecuencia o lo proclamen con tanta satisfacción.

«El hábito de la mente se corrompe por malas costumbres en la comida, la bebida y el ejercicio», escribió Galeno, un médico y filósofo griego (c. 129-200 d. C.).[4] Galeno se ocupó en gran medida de la influencia de la alimentación y el ejercicio físico sobre la salud física y mental, pues creía que esta dependía de diversos factores externos: el aire, la comida y la bebida, el sueño, la actividad física, la digestión, la excreción y las emociones[5] (una lista razonable aún hoy).

Galeno también pensaba que había una *dosis* óptima de todos estos factores que favorecen la salud, es decir, que la moderación era importante incluso para las cosas saludables. Además, creía que esta dosis óptima era distinta para cada persona. Por ejemplo, la cantidad y la intensidad de la actividad física ideales dependían de la forma física inicial de cada quien, del mismo modo que la dosis de un fármaco se ajusta al peso o a la tolerancia del paciente. Galeno determinaba las dosis anotando en qué medida le faltaba a alguien la respiración durante varias actividades y vio que lo que para una persona era ejercicio para otra no lo era: «Los movimientos que no alteran la respiración no son ejercicio. Sin embargo, todo movimiento que lleve a alguien a respirar con mayor o menor velocidad es ejercicio para él».[6] La influencia de la postura de Galeno respecto al ejercicio físico duró siglos. En la actualidad tenemos una idea similar sobre qué constituye ejercicio y qué no y también pensamos que algunas actividades son ejercicio en función de la forma física inicial de quien las practica.

Los estudios modernos muestran que el ejercicio (ya sea solo o combinado con otro tratamiento, como la medicación) resulta muy beneficioso para determinados trastornos, sobre todo en caso de depresión. En veinticinco estudios controlados y aleatorizados, el ejercicio, en especial el aeróbico «de moderado a vigoroso», tuvo un poder antidepresivo significativo.[7] Sin embargo, los estudios presentan diferencias importantes. Muchos son demasiado pequeños y podrían no ser representativos de todos los pacientes. Asimismo, varios de ellos incluyen a distintos tipos de personas (sin depresión, con depresión leve, con diagnóstico de depresión mayor) y prescriben pautas de ejercicio físico muy diversas. Por lo tanto, aunque un estudio amplio concluyó que sumar la actividad física al tratamiento de pacientes con depresión no había dado resultado alguno,[8] esto se podría explicar porque las personas que participaron en él estaban más deprimidas que en la mayoría de los estudios anteriores (por lo que, quizá, el ejercicio sea más eficaz para quienes padecen depresión leve); o porque otros ensayos (positivos) eran más pequeños e incluyeron a personas que querían hacer ejercicio, lo que interfirió con los resultados; o incluso porque el tipo de ejercicio que planteaba el estudio negativo era menos intenso que el de otros estudios, más pequeños. En conjunto, es evidente que practicar ejercicio para mejorar la salud mental no es algo tan sencillo como parece, ni en términos del ejercicio concreto ni del problema de salud mental.

De todos modos, los devotos del gimnasio tienen algo de razón. Un estudio amplio concluyó que, de entre 1,2 millones de personas, las que hacían ejercicio tenían mejor salud mental. En concreto, el ejercicio regular se asociaba a una reducción del cuarenta y tres por ciento de días con mala salud mental (autoevaluada) en el último mes en comparación con personas similares que no practicaban ejercicio.[9] La relación positiva entre el ejercicio y la salud mental se mantuvo en todas las edades, en ambos sexos, en todos los grupos étnicos y en todos los niveles de ingresos familiares. También se mantuvo que, con independencia del ejercicio físico de que se tratara, siempre había un beneficio para la salud mental, aunque estos son mucho más notables con los deportes de equipo, el ciclismo y las actividades aeróbicas o en el gimnasio.

Este estudio es uno de los últimos en una larga lista de ellos que concluyen que las personas que practican más ejercicio se encuentran mejor. Sin embargo, estos resultados son correlacionales y, si no contáramos con estudios controlados aleatorizados previos, también podríamos concluir que las personas con mejor salud mental hacen más ejercicio. De hecho, esta dirección causal es cierta, aunque es poco probable que explique toda la correlación. Lo sabemos porque los autores equilibraron estadística y meticulosamente los grupos que hacían ejercicio y los que no para tener en cuenta las diferencias en edad, raza, género, estado civil, ingresos, nivel educativo, índice de masa corporal, salud física y depresión previa. Por lo tanto, es lógico interpretar que la fuerte asociación entre el ejercicio físico regular y la salud mental es causal hasta cierto punto.

Un cuarenta y tres por ciento de días menos de infelicidad parece una cantidad bastante importante. Sin embargo, si detestas el ejercicio, te puedes consolar sabiendo que esta diferencia, por grande que sea, equivale a solo un día y medio de felicidad al mes en comparación con las personas que no hacen ejercicio. No parece un beneficio demasiado importante. Por otro lado, un día y medio más de felicidad es, en realidad, un efecto mayor que el que cabe esperar con otras cosas que se cree que mejoran el bienestar. Por seguir con el ejemplo de los ingresos, la diferencia entre ganar 11.000 libras anuales y 38.000 (un aumento de sueldo colosal) se asocia con menos de un día más de felicidad. Eso significa que el ejercicio regular se traduce en más del doble de días de felicidad que pasar de ingresos bajos a medios en un país occidental rico (los datos procedían de Estados Unidos).

El efecto es aún mayor en algunos grupos. Por ejemplo, las personas con un diagnóstico previo de depresión que hacían ejercicio experimentaron casi cuatro días más de mejor salud mental al mes que las que no. Y, en el caso de algunas disciplinas, como el yoga o el taichí, la mejora en la salud mental era superior que con otras actividades, como salir a caminar (las personas que practicaban yoga o taichí experimentaron una reducción del veintitrés por ciento en los días de mala salud mental durante el mes anterior en comparación con quienes no hacían nada).[10]

Antes de que tires el libro y te pongas a practicar ejercicio, quizá quieras revisar cuánto haces ya. Aunque el estudio demostró que el ejercicio ofrecía beneficios significativos en general, estos solo se materializaban hasta llegar a un punto de inflexión: cuarenta y cinco minutos de práctica entre moderada y vigorosa (o setenta minutos de práctica suave) entre tres y seis veces a la semana. Las personas que lo hacían durante más tiempo (por ejemplo, más de dos horas) experimentaron menos días de felicidad que las que hacían algo menos. De hecho, el nivel de felicidad del grupo que hacía ejercicio con demasiada frecuencia era muy parecido al del grupo que lo hacía menos de tres veces a la semana. Por lo tanto, es posible que la idea moderna de que «cuanto más, mejor» en lo que a la actividad física se refiere no sea cierta si hablamos de bienestar.

Más actividad física se asocia a mejor salud mental hasta cierto punto, momento en el que la asociación se puede invertir. Si hay una relación causal entre esta asociación sería un eco de la advertencia de Galeno: «Si el cuerpo necesita movimiento, el ejercicio es saludable y el descanso, mórbido; cuando el cuerpo necesita una pausa, el descanso es saludable y el ejercicio, mórbido». ¿Su solución? «El ejercicio ha de cesar en cuanto el cuerpo empieza a sufrir.»

Es posible que también haya factores de salud mental ocultos que expliquen la asociación entre el ejercicio físico muy frecuente y la mala salud mental, al menos en parte. En todos los estudios hay siempre factores que no se miden, por lo que su influencia no se puede ponderar estadísticamente. En este caso, esos factores podrían ser otros problemas de salud mental (no la depresión, que se medía y, por lo tanto, se tenía en cuenta). Por ejemplo, si alguien practica mucho ejercicio porque tiene síntomas de un trastorno de la alimentación, pero no de depresión, los datos del estudio no considerarían su problema de salud mental, lo que explicaría la asociación. Lo mismo sucedería con otros aspectos de la salud mental que motivan hábitos de actividad física compulsiva, como los síntomas obsesivos-compulsivos. Por lo tanto, es posible que el grupo que practica el nivel más elevado de ejercicio incluya a más personas con problemas de salud mental añadidos que las lleva a otorgar una puntuación menor a su felicidad.

Cuando se publicó este estudio, yo misma estaba en la categoría de ejercicio demasiado frecuente. Soy un ejemplo de persona que aumenta su actividad cuando está más estresada. Durante los primeros meses de la pandemia, eso significaba practicarlo dos veces al día cada día (también era uno de los únicos motivos por los que se podía salir de casa en el Reino Unido). A lo largo de los años he conocido a muchas personas que comparten categoría conmigo: hacen ejercicio para sentirse menos ansiosas o inseguras e intensifican su actividad física cuando pasan por momentos complicados. Parece lógico pensar que esta estrategia es útil hasta cierto punto.

Creo que la investigación ya ha reunido las pruebas suficientes para afirmar que la actividad física moderada mejora la salud mental de muchas personas. Sin embargo, el verdadero misterio empieza precisamente ahí: ¿Por qué?, ¿a qué debe el ejercicio su capacidad para modificar la salud mental?, ¿es por los cambios que causa en el cuerpo o es por alguno de los procesos mentales que lo acompañan, como la sensación de mejora física?

El ejercicio (y la actividad física en general) repercute sobre múltiples funciones cerebrales. Durante y después de este, se liberan diversos neurotransmisores y hormonas; ya hemos mencionado (en el capítulo 1) algunos de ellos: opioides endógenos asociados al placer, de los que se cree que sustentan, al menos en parte, el efecto del ejercicio físico sobre la hedonia a corto plazo, además de aumentar la tolerancia al dolor.[11] Sin embargo, es posible que los efectos a más largo plazo sobre el estado de ánimo requieran cambios también a más largo plazo en el cerebro. La cantidad de neuronas existentes es una de las explicaciones posibles que se mencionan. La actividad física aumenta el tamaño del hipocampo izquierdo,[12] una estructura clave para la memoria, además del de la corteza frontal y la corteza cingulada anterior, que intervienen en la toma de decisiones y la autorregulación.[13] Por el contrario, en la depresión, el tamaño de estas estructuras está reducido.[14] Solo podemos deducir hasta cierto punto qué significan estos cambios de tamaño generales en distintas áreas del cerebro, pero los experimentos con animales indican que el motivo por el que el ejercicio cambia el tamaño de ciertas estructuras cerebrales es que promueve el crecimiento y la supervivencia neuronales. Por lo tanto, una de las teorías plantea que el ejercicio contrarresta la reducción del tamaño del cerebro o incluso la previene, lo que a su vez tiene efectos a más largo plazo sobre la salud mental.

Esto no es más que una idea, porque es imposible medir directamente el nacimiento de neuronas nuevas de humanos. Al igual que sucede con otros procesos biológicos, solo podemos inferir la neurogénesis a partir de variables indirectas, como el aumento del volumen de las estructuras cerebrales o del flujo sanguíneo que las riega, lo cual, en realidad, podría significar muchas cosas. Sea como sea, la constatación de que el ejercicio aumenta el riego sanguíneo en el hipocampo humano se suma a las pruebas en ratones que muestran que la misma medida se asoció a un aumento de la neurogénesis derivada del ejercicio físico.[15] Además, es muy poco probable que el ejercicio solo mejore la salud mental mediante una ruta cerebral directa. Por ejemplo, la actividad física también reduce la inflamación en el cuerpo,[16] lo que podría alterar la salud mental mediante los procesos cerebro-cuerpo de los que hemos hablado en el capítulo 2. Esta es una explicación muy breve, pero la acumulación de estos estudios indica que el ejercicio físico tiene efectos periféricos (cuerpo) y centrales (cerebro), lo que significaría que su influencia sobre la salud mental se produce por diversas vías biológicas, muchas de las cuales desconocemos aún.

También hay varias explicaciones no biológicas sobre cómo favorece la salud mental el ejercicio físico. Por ejemplo, se cree que este mejora los factores psicológicos de autoestima y autoeficacia o la creencia de que se puede lograr algo concreto.[17, 18] Tanto la autoestima como la autoeficacia se asocian a una reducción del riesgo de depresión:[19, 20] son factores de resiliencia que protegen la salud mental. El aumento de la autoestima y de la autoeficacia reforzaría el sistema inmunitario mental y, así, protegería de la depresión. Se desconoce cómo interactúan los factores psicológicos con los efectos biológicos del ejercicio, como la neurogénesis o la reducción de la inflamación, y cómo influyen los segundos en los primeros.

Sabemos que el ejercicio físico modifica varias facetas del cerebro, del cuerpo y de estilos cognitivos asociados a la resiliencia mental. Lo que no sabemos con certeza es por qué mejora la salud mental. Por desgracia no se han llevado a cabo suficientes estudios amplios y exhaustivos en humanos que permitan entender por qué esos cambios aumentan la felicidad o cómo modifican varios procesos mentales (motivación, aprendizaje, etc.) relacionados con una mejor salud mental. Todavía queda mucho por descubrir.

No obstante, es posible que, si a alguien le gusta hacer ejercicio, le importe bastante poco saber por qué funciona mientras lo haga. En ese sentido, el ejercicio físico es una de las estrategias más y menos atractivas para mejorar la salud mental. *Más* porque, al menos a primera vista, hacer ejercicio parece bastante fácil y tiene menos efectos secundarios graves (a no ser que ya se practique demasiado) y es más barato y accesible que los medicamentos, la psicoterapia o la estimulación cerebral. *Menos* porque hacer ejercicio exige esfuerzo, tiempo y motivación, y no todo el mundo los tiene en abundancia. A veces, los síntomas de depresión y los factores de riesgo para otros trastornos de salud mental (anhedonia, fatiga, pesimismo respecto al futuro, falta de motivación) llevan a que hacer ejercicio sea mucho más difícil y a que parezca que el esfuerzo no merece la pena. En algunos casos, probarlo puede resultar más complicado que buscar otros tratamientos para la depresión, o quizá solo sea posible después de un tratamiento anterior que haya reducido los síntomas que hacen que el ejercicio se nos haga tan cuesta arriba.

Por suerte, la actividad física no es el único cambio en el estilo de vida que mejora la salud mental. El segundo ejemplo es algo que incluso las personas que detestan hacer ejercicio considerarán maravilloso, además de uno de los principales y más importantes aspectos de la vida de cualquier persona: el sueño. Cuando se duerme bien, el sueño protege la resiliencia mental, mientras que, cuando se duerme mal, se puede precipitar el empeoramiento de la salud mental, incluso en personas por lo demás sanas.

Todos hemos sufrido las catastróficas consecuencias de una mala noche de sueño: la memoria y la concentración se deterioran, el estado de ánimo se desploma, la sensibilidad al dolor aumenta. Quizá te parezca que es algo tan obvio que no es necesario que la ciencia lo confirme, pero eso nunca ha detenido a los investigadores, que han privado de sueño a multitud de generosos voluntarios y han medido cuidadosamente sus síntomas: ansiedad, depresión y malestar general. Como era de esperar, la salud mental de personas sin trastornos empeora claramente tras la privación de sueño aguda.[21]

Quizá hayas experimentado alguno de los síntomas anteriores o todos ellos tras una noche de fiesta (o de ausencia de fiesta, para quienes tienen bebés o insomnio). Aunque es más inusual, también es posible que hayas empezado a ver u oír cosas que en realidad no estaban ahí. A mí me pasó una vez cuando tenía diecinueve años. Oí una voz, o voces, ininteligibles mientras estaba en mi habitación de la residencia universitaria. Llevaba más de veinticuatro horas despierta. Recuerdo pensar que no eran reales, que estaban en mi cabeza, pero eso no hizo que la experiencia fuera menos desconcertante. Y me alegré mucho de que, al día siguiente, no me volviera a pasar lo mismo. Es lo que se conoce como «experiencia psicótica» y se sabe que la privación de sueño es una de sus causas. Las experiencias psicóticas son delirios y alucinaciones (auditivas, como las que tuve yo, pero también pueden ser visuales o estar relacionadas con otros sentidos).[22] Aunque suelen asociarse a la esquizofrenia, esta no es su única causa. Entre cinco y seis personas de cada cien tendrán una experiencia psicótica en algún momento de su vida,[23] más de trescientas veces la cantidad de personas que desarrollan un trastorno psicótico como la esquizofrenia.

En un estudio que limitó el sueño nocturno de los voluntarios a cuatro horas durante tres noches de una misma semana, las experiencias psicóticas, como ideaciones paranoides y alucinaciones, fueron mucho más comunes en comparación con una semana de sueño normal.[24] Restringir el sueño también aumentó el estado de ánimo negativo y la preocupación y empeoró la memoria a corto plazo. Además, los cambios en los síntomas no eran independientes entre ellos: las personas con el peor estado de ánimo tras la privación de sueño tenían más probabilidades de experimentar paranoia o alucinaciones. Una interpretación es que la restricción del sueño o su alteración causan síntomas psicóticos en parte porque exacerban otros síntomas de mala salud mental.

Los trastornos del sueño también desempeñan un papel importante en los trastornos de salud mental. Más del noventa por ciento de las personas con depresión informan de un empeoramiento de la calidad del sueño.[25] Algunos investigadores lo explican con un modelo de riesgo: el insomnio es un factor de riesgo de desarrollo de problemas de salud mental y de recaídas. Por el contrario, un sueño de buena calidad protege de los trastornos de salud mental y es un factor de resiliencia que refuerza el sistema inmunitario mental. Por ejemplo, es más probable que quienes tienen experiencias traumáticas desarrollen un trastorno de estrés postraumático si ya tenían problemas de sueño.[26, 27] Podría ser que, para mucha gente, se trate de una causalidad circular y que la peor calidad del sueño facilite el desarrollo de problemas de salud mental, mientras que los problemas de salud mental contribuyen al empeoramiento del sueño (y así sucesivamente).

Este patrón sueño-salud mental no es específico de un par de grupos de síntomas, como el estrés postraumático o la psicosis. Parece que el sueño de mala calidad es un factor de riesgo de varios trastornos mentales, mientras que el de buena calidad lo es de protección: en una muestra de más de quince mil personas a las que se entrevistó antes y después de que las destinaran a una operación militar, el insomnio predespliegue se asoció a una mayor probabilidad de desarrollar trastorno de estrés postraumático, depresión o ansiedad después del despliegue.[28] Las polisomnografías muestran alteraciones del sueño en casi todos los trastornos mentales.[29] El noventa y dos por ciento de las personas con depresión informan de alteraciones del sueño y tanto la hipersomnia como la hiposomnia (dormir demasiado o muy poco) son habituales, a veces en la misma persona.[30] El setenta y cinco por ciento de las personas con trastornos de ansiedad informan de alteraciones del sueño; en este grupo, el sueño predijo la recuperación del TEPT cinco años después: el cincuenta y seis por ciento de las personas sin alteraciones del sueño se habían recuperado, en comparación con solo un treinta y cuatro por ciento de las que sí sufrían alteraciones del sueño.[31] El ochenta por ciento de los pacientes a quienes se diagnostica una psicosis por primera vez tienen al menos un trastorno del sueño.[32] Esta comorbilidad de las alteraciones del sueño con ciertos trastornos mentales indica que la mala calidad del sueño es una característica general de la mala salud mental, por lo que en ocasiones se lo califica como «factor transdiagnóstico»: un factor que interviene en múltiples trastornos mentales en lugar de solo en uno.

Las alteraciones del sueño afectan a la salud mental porque modifican los procesos cerebrales que normalmente promueven la salud mental, como los que hemos comentado a lo largo del libro. La privación del sueño deteriora la cognición (atención, lenguaje y memoria)[33] y eleva la sensibilidad al dolor, incluidos los síntomas de dolor crónico.[34] También aumenta la experiencia de sensaciones corporales desagradables, por lo que las personas privadas de sueño dicen sentir más dolor de estómago, dolor muscular y tensión en la frente.[35]

Esto significa que, si pasamos por un acontecimiento estresante que nos altera el sueño, como una enfermedad, un evento traumático o angustiante..., la alteración del sueño podría aumentar la susceptibilidad biológica a la mala salud mental. Hasta qué punto afecta el sueño al estado de ánimo, la cognición, la fatiga y los síntomas corporales varía de una persona a otra, por lo que probablemente haya quien sea más proclive al empeoramiento de la salud mental si sufre alteraciones del sueño. Cuando se suman a las alteraciones del sueño, estas vulnerabilidades pueden dar lugar a síntomas de todo un abanico de trastornos que afectan a sistemas del cerebro y el cuerpo. Por ejemplo, se cree que la alteración del sueño es un elemento importante en la fibromialgia, un trastorno que se caracteriza por un dolor crónico cuyo precipitante habitual es un estresor físico o psicológico.[36]

Dada la multitud de sistemas cerebrales afectados por la privación del sueño y la variedad de problemas de salud mental a los que esta contribuye, la conclusión es que mejorar el insomnio mejoraría la resiliencia de la salud mental. Por ejemplo, si el déficit de sueño realmente causa psicosis, cabría esperar que mejorar el sueño redujera los síntomas psicóticos. Hace unos años, un gran ensayo controlado aleatorizado puso a prueba esta hipótesis.[37] Se asignó aleatoriamente a más de 3.700 alumnos de grado o bien a un tratamiento psicológico para el insomnio (sesiones telefónicas de técnicas cognitivas y conductuales, así como de *mindfulness*, además de higiene del sueño y un diario de sueño), o bien a la condición de control (que era nada en absoluto). Al cabo de diez semanas, los que habían recibido el tratamiento contra el insomnio sufrían menos paranoia y menos alucinaciones, además de menos insomnio. Un dato importante: uno de los principales motivos de esta reducción fue el cambio de los hábitos de sueño. Estadísticamente, la mejora del sueño fue responsable de casi el sesenta por ciento de la reducción de la paranoia. El tratamiento para el insomnio también mejoró otros factores de salud mental, como depresión, ansiedad y bienestar. Así, dormir bien es una manera de potenciar el efecto de otros tratamientos y, para algunas personas, incluso evitaría la necesidad de iniciar tratamientos más intensos.

Una última cosa acerca del sueño. Aunque su privación tiene múltiples efectos negativos tanto psicológicos como biológicos, hay una excepción tan importante como misteriosa a esta regla, un área en la que esta es enormemente positiva para la salud mental (aunque de forma temporal). Hace décadas que los investigadores saben que, para algunas personas con depresión mayor, la privación de sueño aguda mejora el estado de ánimo de forma abrupta y drástica.[38] Quizá funcione porque interviene en las alteraciones circadianas que causan la variabilidad del estado de ánimo, una hipótesis que respalda la eficacia de intervenciones conocidas como «cronoterapia», que consiste en cierta privación del sueño seguida de exposición a la luz del sol por la mañana.[39] (De todos modos, la privación del sueño aguda solo funciona en el cuarenta y cinco por ciento de los pacientes con depresión mayor.) Sea como sea, si la privación del sueño proporciona un alivio temporal de la depresión, podría ser muy útil. He conocido a muchos pacientes que lo agradecerían mucho. Además, ese alivio temporal se podría aprovechar para potenciar los efectos de intervenciones más duraderas,[40] ya se trate de medicación, psicoterapia u otra cosa. A veces, incluso una mejora efímera de la salud mental resulta útil, y la privación del sueño a corto plazo ofrece precisamente eso a una minoría importante de personas con depresión.

El sueño es un ejemplo de necesidad homeostática, es decir, de algo que el cuerpo necesita para sobrevivir. Aunque nos podemos privar de sueño temporalmente en un experimento o como tratamiento para la depresión, al final todos necesitamos dormir. De otro modo, morimos. La relación entre el sueño y la salud mental se hace evidente sobre todo en el contexto de la supervivencia. Los procesos cerebrales que usamos para mantener la salud mental (placer y dolor, aprendizaje, interocepción, motivación) nos han ayudado a construir un modelo mental útil tanto del mundo que nos rodea como de nuestro mundo interior. Este modelo mental nos ayuda a evitar las cosas que amenazan nuestra supervivencia (dolor, hambre, etc.) y a buscar las que la benefician (placer, sueño, etc.). Sin embargo, el modelo del mundo se altera cuando estos elementos clave para la supervivencia se ven amenazados: la privación del sueño y el dolor ejercen un efecto dominó sobre estos otros procesos cerebrales que nos mantienen vivos. Del mismo modo, las hormonas (las sexuales, las del estrés y otras que comunican el estado interno del cuerpo) pueden empeorar la salud mental de forma cíclica; por ejemplo, aumentando los síntomas de depresión o de psicosis durante las fases premenstrual y menstrual de las mujeres.[41] Desde un punto de vista más positivo, intervenciones que mejoran las señales de supervivencia de nivel bajo procedentes del cuerpo alteran el modelo mental que hemos construido acerca del mundo; por ejemplo, comer remedia rápidamente el enfado por hambre. Estos mecanismos de supervivencia (sueño, respuesta inflamatoria ante la infección, evitación del peligro y los procesos biológicos que rigen la alimentación, entre otros) pueden mejorar la salud mental.

Y esto me lleva al tercer y último factor del estilo de vida del que quiero hablar: la comida. La idea de que la alimentación afecta a la salud mental ha cobrado vida propia en nuestra cultura. Es un tema prácticamente ineludible en las redes sociales o en las conversaciones sobre bienestar. Y tiene parte de verdad, aunque también hay elementos que hay que abordar con escepticismo o, al menos, precaución antes de emprender esta supuesta ruta hacia el bienestar.

¿SOMOS LO QUE COMEMOS?

Si hablas con profesionales de la salud mental que se muestran escépticos con la farmacoterapia y abogan por abordajes *naturales*, muchos de ellos te dirán que prestes atención a lo que comes, porque los alimentos son el camino para tener una salud mental mejor. Y tienen parte de razón: podríamos sufrir anemia o un déficit grave de vitaminas, cosas que pueden causar síntomas como fatiga. O quizá tengamos hambre, que puede influir en gran medida sobre las emociones y la salud mental, ya que indica que nuestra supervivencia corre peligro. Dicho esto, la estrategia alimentaria para la salud mental también tiene limitaciones importantes. Me quiero centrar sobre todo en dos elementos: si lo que comemos de forma más general mejora la salud mental, más allá de causar desequilibrios dietéticos extremos, y si modificar la dieta en busca de una salud mental mejor entraña riesgos intrínsecos (efectos secundarios).

La quinoa me gusta tanto o más que a cualquier *millennial*. La buena noticia es que no te voy a intentar convencer de que abandones las estrategias de afrontamiento dietéticas que hayas seguido hasta ahora. Lo que sí te diré, de momento, es que las pruebas de que las dietas ricas en grasa son malas para la salud mental son bastante escasas. A favor de esta idea, se ha visto que alimentar a ratas con una dieta rica en grasa causa conductas asociadas a la ansiedad y la depresión (también aumenta el nivel de hormonas del estrés y la inflamación en el torrente sanguíneo, lo que explicaría el cambio de conducta).[42] Sin embargo, y hasta donde yo sé, no hay ningún estudio sólido en humanos que demuestre una relación causal entre la comida basura y la mala salud mental. Hay tantos factores que causan mala salud mental como dietas a base de comida basura (la pobreza, por ejemplo, se correlaciona significativamente con las dos cosas). Eso significa que, en realidad, aún no sabemos si lo que comemos empeora nuestra salud mental.

Hay pruebas preliminares que sí apuntan a algo en sentido contrario: algunos alimentos mejoran la salud mental, aunque quizá solo en personas que parten de una salud mental algo peor, y tampoco hay demasiados estudios que expliquen por qué. Algunos indican que seguir una dieta saludable, en concreto la dieta mediterránea, protege en cierta medida de la depresión.[43] Las dietas que en apariencia protegen de la depresión en la población general tienden a ser ricas en fruta, verdura y frutos secos y pobres en carne procesada (además de un consumo moderado de alcohol). Se han llevado a cabo unos pocos ensayos controlados aleatorizados en este sentido que indican que la relación no es una mera asociación.

En uno de estos estudios se dividió aleatoriamente a 152 personas con depresión autoevaluada entre quienes recibirían una cesta de la compra llena de los alimentos que caracterizan a la dieta mediterránea durante tres meses, además de seis meses de suplementos de aceites de pescado, y quienes asistirían a reuniones sociales cada quince días durante seis semanas (una buena intervención de control, porque se esperaba que también mejorara la salud mental, aunque tampoco perfecta, pues los participantes sabían a qué grupo pertenecían).[44] Los que recibieron los productos de la dieta mediterránea vieron reducida su depresión y experimentaron una mejora de la salud mental bastante superior a la del grupo social. Los autores concluyeron que incluir una variedad de nutrientes esenciales en la dieta había mejorado la salud mental porque había cambiado la función cerebral, aunque demostrar esta última conjetura es difícil. Es verosímil, dado que se trata de nutrientes esenciales para muchos aspectos de la función cerebral, tanto para mantener una señalización normal entre las neuronas como para reducir la inflamación en el cerebro y el cuerpo.[45] Sin embargo, no hubo mediciones del cerebro que confirmaran si esto era así. Por lo tanto, hay pruebas sólidas respecto a que la alimentación mejora la salud mental en algunos casos, aunque carecemos de respuestas concretas a si suplementar la dieta mejora la salud mental.

Al igual que sucede con el sueño, es posible que haya varios elementos en juego a la vez. La mejoría de la función mental se explicaría por la influencia indirecta de la dieta sobre procesos biológicos relevantes para la salud mental, como la inflamación y, quizá (esto es más especulativo), por una relación más directa entre algunos alimentos y determinadas funciones cerebrales importantes para la salud mental. Sospecho que la probabilidad de que los cambios dietéticos mejoren la salud mental aumenta significativamente cuando remedian déficits nutricionales existentes en comparación con cuando mejoran dietas ya equilibradas de por sí (lo que reduce el potencial de los superalimentos para mejorar la salud mental de todas las personas).

El objetivo de una de las dietas más populares en estos momentos para favorecer la salud mental es mejorar la flora intestinal. Durante los últimos años, tal y como he explicado en el capítulo 2, múltiples estudios muy reveladores con animales me han convencido de que manipular la flora intestinal mejora la conducta relacionada con la salud mental. Estos estudios han cautivado a muchas personas, tanto de la población general como de la comunidad científica. En uno de ellos, se sometió a ratas a situaciones estresantes tempranamente (varios días de separación de la madre cuando eran bebés), lo que causó conductas de ansiedad más adelante. Por sorprendente que parezca, la conducta ansiosa de las ratas remitió cuando se les administraron probióticos, que alteran el microbioma intestinal.[46] La conducta ansiosa de las ratas, consecuencia del estrés, se remedió con una mera modificación dietética, sin necesidad de antidepresivos. Así, el microbioma intestinal de las ratas se convirtió en un factor de protección y de resiliencia contra la ansiedad. Esto es inmunidad mental procedente del intestino.

Muchos alimentos, como el yogur, el kimchi y la kombucha contienen probióticos (que también encontrarás en suplementos probióticos comerciales). «Si funciona para humanos, me apunto», pensé la primera vez que lo leí (además, los alimentos fermentados me encantan, así que tampoco me hubiera supuesto un sacrificio).

Parece una solución fácil; de hecho, bastante más que empezar a practicar ejercicio o resolver los patrones de sueño irregulares, que se antojan actuaciones mucho más complicadas. Un estudio reciente que combinó los resultados de todos los ensayos clínicos sólidos que se han llevado a cabo sobre este tema concluyó que la repercusión sobre la depresión y la ansiedad en humanos era pequeña, aunque era superior para quienes padecían depresión clínica (una manera de interpretarlo es que una persona con depresión elegida al azar tendría un diecisiete por ciento más de probabilidades de mejorar con probióticos que con un placebo).[47] La investigación en este campo ha explotado desde entonces, pero no contamos con demasiadas pruebas causales que justifiquen el uso de suplementos de probióticos con humanos. Tampoco está demasiado claro por qué iban a funcionar.

Una posibilidad (la que suelen plantear los estudios a favor de los probióticos) es que exista una relación directa entre la diversidad del microbioma intestinal y la salud mental. El microbioma cuenta con diversas vías de señalización para comunicarse con el cerebro y cualquiera de ellas podría alterar de modo directo la salud mental (según esta explicación). No obstante, en el capítulo 2 he planteado otra teoría: que el microbioma afecte de forma indirecta a la salud mental. Por ejemplo, imaginemos que aumentar la diversidad del microbioma intestinal (u otro aspecto de la biología relacionado con la alimentación) mejorara algún aspecto de la salud física, como la hinchazón y la indigestión, lo que parece una hipótesis verosímil. Sentirse bien físicamente tendría consecuencias claras sobre la salud mental, pero por mecanismos indirectos (no sentir incomodidad ni dolor). Otra hipótesis en parte indirecta es que las señales que se originan en la flora intestinal mejoren un elemento concreto de la salud mental, como la fatiga, y que, al hacerlo, ejerzan un efecto dominó sobre la salud mental general. La falacia de inferencia mental impide que nos decidamos por una de estas posibilidades: no le podemos preguntar a la rata cómo se encuentra, e incluso aunque preguntásemos a humanos, cuando se puede, también necesitaríamos las mejores mediciones biológicas posibles para entender cómo mejoran la salud mental los probióticos, si es que lo hacen. Sin embargo, de momento, estamos muy limitados también en este aspecto.

Esta es una muy breve presentación del campo, y este avanza a gran velocidad, por lo que las mejores pruebas de que disponemos podrían cambiar rápidamente. Dado su atractivo, tanto los científicos como la población general, en ocasiones, venden la piel del oso antes de cazarlo. Cambiar la dieta parece muy fácil y, si hay una posibilidad de que nos cure la depresión, ¿por qué no probar? Sin embargo, estoy convencida de que necesitamos muchas más pruebas firmes que indiquen si mejorar la dieta mejora la salud mental y, en caso afirmativo, por qué. De momento, mi consejo es el siguiente: si te gustan el chucrut y otros alimentos probióticos, adelante; si no, déjalos en el supermercado, al menos hasta que contemos con muchas más pruebas causales sólidas acerca de los beneficios que ofrecen e, idealmente, una explicación de cómo funcionan y por qué. En general, las pruebas de que disponemos en este momento indican que, si sufres depresión, es mucho más probable que obtengas beneficios significativos con un antidepresivo, por ejemplo, que con pequeñas variaciones en tu alimentación.

LOS EFECTOS SECUNDARIOS DE LOS ESTILOS DE VIDA *SALUDABLES*

Si alguna vez has sufrido de mala salud mental, por leve o breve que fuera, es muy probable que te hayas encontrado con diversas soluciones *fáciles* que se te aseguró que te ayudarían a mejorar, desde salir a correr hasta comer más bayas de *açaí* o menos tarta. Quizá desestimaras estas sugerencias por acientíficas, las adoptaras con total convencimiento o las probaras con una saludable pizca de escepticismo.

Hicieras lo que hicieras, imagino que aprendiste por las malas que la misma dieta o ejercicio que hace feliz a una persona es el tormento de otra. Esto pasa porque, como sucede con la medicación, la psicoterapia y otros tratamientos clínicos, la alimentación, el ejercicio y otras modificaciones del estilo de vida causan cambios biológicos fundamentales para la recuperación de unas personas, pero inútiles o incluso peligrosos para otras. Por eso es tan importante entender los sistemas cerebrales concretos que cambia cualquier tratamiento o intervención en lugar de recomendar cualquiera de ellos como curalotodo. Necesitamos saber los posibles beneficios, así como los posibles riesgos, asociados a los cambios cerebrales y por qué funcionan a veces y otras no.

Con frecuencia, cuando se habla de los beneficios para la salud de intervenciones no médicas (ya sean físicas o mentales), no se mencionan los posibles riesgos o efectos secundarios. Es muy fácil pensar en ellos cuando hablamos de medicación o de intervenciones físicas más obvias, como la estimulación cerebral. Como es de esperar, se trata de una de las primeras preguntas que se hacen en cuanto alguien menciona las sustancias psicodélicas o la TEC. Sin embargo, igual que sucede con las intervenciones psicoterapéuticas, los efectos secundarios casi siempre se obvian cuando se trata de cambios en el estilo de vida.

Aunque es posible que modificar la dieta proporcione unos beneficios físicos (y quizá algunos mentales), también entraña riesgos conocidos. En un estudio, el riesgo de desarrollar diversos problemas de salud mental, como una peor regulación emocional, una autoestima más baja o alteraciones de la alimentación, era superior para las personas que se ponían a dieta con más frecuencia.[48] En este estudio en concreto, se preguntaba a los participantes si alguna vez habían hecho dieta para perder peso, aunque parece que incluso las que se limitan a aumentar el consumo de alimentos saludables podrían ser peligrosas. Recientemente ha surgido un patrón de alimentación llamado «ortorexia», que consiste en comer saludablemente.[49] Las personas con puntuaciones más elevadas en tendencias ortoréxicas (pensar en el contenido nutricional de la comida, sentirse mal cuando se toma un alimento no saludable, etc.) también obtienen puntuaciones más elevadas en las medidas de depresión (y en los síntomas de bulimia).

Sin embargo, para la mayoría de las personas, las dietas parecen bastante benignas. No vienen acompañadas de efectos adversos y las asociaciones con la mala salud mental que acabamos de ver se podrían deber, en parte, a que quienes restringen su alimentación ya parten de una salud mental peor, no al revés. Sea como sea, hay ejemplos clínicos importantes en los que hacer dieta no es benigno en absoluto. En los casos más extremos, una dieta restrictiva oculta un riesgo latente de sufrir trastornos de la alimentación, como anorexia nerviosa, con uno de los índices de mortalidad más elevados de todos los trastornos de salud mental.

La restricción alimentaria en chicas adolescentes se asocia a un riesgo mucho mayor de sufrir anorexia, entre otros trastornos de la alimentación. Las adolescentes con conductas de restricción alimentaria a los catorce años (intentar comer menos, rechazar comida o bebida por la preocupación con el peso, controlar lo que comen...) tienen una probabilidad sustancialmente mayor de padecer un trastorno de la alimentación diagnosticable durante los cuatro años siguientes.[50] En cuanto a la población general, se cree que la prevalencia de los trastornos de la alimentación en una comunidad va en proporción con la prevalencia de conductas de restricción alimentaria en el grupo, y las personas con antecedentes familiares y otros trastornos psicológicos corren un riesgo bastante elevado.[51] Incluso aunque asumamos una relación bidireccional entre la restricción alimentaria y los trastornos de la alimentación, la dieta se puede convertir en el primer paso hacia un trastorno de la alimentación, por lo que es algo menos benigno de lo que parece a primera vista.

No obstante, hacer dieta no provoca un trastorno de la alimentación a todo el mundo. Es posible que seas resistente a las recompensas que te aporta (quizá incluso hayas lamentado no haber conseguido convertir la dieta en un hábito inamovible, aunque, de ser así, la verdad es que tienes mucha suerte). Esta resistencia parte de factores de protección que nos ayudan a sobrevivir, como una fuerte motivación para buscar recompensas alimentarias, un malestar profundo ante el hambre y la satisfacción al sentir saciedad (para la mayoría de las personas). Para muchos, la dificultad y el malestar que les provoca hacer dieta supera las recompensas que ofrece, pues va en contra de los instintos de supervivencia más básicos.

Sin embargo, para una minoría importante, las diferencias en el procesamiento de la recompensa en el cerebro, sobre todo de las sensaciones internas de hambre o saciedad (llenarse), pueden hacer que restringir la ingesta resulte más satisfactorio que comer. La anorexia comienza con una dieta, que no necesariamente ha de tener por objetivo perder peso. Durante esta se refuerzan los resultados positivos, tanto por parte de los demás como a causa de la opinión que la persona tiene de sí misma. Sin embargo, los trastornos de la alimentación acaban provocando que se pase de la decisión deliberada de hacer dieta a un hábito irresistible de restricción alimentaria, de un modo similar a como ocurre cuando se pasa del consumo recreativo de drogas al consumo compulsivo. En el cerebro, esto se refleja en una susceptibilidad concreta de áreas específicas que intervienen en el hábito, como el estriado dorsal.[52]

Asimismo, en el cerebro de quienes sufren trastornos de la alimentación puede haber otros cambios en el procesamiento básico del hambre. El hambre es aversiva, y la saciedad, satisfactoria para la mayoría de la gente, pero las personas con anorexia con las que he hablado acostumbran a describir la sensación de saciedad como dolorosa o incómoda y la de hambre como relajante y ansiolítica. Algunos estudios psicológicos antiguos en los que participaron personas con anorexia y sin ella que puntuaron su estado anímico cuando estaban saciadas corroboran estas autoevaluaciones: era más probable que quienes tenían anorexia dijeran sentir emociones negativas cuando se saciaban, mientras que quienes no la tenían sentían emociones positivas (el estudio no halló diferencias en el estado emocional durante el hambre).[53]

Esto significa que una sensación interna que es agradable y reconfortante para muchas personas (el alivio del hambre, la saciedad) es aversiva para quienes sufren anorexia. En teoría, el impulso natural de evitar sensaciones corporales negativas superaría al impulso natural de aliviar el hambre y lograr la saciedad. Las teorías sobre la anorexia históricamente influyentes indican que esto crearía un bucle de retroalimentación positiva desde el estómago: a medida que se come menos, mayor es la sensación de saciedad que se siente con cantidades de comida pequeñas y mayor es el malestar que se siente al comer cantidades más grandes (típicas).[54] Las teorías más modernas indican que este efecto se podría deber a que se agudizan las sensaciones internas del cuerpo (interocepción): las personas con anorexia dicen sentir el latido del corazón y la respiración con más intensidad, sobre todo cuando prevén una comida.[55] La percepción alterada de las señales internas del cuerpo podría ser un factor de vulnerabilidad ante la anorexia que se manifiesta alterando la comunicación entre el cuerpo y el cerebro, lo que lleva a la persona a sentir más ansiedad ante la inminencia de una comida y la alienta a evitar sensaciones internas como la saciedad.[56] Las personas con riesgo de anorexia también aprenden mejor de las respuestas negativas que de las positivas cuando construyen sus expectativas,[57] un factor que reforzaría la evitación de estados internos que se consideran negativos: si la saciedad se ve como un castigo, reforzaría la evitación condicionada de la comida, incentivaría el hambre y reprimiría la alimentación.

Lo que aún desconocemos es por qué cada persona experimenta los estados internos de manera distinta. ¿A qué se debe esa diferencia? La teoría histórica de la anorexia no explica por qué solo una minoría de gente es propensa a este bucle de retroalimentación. Estudios genéticos amplios han identificado genes que aumentan la susceptibilidad a la anorexia y algunas diferencias en genes relacionados con el metabolismo,[58] lo que significa que el trastorno se podría explicar no solo por cuestiones relacionadas con el cerebro, sino también por diferencias metabólicas. Cuando se suman a conductas de restricción alimentaria, estos cambios en el cerebro y en el metabolismo derivados de una predisposición genética podrían poner en marcha procesos fisiológicos que dan lugar a patrones de la alimentación alterados. Y esos patrones pueden persistir durante años; a veces duran toda la vida.

La anorexia es solo un trastorno de la alimentación, una categoría que también engloba a la bulimia y al trastorno por atracón. Aunque los trastornos de la alimentación solo comparten algunos cambios neurológicos, tienen en común la dieta como factor de riesgo, así como las preocupantes consecuencias negativas para la salud. Incluso cuando no llegan al umbral diagnóstico, las conductas de la alimentación alteradas (como la restricción de la ingesta, la preocupación por el peso o la obsesión con la comida sana) se pueden convertir en patrones que llevan a un deterioro del bienestar y la salud física a largo plazo. Solo hay que preguntar a cualquiera que haya mostrado alguno de estos hábitos alimentarios.

Los trastornos de la alimentación suponen un problema para los mensajes de salud pública. Las campañas para reducir la obesidad se centran en los peligros del aumento de peso y en los beneficios que la pérdida de peso tiene para la salud. Justifican estos mensajes porque se cree que gran parte de la población tiene sobrepeso, que se asocia a varios problemas de salud (aunque no siempre es la causa). Sin embargo, una minoría sustancial de las personas que ven estos mensajes son susceptibles de que su conducta alimentaria se vea alterada, lo que empeora su salud mental y aumenta el riesgo de que desarrollen un trastorno de la alimentación peligroso. Además, los trastornos de la alimentación también afectan profundamente a la salud de la población.

No hay un estilo de vida único que mejore la salud mental en todos los casos. Sin embargo, sí que pueden hacerse cambios realmente beneficiosos para algunas personas, y algunos procesos neurológicos y fisiológicos comunes explican la enorme variedad de cosas que intentamos para mejorar nuestra salud mental. Estos procesos nos dan cierta información respecto a cuándo tienen éxito y cuándo no.

Algunos cambios dan resultados para muchas personas con problemas de salud mental. En el caso del ejercicio físico, si al comienzo ya no se practica mucho y se tiene un estado de ánimo bajo, es probable (aunque no seguro) que aumentar la actividad física lo mejore. Sin embargo, tal vez no sea posible practicar más actividad física de un momento para otro ni hacer así como así otros cambios en el estilo de vida, como mejorar la calidad del sueño. Si la persona sufre un trastorno mental bastante grave, quizá no lo pueda hacer hasta después de haber encontrado la medicación o el tratamiento de estimulación cerebral adecuados, lo que le permitirá hacer cambios de otro tipo.

Si pruebas una vitamina, una clase en el gimnasio o una dieta para mejorar tu salud mental, quizá descubras que funciona. Saber por qué lo hace es mucho más complicado. El efecto placebo, o la medida en que la persona espera que algo dé resultado, es un factor nada desdeñable. Y eso no es necesariamente malo, pues ser sensible al efecto placebo es útil y aumenta la probabilidad de que el tratamiento nos beneficie, incluso aunque no actúe por medios tradicionales. De todos modos, es muy poco probable que todos los cambios en el estilo de vida de los que hemos hablado deban su eficacia al efecto placebo. Aún hay mucho que desconocemos. Muchos cambios dietéticos contribuirán a que las personas que sufren deficiencias nutricionales mejoren su salud mental, pero no está claro para qué sirven cuando estas ya están bastante sanas. Tampoco se sabe si hacer cambios en la alimentación más sutiles, como introducir probióticos, les da resultados a los humanos más allá del efecto placebo. Lo que sí se ha demostrado una y otra vez, y no es una sorpresa, es que, si nuestro estado de ánimo empeora con lo que probamos (por ejemplo, restricción alimentaria o ejercicio físico excesivo), será mucho peor para nuestro bienestar general que la dieta poco saludable que intentamos corregir. No merece la pena sufrir si no nos gusta. Los daños superarán cualquier posible beneficio.

En el último capítulo del libro quiero hablar de la influencia de la cultura sobre la salud y la enfermedad mental. Nuestra sociedad ha construido una imagen de lo que significa estar mentalmente enfermo y lo que significa estar mentalmente sano. Sin embargo, estas normas varían de un país a otro y a lo largo del tiempo, por lo que el malestar mental se entiende de maneras muy distintas en función de las circunstancias. Ser consciente de ello puede cambiar incluso la experiencia de la salud mental.

Capítulo 11
LA NATURALEZA CAMBIANTE DE LA SALUD Y LA ENFERMEDAD MENTAL

Se habla mucho de que la sociedad actual es responsable del deterioro de la salud mental, aunque no es una idea nueva en absoluto. Durante toda la historia conocida se ha culpado a los nuevos fenómenos culturales, por lo general encarnados en la conducta de los jóvenes, del empeoramiento de la salud mental. «Tenemos el deber de advertir a todos los progenitores para que no expongan a sus hijas a este contagio fatal», publicó el *Times* de Londres. Aunque parece sacado de un artículo sobre TikTok en 2020, en realidad se publicó en 1816 para advertir en contra del vals.[1]

En cierto modo, los reaccionarios tienen razón. La cultura actual influye en la salud mental, y no necesariamente para bien. Sin embargo, tampoco está muy claro qué factores culturales se podrían sugerir como alternativa para mejorar la salud mental (suelen ser las mismas cosas de las que se quejaban generaciones anteriores, como leer novelas en lugar de pasar tiempo en Instagram, aunque recordemos que lo primero se consideraba una actividad peligrosa para las británicas de la era victoriana).[2]

Algo en lo que coinciden la mayoría de las personas es que estamos sumidos en una crisis de salud mental, sobre todo si hablamos de niños y de adolescentes. Ya antes de la pandemia por covid-19,[3, 4] en el Reino Unido la proporción de diagnósticos de ansiedad, depresión y trastornos de la alimentación, así como de conductas autolesivas había empezado a crecer gradualmente y, en algunos grupos de edad, el índice de depresión y de ansiedad se duplicó con creces entre 2003 y 2018.[5] El diagnóstico de trastorno de déficit de atención con hiperactividad y de trastornos del espectro autista también se duplicó durante ese mismo periodo.[6] La mayoría de las personas consideran que estos datos (y los datos similares recogidos en otros países y grupos) indican que la salud mental de las personas jóvenes está empeorando con el tiempo. Sin embargo, una de las críticas que se hace a esta interpretación es que el aumento de la prevalencia también se podría explicar por el mejor acceso a los diagnósticos, la mayor concienciación social o incluso el cambio de los criterios diagnósticos.[7] Cabe notar que los índices diagnósticos no encajan con otras mediciones de (mala) salud mental. Un estudio amplio concluyó que, a pesar del sorprendente aumento de los diagnósticos psiquiátricos en niños y adultos jóvenes, no había una tendencia correspondiente en los niveles autoevaluados de malestar psicológico y de bienestar emocional. Una paradoja que, en parte, se explicaría por los cambios en cómo entendemos qué es una enfermedad mental.[8]

La cultura interactúa con nuestra biología y la determina, pero varía a lo largo de generaciones y zonas geográficas tanto a pequeña como a gran escala. Esto lleva a que parezca que algunos trastornos mentales se enmarcan en tiempos y espacios concretos, aunque los síntomas de los diagnósticos más habituales son similares en países y momentos históricos distintos. La naturaleza cultural de la enfermedad mental nos informa acerca de cómo experimentamos la salud mental en general. Cambios neurológicos similares se perciben de una manera diferente en cada contexto cultural. Por otro lado, el hecho de que se los caracterice de modo distinto y de que se atribuyan a factores culturales diferentes acaba determinando la naturaleza del propio trastorno.

Veamos un ejemplo histórico: la histeria. Este fue uno de los diagnósticos médicos más prevalentes entre las mujeres europeas en el siglo XIX, aunque mucho antes ya se habían descrito trastornos similares. Los síntomas habituales de la histeria consistían en convulsiones parecidas a las epilépticas (ahora se las conoce como «crisis psicógenas no epilépticas»), amnesia, parálisis, dolor y otros síntomas físicos y mentales. Aunque al principio se la clasificó como un problema físico, luego se la clasificó como diagnóstico psiquiátrico. El cambio se debió en gran medida a la influencia de Freud, que no limitó la histeria a las mujeres y se la diagnóstico a sí mismo en 1905. Una de las características clave de la definición psiquiátrica de histeria era que, por lo general, los síntomas se asociaban a algún proceso de enfermedad física para el que no había una explicación patológica probable.[9]

Ahora, el diagnóstico de histeria ha desaparecido y muchas personas afirman que, de hecho, no existió nunca. ¿Era la histeria un diagnóstico paraguas que permitió considerar erróneamente pacientes psiquiátricas a muchas mujeres con epilepsia, dolor y otras enfermedades físicas?

Sin duda, se puede argumentar que la histeria dice más del sexismo en la medicina que de un fenómeno clínico real. La histeria contiene muchos elementos misóginos. Incluso el nombre (que procede de *hystera*, 'útero' en griego) tiene orígenes sexistas: en la antigua Grecia (400 a. C.), se usaba para describir multitud de síntomas médicos que se atribuían a un «útero errante», una afección que se prevenía casándose pronto y teniendo tantos hijos como fuera posible[10] (hay quien dice que los griegos adoptaron la idea del útero errante de la antigua medicina egipcia, aunque no hay muchas pruebas que justifiquen la afirmación).[11]

Sea como sea, para ser una enfermedad que no existe, la histeria en el sentido psiquiátrico presenta una homogeneidad transcultural muy sólida. La mayor parte de la investigación científica y médica acerca de este tema se ha llevado a cabo sobre un pequeño subgrupo de la población mundial, al que la comunidad psicológica ha calificado de WEIRD (siglas en inglés de 'occidental, educado, industrializado, rico y democrático'). Si bien los síntomas de la histeria tienen distintos nombres en cada parte del mundo, su prevalencia es similar y se manifiestan de manera parecida en grupos sociales y culturales diferentes.[12] Veamos, por ejemplo, las crisis psicógenas no epilépticas: a pesar de que la mayor parte de la investigación al respecto se ha llevado a cabo en poblaciones WEIRD,[13] estas tienen una prevalencia, rango de edad, proporción por sexos y factores de riesgo similares en Brasil,[14] el suroeste de China[15] e India.[16]

Los síntomas de la histeria también son continuos a lo largo del tiempo, aunque han recibido nombres distintos según la era, desde «baile de san Vito» hasta «neurosis de guerra». Antes de que la histeria se convirtiera en un diagnóstico habitual, en la Edad Media se describieron episodios de lo que ahora llamamos «histeria colectiva»,[17] incluyendo convulsiones y danzas contagiosas. Una vez aparecido el diagnóstico médico de histeria en Europa, las crisis psicógenas no epilépticas recibieron el nombre de «histeroepilepsia» en el siglo xix.[18] Posteriormente, los síntomas histéricos (síntomas que no se originan en una enfermedad y que se pueden diferenciar de trastornos neurológicos con pruebas clínicas contrastadas) recibieron el nombre de «neurosis de guerra» cuando los padecían soldados de la Primera Guerra Mundial.[19]

En todas las eras hay trastornos que aparecen y desaparecen, pero los procesos que subyacen a estos persisten en el tiempo y el espacio. Hoy, alguien a quien antaño se le hubiera diagnosticado histeria podría cumplir los criterios diagnósticos de un trastorno neurológico funcional; de uno psiquiátrico, como el trastorno de pánico, o de uno neurológico tradicional, como la epilepsia, según los síntomas, mientras que, en otros casos, es posible que no se le diagnosticara nada. La histeria ya no existe como diagnóstico, pero muchos de los síntomas asociados no han desaparecido, sino que ahora representan auténticos problemas médicos. En ese sentido, la histeria sigue existiendo de una forma u otra.

De la misma manera que los trastornos pueden desaparecer tras cambios culturales, también pueden nacer. La bióloga estadounidense Mary Leitao reinventó el término *Morgellons* para explicar el picor persistente que sufría su hijo.[20] Detectó una especie de fibras que le salían de la piel, las cuales, en su opinión, se parecían a descripciones históricas de una enfermedad de la piel llamada «Morgellons» que sufrieron niños franceses en la década de 1600.[21] Cuando su descripción de Morgellons apareció en Internet y, al final, en todas las noticias, personas de todo Estados Unidos se dieron cuenta de que sufrían la misma enfermedad. Aunque la mayoría de ellas no encajaban en la descripción de Morgellons de los historiadores franceses (sobre todo, porque casi todas eran adultas y una gran parte, mujeres), su experiencia reflejaba los síntomas del nuevo Morgellons que se describían en foros, *blogs* y artículos: picor extremo, la sensación de hormigueo debajo de la piel, fibras que salían de las lesiones cutáneas. La cantidad de pacientes creció rápidamente y más de quince mil personas se autodiagnosticaron en quince países distintos[22] durante la primera década después de que la enfermedad recibiera un nombre.

Tras muchos años de peticiones, los Centros de Control y Prevención de Enfermedades (CDC) estadounidenses llevaron a cabo una investigación formal sobre el Morgellons para evaluar esta posible nueva epidemia. El informe del CDC, publicado en 2012,[23] concluyó que las lesiones cutáneas de los pacientes de Morgellons no contenían ni parásitos ni micobacterias, sino que eran congruentes con picaduras de mosquito o con un rascado crónico. Las *fibras* que salían de la piel de los pacientes se componían o bien de fragmentos de piel, o bien de celulosa procedente del algodón.

Según este estudio exhaustivo, el Morgellons no parecía una infección. Sin embargo, el CDC concluyó que se solapaba con un trastorno médico ya existente, la parasitosis delirante.[24] Esta enfermedad consiste en un convencimiento inquebrantable de que se padece una infestación parasitaria, de que se tiene en el cuerpo, ya sea dentro de la piel o sobre ella, un agente patógeno, como un insecto o un parásito. Es un trastorno mental grave y muy perturbador para quien lo sufre. La conclusión del estudio del CDC coincide con la de otros estudios amplios y fiables que tampoco hallaron pruebas de infestación en el subgrupo de pacientes que creían tener Morgellons.[25]

Sin embargo, la experiencia de las personas que decían tener Morgellons no desapareció tras la publicación de estos informes. Aún hoy, cuentan con organizaciones de defensa del paciente que mantienen que el Morgellons se debe a una infección concreta (se suele atribuir a la bacteria *Borrelia*, asociada a la enfermedad de Lyme) y que la comunidad médica lo oculta o lo desprecia. Estas organizaciones financian estudios que parecen apoyar esta explicación (aunque no está claro lo científicas que son las conclusiones: personas sin los síntomas de Morgellons dan positivo en algunas de sus mediciones). De momento, los estudios independientes no han podido replicar los resultados de estas organizaciones.[26] Hay incluso informes de parasitosis delirante por poderes que llega a los animales: cientos de veterinarios de todo el mundo han informado de la existencia de personas con la convicción inquebrantable de que sus mascotas tienen sanguijuelas, pulgas o Morgellons cuando no hay nada que indique la presencia de un parásito.[27]

No es mi intención despreciar (¡ni ocultar!) lo incapacitante que es el Morgellons. Aunque, según las mejores pruebas de que disponemos, la parasitosis delirante es la causa más probable del Morgellons en pacientes (en la mayoría de los casos; en otros, se puede tratar de otro problema dermatológico), es obvio que causa mucho sufrimiento y tratarlo es muy difícil. La necesidad de una comunidad en línea de personas que lo sufren es comprensible. Los pacientes están enfermos y asustados y sienten que sus médicos no les hacen caso. Además, los síntomas de la parasitosis delirante no son falsos: pueden surgir de las expectativas y las creencias en relación con la parasitosis y verse reforzados por la conducta del propio paciente (rascarse, quitarse la piel, baños excesivos, etc., que puede causar los síntomas físicos del trastorno). Sin embargo, diría que, además de proporcionar apoyo, contar con tal presencia en línea y una comunidad tan fuerte también facilita que los síntomas se magnifiquen e incluso se extiendan virtualmente. Es probable que el Morgellons sea uno de los trastornos que se han difundido por contagio por Internet, un ejemplo de cómo ciertos elementos culturales pueden promover el contagio de síntomas incapacitantes.

Si la cultura influye en la conceptualización, categorización e incluso contagio de la enfermedad mental, cabe preguntarse cómo casa la clara maleabilidad de los trastornos psiquiátricos con la idea que presento a lo largo del libro: que la salud y la enfermedad mental son fenómenos con una base biológica.

Personalmente, creo que las dos ideas son muy compatibles. Hay cambios biológicos característicos que impulsan la mala salud mental, pero esos se pueden interpretar, e incluso experimentar, de manera distinta en función del contexto. Los factores sociales y culturales desempeñan una función clave en todos los trastornos médicos, pero la que desempeñan en la génesis de los trastornos mentales resulta especialmente fascinante. No solo de ellos depende cómo definimos el trastorno, sino que la sociedad puede determinar cómo se experimenta y quién. Los factores sociales de los grupos modernos también cumplen un papel importante en los trastornos de salud mental.

Por desgracia, si formas parte de un grupo víctima de la intolerancia social debido a tu sexo, raza o sexualidad (entre otros ejemplos), la probabilidad de que sufras un trastorno mental en algún momento de tu vida es muy superior. Pertenecer a una minoría (algo que no es inmutable, sino que depende de factores geoculturales) eleva las opciones de experimentar trauma, acoso o rechazo por parte de amigos o familiares, entre otras cosas. Se sabe que estas dificultades aumentan el riesgo de desarrollar un trastorno mental, aunque con frecuencia no son suficientes e interaccionan de forma complicada con otros factores sociales. Por ejemplo, muchos afirman que la discriminación de las minorías étnicas o nacionales aumenta la prevalencia de los trastornos de salud mental en esos grupos.[28] Esto es congruente con datos recogidos en el Londres de la década de 1990, cuando el índice de suicidio entre los residentes nacidos en Escocia o Irlanda era entre dos y tres veces superior al de los nacidos en la ciudad.[29] Del mismo modo, la incidencia de psicosis entre las minorías étnicas no caucásicas (la mayoría, afrocaribeñas) era superior y se correlacionaba inversamente con la proporción local de minorías étnicas: la incidencia en las minorías étnicas no caucásicas era superior en los barrios con la menor proporción de minorías étnicas no caucásicas.[30] (Estudios posteriores investigaron la relación entre la pertenencia a una minoría étnica y la densidad relativa de la población local y hallaron una forma de U invertida en cuanto a los intentos de suicidio, de modo que las proporciones muy bajas o muy altas de minorías étnicas se asociaban a una menor incidencia de los intentos de suicidio.)[31] De igual manera, la probabilidad de que las personas homosexuales y bisexuales de ambos sexos experimenten síntomas de psicosis es mayor que la de las heterosexuales, una correlación motivada, en parte, por el acoso y la discriminación.[32] Los factores de riesgo también interactúan entre ellos y dan lugar a distintos resultados de salud mental. Por ejemplo, los hombres homosexuales o bisexuales tienen una probabilidad 3 veces superior de padecer una depresión mayor y 4,7 veces superior de sufrir trastorno de pánico en comparación con los hombres heterosexuales, mientras que el trastorno de ansiedad era más habitual (casi cuatro veces más) en las mujeres lesbianas o bisexuales en comparación con las heterosexuales.[33]

Quiero dar un último ejemplo de un trastorno que ejemplifica la evolución de los trastornos psiquiátricos en el tiempo: la enfermedad de Alzheimer. «¡Un momento!», casi te oigo protestar. La enfermedad de Alzheimer y otras demencias no son trastornos psiquiátricos, sino neurológicos. Sin embargo, a principios del siglo XX, las demencias incluían tanto la esquizofrenia como la enfermedad de Alzheimer; de hecho, la esquizofrenia se conocía formalmente como «demencia precoz».[34] Hasta que la comprensión de la biología del alzhéimer y de otras demencias neurodegenerativas no empezó a mejorar, no se empezó a pensar en ellas como en entidades distintas a los trastornos psiquiátricos (dado el estigma asociado a estos, algunas organizaciones insisten en que la demencia no es una enfermedad mental).

A lo largo de la historia, la medicina ha clasificado las demencias de distintas maneras a medida que la biología de aquellas se ha ido entendiendo mejor. Sin embargo, incluso hoy sigue habiendo un espectro de deterioros cognitivos (y de cambios cerebrales) que se clasifican como demencias en función de su gravedad y contexto, en un reflejo de la naturaleza de los trastornos de salud mental, que incluyen cambios que muchos de nosotros experimentamos a lo largo de la vida, pero que solo en ocasiones interfieren con nuestro día a día lo suficiente como para que requieran diagnóstico y tratamiento. Al igual que sucede con la demencia, lo más probable es que la categorización de los trastornos mentales de los que hemos hablado en el libro cambie también con el tiempo. De hecho, espero que así sea, porque eso significará que se entienden mejor los fundamentos biológicos comunes y diferenciales de los síntomas. Los factores sociales y culturales desempeñan una función importante en todas las enfermedades, pero son de especial relevancia en los trastornos psiquiátricos.

No hay una vía social independiente para la mala salud mental, a diferencia de lo que ocurre con las vías biológicas que hemos visto a lo largo del libro. Las experiencias difíciles modifican las expectativas acerca del mundo mediante los procesos neurológicos de aprendizaje, lo que a su vez incide sobre el estado de ánimo, la experiencia de dolor y placer y la sensación del cuerpo. Por eso, los trastornos mentales son biológicos. Aunque es evidente que el riesgo de desarrollar un trastorno mental tiene mucho que ver con factores sociales importantes, los procesos que permiten que esos factores sociales conduzcan a la enfermedad mental son solo biológicos. A veces, recurro a la analogía de las enfermedades respiratorias, que pueden ser consecuencia de factores ambientales, como la contaminación o el tabaquismo. En ese caso, hay un factor ambiental claro que sabemos que aumenta significativamente el riesgo de padecer una enfermedad respiratoria. Sin embargo, la consecuencia (enfisema, bronquitis crónica, cáncer de pulmón...) se debe a los procesos biológicos del propio cuerpo. El sistema respiratorio es la vía común final. Podemos pensar en el tabaquismo como en una causa distal o lejana, mientras que los cambios biológicos en los pulmones, la garganta, la tráquea, etc., son causas proximales. Si hablamos de trastornos mentales, los factores sociales (trauma, estrés crónico, inseguridad económica) suelen ser distales, pero afectan a la salud mental mediante cambios biológicos (la causa proximal) que desencadenan en el cerebro (y en el cuerpo). El sistema nervioso es la vía común final de la mala salud mental.

Muchas personas no desarrollan nunca una enfermedad mental a pesar de haberse enfrentado a diversas dificultades gracias a los efectos distales de otras experiencias sobre los mismos sistemas biológicos proximales que sustentan la salud mental. Por lo tanto, los factores que consideramos protectores sociales (vínculos familiares o sociales, una seguridad económica relativa) también actúan mediante vías biológicas que permiten conservar la salud mental a pesar de la adversidad.

Aunque los límites y la categorización de los trastornos varían en el espacio y en el tiempo, la experiencia de salud y enfermedad mental es universal. Además, diferentes experiencias, tratamientos y cambios biológicos no se alinean necesariamente con las categorías diagnósticas que quizá te resulten más familiares. Por eso, es comprensible que cambios biológicos similares en lugares y épocas distintos se caractericen de maneras diferentes. Incluso en un mismo tiempo y lugar, los investigadores cuestionan cada vez más la utilidad de considerar los trastornos de salud mental entidades separadas y diferentes.

En el campo de la neurociencia, muchos investigadores piensan ahora que las categorías de los trastornos psiquiátricos no tienen la significación biológica que antes se les atribuía, aunque son útiles por motivos pragmáticos, como ayudar a alguien a entender sus síntomas. La realidad es que la mayoría de las personas con un trastorno mental cumplen los criterios diagnósticos de más de un trastorno y la variabilidad de los síntomas (así como de los procesos neurológicos subyacentes) es enorme incluso cuando hablamos de un mismo trastorno. Los tratamientos que llevan el nombre de un solo trastorno, como los «antidepresivos» o los «antipsicóticos», son transdiagnósticos y se usan para tratar trastornos más allá de la depresión o la psicosis. Por mucho que parezca una cuestión semántica o incluso filosófica, en realidad es muy práctica. Si la biología y el tratamiento no se corresponden completamente con una categoría diagnóstica, quizá no hayamos estado pensando acerca de la salud mental y de los trastornos mentales de la manera más indicada, lo que limita nuestra capacidad para desarrollar tratamientos más eficaces. En lugar de intentar encontrar tratamientos que encajen con una categoría diagnóstica existente, por ejemplo, los investigadores podrían buscar tratamientos que modifiquen patrones biológicos o cognitivos concretos; de este modo se podrían administrar a todo el que presentara esos patrones (al margen del diagnóstico oficial).

Avanzar hacia este nuevo paradigma requiere cambiar algunos aspectos de la sociedad. Existe la idea generalizada de que si el trastorno viene acompañado de cambios biológicos en el cuerpo o en el cerebro es real y no está solo en la cabeza. Eso explica que las demencias se hayan reclasificado ahora como trastornos neurológicos en lugar de psiquiátricos y es un argumento al que se recurre para afirmar que trastornos nuevos, como la covid-19 persistente, son problemas o bien físicos, o bien mentales. Se entiende que cualquier demostración de cambios biológicos en el contexto de un trastorno de origen desconocido corrobora la explicación física.

Sin embargo, la defensa de que algunos trastornos de causas desconocidas son meramente fenómenos físicos parte de la premisa de que hay enfermedades de categorías distintas, una de las cuales se limita a la mente y no cursa con cambios biológicos. No existe tal categoría. Por ejemplo, en la sangre, hay unos marcadores de inflamación —la interleucina-6, la interleucina-1β y el factor de necrosis tumoral— cuyos niveles están elevados en personas con covid-19 persistente,[35] y también en personas en pleno episodio de depresión mayor.[36, 37] La existencia de cambios biológicos no distingue entre trastornos de salud física y de salud mental. (Obviamente, este elemento biológico común no significa que la covid-19 persistente y la depresión sean idénticas, solo que la existencia de mecanismos biológicos no diferencia entre trastornos físicos y mentales. Creo que lo que ahora conocemos como covid-19 persistente no es un solo trastorno, sino que abarca distintos fenómenos posvirales. Por supuesto, estoy abierta a que la investigación futura me demuestre lo contrario.)

El hecho de que la línea que separa los fenómenos mentales de los físicos sea borrosa significa que toda experiencia de enfermedad viene acompañada de cambios biológicos, porque es la biología la que dicta si nos encontramos bien o mal. Del mismo modo, la experiencia de la enfermedad física es, técnicamente, mental, pues es cómo experimenta la mente el mundo del cuerpo. Por eso hay trastornos que se hallan en la intersección entre la salud física y la salud mental. Sí, muchas enfermedades físicas se tratan mejor efectuando cambios en el cuerpo (antibióticos para la infección, cirugía para un ligamento roto, etc.), pero los tratamientos físicos no son exclusivos de las supuestas enfermedades físicas: hay personas con depresión que responden bien a intervenciones físicas, como el tratamiento con antiinflamatorios.[38] Del mismo modo, tratamientos que consideramos meramente mentales resultan cruciales para mejorar trastornos físicos crónicos; por ejemplo, las intervenciones psicosociales reducen el dolor de la artritis[39] y los síntomas del síndrome del colon irritable.[40] Con esto no quiero decir que tengamos que empezar a tratar las infecciones con psicoterapia en lugar de con antibióticos (!), sino que deberíamos reconocer que la experiencia física de una enfermedad no siempre significa que el mejor tratamiento para los síntomas deba ser completamente físico. Algunas personas con enfermedades físicas de larga duración, como dolor crónico, encuentran alivio en tratamientos que tradicionalmente se confinan a la salud mental, y algunas personas con trastornos mentales se beneficiarían de tratamientos que se orientan a la salud física. Esto comenzaría a explicar parte del profundo solapamiento entre trastornos físicos y mentales, tanto en términos de experiencia subjetiva como de origen. Por ejemplo, la experiencia de síntomas funcionales a veces es imposible de distinguir de síntomas derivados de una enfermedad o lesión. Para tratar los unos y los otros es necesario que entendamos mejor la base biológica de la experiencia subjetiva de mala salud, que podría ser una causa o factor importante en la enfermedad de la persona.

En conjunto, la enorme variedad de tratamientos para la salud mental disponibles hoy hace que me sienta bastante optimista. Estoy segura de que este conjunto de tratamientos útiles de eficacia probada se ampliará en el futuro, ya sea en forma de estimulación cerebral invasiva y menos invasiva, sustancias psicodélicas o intervenciones novedosas sobre la alimentación, el sueño y la actividad física. Sin embargo, esto solo se podrá materializar si la manera en que pensamos acerca de la salud mental da un giro existencial. Y ese giro requiere dos cambios urgentes.

En primer lugar, debemos ir más allá del paradigma de tratar diagnósticos de salud mental específicos y desarrollar un mapa más claro y definido que relacione alteraciones de procesos concretos (tanto mentales como físicos) con tratamientos aplicables. Esto resolvería una de las mayores dificultades a las que nos enfrentamos en la actualidad: la de identificar el tratamiento más adecuado para cada persona. Hemos fracasado en el intento de encontrar tratamientos universales y deberíamos abandonar esta estrategia en la búsqueda de nuevos tratamientos, por mucho entusiasmo que demuestren quienes los proponen. En el futuro, el foco debería pasar de estar en recomendaciones de tratamiento basadas en agrupaciones concretas de síntomas diagnósticos a centrarse en medidas cuantificables de los procesos clave en el paciente, de modo que los tratamientos, ya sean nuevos o existentes, se centren en tratar el sistema o sistemas clave para la salud mental de cada persona.

El segundo cambio urgente es el rechazo de la antigua división entre elementos psicológicos y físicos de la salud mental. La ciencia ha demostrado que esta división ha quedado obsoleta y que es potencialmente perjudicial para las numerosas personas cuyas experiencias quedan en la intersección de esta arbitraria división. Todo lo que está en tu cabeza es un fenómeno real y cuantificable. La ciencia permite descomponer cosas que parecen intangibles e intangiblemente difíciles (dolor físico, sufrimiento mental), medirlas y, por lo tanto, cambiarlas. Nuestras experiencias surgen de una compleja interrelación de estímulos (lo que perciben los ojos, las orejas o el cuerpo) y respuestas (las expectativas del cerebro). Esta interacción sustenta tanto la sensación de buena salud mental o física como la de la mala. Entender las causas inmediatas de las experiencias de mala salud mental o física de alguien es clave para mejorarla.

El futuro de la salud mental de nuestra sociedad no llegará en forma de un solo avance en el tratamiento: no descubriremos la panacea que cure el sufrimiento mental. Es mucho más probable que lleguemos a ese futuro mediante una investigación científica y sistemática que identifique los procesos subyacentes que causan malestar, así como las intervenciones que podrían remediarlos, quizá incluso de un modo personalizado que trascienda la etiqueta diagnóstica del paciente. Estos procesos y sus tratamientos correspondientes no se enmarcarán en las divisiones tradicionales entre lo psicológico y lo biológico, entre lo mental y lo físico, sino que destacarán la inseparable interdependencia de estos dos conceptos. El éxito definitivo de estos tratamientos futuros reside en que logremos materializar el potencial de un cerebro capaz de adaptarse a sus circunstancias y que aprende de múltiples experiencias, tanto positivas como negativas, para elaborar su experiencia del bienestar. El potencial para tener una salud mental mejor reside en este proceso de calibración y recalibración. Los tratamientos de salud mental, ya sean fármacos, placebos o psicoterapia, alteran nuestras expectativas acerca del mundo externo e interno mediante sistemas interrelacionados del cerebro y del cuerpo que mantienen la homeostasis. Es el cerebro en equilibrio. En el marco de la salud mental, la alegría es pasajera, pero el equilibrio, constante.

Agradecimientos

Escribir este libro ha sido un verdadero placer y siento que tengo una deuda enorme con las muchísimas personas que lo han hecho posible. Mi increíble agente, Carrie Plitt, vio el libro a partir de lo que era un esquema del todo incompleto y trabajó conmigo durante meses para que presentara una propuesta en condiciones. También quiero dar las gracias a mi gran amiga Cecily Gayford, por su generosidad cuando leyó el primer borrador y no me envió de vuelta al laboratorio. He tenido la suerte de trabajar con mi editora, Josephine Greywoode, de Penguin, cuya visión para el libro encaja a la perfección con la mía y que me dio los consejos que necesitaba para transformar una sucesión de capítulos en un libro congruente.

Estoy inmensamente agradecida a los maravillosos amigos, colaboradores y colegas que generosamente leyeron y comentaron los distintos capítulos: Sarah Garfinkel, Robb Rutledge, Lucy Foulkes, Caitlin Hitchcock, Sammi Chekroud, Lauri Nummenmaa, Rebecca Lawson y Jon Roiser. Vuestro trabajo, y el de muchos otros, forma la historia de este libro. A Jon: has sido mi mentor y la columna vertebral de mi carrera profesional. La mayoría de las facetas de mi vida serían muy distintas de no haberte conocido.

Mis amigos y mi familia han tolerado múltiples conversaciones acerca del libro durante los últimos tres años y medio (incluso si lo adapto a las escalas cronológicas del mundo académico, es mucho tiempo y debe de haber sido bastante aburrido). Estoy especialmente agradecida a mi madre, que es una verdadera inspiración como escritora; a mi padre, por las lluvias de ideas de libros que hemos hecho juntos a lo largo de los años hasta que este se ha hecho realidad; y a mi familia extendida, por su apoyo incondicional. Todo mi agradecimiento a mis maravillosos amigos y sobre todo a Caitlin Hitchcock, Duncan Astle, Anthony O'Dwyer, Joni Holmes, Mel Bunce y Genevieve Laurier, por sus increíbles aportaciones a mi vida durante la escritura del libro. Tengo muchísima suerte de haberos conocido. Por último, gracias a Ottoline, por haberme puesto una fecha de entrega límite y haberme dado una motivación para trabajar con la máxima eficiencia posible incluso después, y a Rebecca, mi mujer, por haberme dado a Ottoline y por hacer que incluso los elementos más mundanos de la vida rebosen felicidad.

Notas

Introducción

1. Bylsma, L. M., Taylor-Clift, A. y Rottenberg, J., «Emotional reactivity to daily events in major and minor depression», en *Journal of Abnormal Psychology*, 120, pág. 155, 2011.

2. Bentham, J., *Deontology Or the Science of Morality in which the Harmony and Coincidence of Duty and Self-interest, Virtue and Felicity, Prudence and Benevolence are Explained and Exemplified*, vol. 2, Longman, 1834.

3. Kahneman, D. y Tversky, A., «Experienced utility and objective happiness: A moment-based approach», en *The Psychology of Economic Decisions*, 1, págs. 187-208, 2003.

4. Jebb, A. T., Tay, L., Diener, E. y Oishi, S., «Happiness, income satiation and turning points around the world», en *Nature Human Behaviour*, 2, págs. 33-38, 2018.

5. Berridge, K. C. y Kringelbach, M. L., «Building a neuroscience of pleasure and well-being», en *Psychology of Well-Being: Theory, Research and Practice*, 1, págs. 1-26, 2011.

6. Disabato, D. J., Goodman, F. R., Kashdan, T. B., Short, J. L. y Jarden, A., «Different types of well-being? A cross-cultural examination of hedonic and eudaimonic well-being», en *Psychological Assessment*, 28, 471, 2016.

7. *Ibid.*

8. Trautmann, S., Rehm, J. y Wittchen, H., «The economic costs of mental disorders: Do our societies react appropriately to the burden of mental disorders?», en *EMBO reports*, 17, págs. 1245-1249, 2016.

9. Arsenault-Lapierre, G., Kim, C. y Turecki, G., «Psychiatric diagnoses in 3275 suicides: a meta-analysis», en *BMC Psychiatry*, 4, págs. 1-11, 2004.

10. Organización Mundial de la Salud, Suicide, en <https://www.who.int/news-room/fact-sheets/detail/suicide>, 2021.

11. Newcomer, J. W. y Hennekens, C. H., «Severe mental illness and risk of cardiovascular disease», en *JAMA* 298, págs. 1794-1796, 2007.

12. Steptoe, A., Deaton, A. y Stone, A. A., «Subjective wellbeing, health, and ageing», en *The Lancet*, 385, págs. 640-648, 2015.

13. Diener, E. y Tay, L., «A scientific review of the remarkable benefits of happiness for successful and healthy living», en *Happiness: Transforming the Development Landscape*, págs. 90-117, 2017.

14. Kiecolt-Glaser, J. K., McGuire, L., Robles, T. F. y Glaser, R., «Emotions, morbidity, and mortality: New perspectives from psychoneuroimmunology», en *Annual Review of Psychology*, 53, págs. 83-107, 2002.

15. Kim, E. S., Sun, J. K., Park, N. y Peterson, C., «Purpose in life and reduced incidence of stroke in older adults: "The Health and Retirement Study"», en *Journal of Psychosomatic Research*, 74, págs. 427-432, 2013.

16. Davidson, K. W., Mostofsky, E. y Whang, W., «Don't worry, be happy: positive affect and reduced 10-year incident coronary heart disease: the Canadian Nova Scotia Health Survey», en *European Heart Journal*, 31, págs. 1065-1070, 2010.

17. Cohen, S., Doyle, W. J., Turner, R. B., Alper, C. M. y Skoner, D. P., «Emotional style and susceptibility to the common cold», en *Psychosomatic Medicine*, 65, págs. 652-657, 2003.

Capítulo 1. Subidones naturales: el placer, el dolor y el cerebro

1. Hermesdorf, M., *et al.*, «Pain sensitivity in patients with major depression: differential effect of pain sensitivity measures, somatic cofactors, and disease characteristics», en *The Journal of Pain*, 17, págs. 606-616, 2016.

2. Hooten, W. M., «Chronic pain and mental health disorders: shared neural mechanisms, epidemiology, and treatment», en *Mayo Clinic Proceedings*, 91, págs. 955-970, 2016.

3. Hermesdorf, M., *et al.*, «Pain sensitivity in patients with major depression:

differential effect of pain sensitivity measures, somatic cofactors, and disease characteristics», en *The Journal of Pain*, 17, págs. 606-616, 2016.

4. Butler, R. K. y Finn, D. P., «Stress- induced analgesia», en *Progress in Neurobiology*, 88, págs. 184-202, 2009.

5. Terman, G. W., Morgan, M. J. y Liebeskind, J. C., «Opioid and non-opioid stress analgesia from cold water swim: importance of stress severity», en *Brain Research*, 372, págs. 167-171, 1986.

6. Bagley, E. E. e Ingram, S. L., «Endogenous opioid peptides in the descending pain modulatory circuit», en *Neuropharmacology* 173, 108131 (2020).

7. Killian, P., Holmes, B. B., Takemori, A. E., Portoghese, P. S. y Fujimoto, J. M., «Cold water swim stress- and delta-2 opioid-induced analgesia are modulated by spinal gamma-aminobutyric acidA receptors», en *Journal of Pharmacology and Experimental Therapeutics*, 274, págs. 730-734, 1995.

8. Janssen, S. A. y Arntz, A., «Real- life stress and opioid-mediated analgesia in novice parachute jumpers», en *Journal of Psychophysiology*, 15, 106, 2001.

9. Terman, G. W., Morgan, M. J. y Liebeskind, J. C., «Opioid and non-opioid stress analgesia from cold water swim: importance of stress severity», en *Brain Research*, 372, págs. 167-171, 1986.

10. *Ibid.*

11. Algunas experiencias estresantes más prolongadas, como descargas eléctricas más largas o nadar en aguas a temperaturas muy bajas durante más tiempo, también pueden suscitar analgesia, pero, en este caso, esta no se debe a la acción del sistema opioide, sino a la de otro de los sistemas de neurotransmisores que intervienen en la supresión del dolor.

12. *Ibid.*

13. Rivat, C., *et al.*, «Non-nociceptive environmental stress induces hyperalgesia, not analgesia, in pain and opioid-experienced rats», en *Neuropsychopharmacology*, 32, págs. 2217-2228, 2007.

14. Maihöfner, C., Forster, C., Birklein, F., Neundörfer, B. y Handwerker, H. O., «Brain processing during mechanical hyperalgesia in complex regional pain syndrome: a functional MRI study», en *Pain*, 114, págs. 93-103, 2005.

15. Gureje, O., Simon, G. E. y Von Korff, M., «A cross-national study of the course of persistent pain in primary care», en *Pain*, 92, págs. 195-200, 2001.

16. Currie, S. R. y Wang, J., «More data on major depression as an antecedent risk factor for first onset of chronic back pain», en *Psychological medicine*, 35, 1275, 2005.

17. Brandl, F., *et al.*, «Common and specific large-scale brain changes in major depressive disorder, anxiety disorders, and chronic pain: a transdiagnostic multimodal meta-analysis of structural and functional MRI studies», en *Neuropsychopharmacology*, 47, págs. 1-10, 2022.

18. Eisenberger, N. I. y Moieni, M., «Inflammation affects social experience: Implications for mental health», en *World Psychiatry*, 19, pág. 109, 2020.

19. Moseley, G. L. y Vlaeyen, J. W., «Beyond nociception: the imprecision hypothesis of chronic pain», en *Pain*, 156, págs. 35-38, 2015.

20. *Ibid.*

21. Wiech, K., Ploner, M. y Tracey, I., «Neurocognitive aspects of pain perception», en *Trends in Cognitive Sciences*, 12, págs. 306-313, 2008.

22. *Ibid.*

23. Moseley, G. L. y Vlaeyen, J. W., «Beyond nociception: the imprecision hypothesis of chronic pain», en *Pain*, 156, págs. 35-38, 2015.

24. Hawkes, C. H., «Endorphins: the basis of pleasure?», en *Journal of Neurology, Neurosurgery, and Psychiatry*, 55, 247, 1992.

25. Hambach, A., Evers, S., Summ, O., Husstedt, I. W. y Frese, A., «The impact of sexual activity on idiopathic headaches: an observational study», en *Cephalalgia*, 33, págs. 384-389, 2013.

26. Darwin, C. y Prodger, P., *The expression of the emotions in man and animals*, Oxford University Press, 1998.

27. Berridge, K. C., «Measuring hedonic impact in animals and infants: microstructure of affective taste reactivity patterns», en *Neuroscience & Biobehavioral Reviews*, 24, págs. 173-198, 2000.

28. Blood, A. J. y Zatorre, R. J., «Intensely pleasurable responses to music correlate with activity in brain regions implicated in reward and emotion», en *Proceedings of the National Academy of Sciences*, 98, págs. 11818-11823, 2001.

29. Hornak, J., *et al.*, «Changes in emotion after circumscribed surgical lesions of the orbitofrontal and cingulate cortices», en *Brain*, 126, págs. 1691-1712, 2003.

30. Kringelbach, M. L. y Berridge, K. C., «Towards a functional neuroanatomy of pleasure and happiness», en *Trends in Cognitive Sciences*, 13, págs. 479-487, 2009.

31. Smith, K. S., Mahler, S. V., Peciña, S. y Berridge, K. C., «Hedonic hotspots: Generating sensory pleasure in the brain», en Kringelbach, M. L. y Berridge, K. C. (comps.), *Pleasures of the brain*, págs. 27-49, Oxford University Press, 2010.

32. Calder, A. J., *et al.*, «Disgust sensitivity predicts the insula and pallidal response to pictures of disgusting foods», en *The European Journal of Neuroscience*, 25, págs. 3422-3428, 2007.

33. Smith, K. S., Mahler, S. V., Peciña, S. y Berridge, K. C., «Hedonic hotspots: Generating sensory pleasure in the brain», en Kringelbach, M. L. y Berridge, K. C. (comps.), *Pleasures of the brain*, págs. 27-49, Oxford University Press, 2010.

34. *Ibid*.

35. No todos los investigadores coinciden en que los opioides típicos causen placer en seres humanos sanos: el alivio del dolor acostumbra a producir placer, por supuesto, pero la mayoría de los opioides también provocan efectos mucho menos placenteros, como náuseas y mareos.

36. National Centre for Health Statistics, «U.S. Overdose Deaths In 2021 Increased Half as Much as in 2020- But Are Still Up 15%», 2022.

37. Por cierto, las inyecciones de endocannabinoides en este punto caliente también llevan a que las ratas dupliquen la ingesta de comida, un efecto no muy distinto al de las personas que conocen la versión vegetal y que han experimentado los célebres ataques de hambre.

38. Manninen, S., *et al.*, «Social laughter triggers endogenous opioid release in humans», en *Journal of Neuroscience*, 37, págs. 6125-6131, 2017.

39. *Ibid*.

40. Fabre-Nys, C., Meller, R. E. y Keverne, E., «Opiate antagonists stimulate affiliative behaviour in monkeys», en *Pharmacology Biochemistry and Behavior*, 16, págs. 653-659, 1982.

41. Scott, S. K., Lavan, N., Chen, S. y McGettigan, C., «The social life of laughter», en *Trends in Cognitive Sciences*, 18, págs. 618-620, 2014.

42. Yuan, J. W., McCarthy, M., Holley, S. R. y Levenson, R. W., «Physiological

down-regulation and positive emotion in marital interaction», en *Emotion*, 10, pág. 467, 2010.

43. Sirgy, M. J., *The Psychology of Quality of Life: Hedonic Well-being, Life Satisfaction, and Eudaimonia*, vol. 50, Springer Science & Business Media, 2012.

44. Woolley, J. D., Lee, B. S. y Fields, H. L., «Nucleus accumbens opioids regulate flavor-based preferences in food consumption», en *Neuroscience*, 143, págs. 309-317, 2006.

45. Caref, K. y Nicola, S. M., «Endogenous opioids in the nucleus accumbens promote approach to high-fat food in the absence of caloric need», en *eLife* 7, e34955, 2018.

46. *Ibid.*

47. Beaver, J. D., *et al.*, «Individual differences in reward drive predict neural responses to images of food», en *Journal of Neuroscience*, 26, págs. 5160-5166, 2006.

48. Por desgracia, no llegué a conocerlo porque falleció antes de que yo entrara en el departamento. Sin embargo, siempre tuve la sensación de haberlo conocido, pues fue el supervisor de tesis doctoral de mi mujer y dijo varias frases especialmente incisivas acerca de los científicos que continuamos repitiendo.

49. Calder, A. J., *et al.*, «Disgust sensitivity predicts the insula and pallidal response to pictures of disgusting foods», en *The European Journal of Neuroscience*, 25, págs. 3422-3428, 2007.

50. Miller, J. M., *et al.*, «Anhedonia after a selective bilateral lesion of the globus pallidus», en *American Journal of Psychiatry*, 163, págs. 786-788, 2006.

51. *Ibid.*

52. Disabato, D. J., Goodman, F. R., Kashdan, T. B., Short, J. L. y Jarden, A., «Different types of well-being? A cross-cultural examination of hedonic and eudaimonic well-being», en *Psychological Assessment*, 28, pág. 471, 2016.

53. Beck, A. T., Steer, R. A. y Brown, G. K., «Beck depression inventory-II», en San Antonio, TX, págs. 78204-2498, 1996.

54. Koob, G. F. y Le Moal, M., «Drug addiction, dysregulation of reward, and allostasis», en *Neuropsychopharmacology*, 24, págs. 97-129, 2001.

55. Ahmed, S. H. y Koob, G., «Transition from moderate to excessive drug intake: change in hedonic set point», en *Science*, 282, págs. 298-300, 1998.

56. Pfaus, J. G., *et al.*, «Who, what, where, when (and maybe even why)? How the experience of sexual reward connects sexual desire, preference, and performance», en *Archives of Sexual Behavior*, 41, págs. 31-62, 2012.
57. Hawkes, C. H., «Endorphins: the basis of pleasure?», en *Journal of Neurology, Neurosurgery, and Psychiatry*, 55, 247, 1992.
58. Esto refleja una realidad acerca del cerebro que quizá ya hayas identificado: todas las áreas están pluriempleadas. La función concreta que cada área cerebral desempeña en cada momento dado depende de muchos factores, como qué otras áreas están activas a la vez, los neurotransmisores con los que se comunica y su patrón de disparos neuronales.
59. Berridge, K. C., «Measuring hedonic impact in animals and infants: microstructure of affective taste reactivity patterns», en *Neuroscience & Biobehavioral Reviews*, 24, págs. 173-198, 2000.
60. Ukponmwan, O., Rupreht, J. y Dzoljic, M., «REM sleep deprivation decreases the antinociceptive property of enkephalinase-inhibition, morphine and cold-water-swim», en *General Pharmacology*, 15, págs. 255-258, 1984.

Capítulo 2. El eje cerebro-cuerpo

1. Swami, V., Hochstöger, S., Kargl, E. y Stieger, S., «Hangry in the field: An experience sampling study on the impact of hunger on anger, irritability, and affect», en *PLOS ONE*, 17, e0269629, 2022.
2. Schachter, S. y Singer, J., «Cognitive, social, and physiological determinants of emotional state», en *Psychological Review*, 69, pág. 379, 1962.
3. Barrett, L. F., Quigley, K. S., Bliss-Moreau, E. y Aronson, K. R., «Interoceptive sensitivity and self-reports of emotional experience», en *Journal of Personality and Social Psychology*, 87, pág. 684, 2004.
4. Erdmann, G. y Janke, W., «Interaction between physiological and cognitive determinants of emotions: Experimental studies on Schachter's theory of emotions», en *Biological Psychology*, 6, págs. 61- 74, 1978.
5. Marshall, G. D. y Zimbardo, P. G., «Affective consequences of inadequately explained physiological arousal», en *Journal of Personality and Social Psychology*, 37, págs. 970-988, 1979.

6. Rogers, R. W. y Deckner, C. W., «Effects of fear appeals and physiological arousal upon emotion, attitudes, and cigarette smoking», en *Journal of Personality and Social Psychology*, 32, pág. 222, 1975.

7. Manstead, A. S. y Wagner, H. L., «Arousal, cognition and emotion: An appraisal of two-factor theory», en *Current Psychological Reviews*, 1, págs. 35-54, 1981.

8. Barrett, L. F., Quigley, K. S., Bliss-Moreau, E. y Aronson, K. R., «Interoceptive sensitivity and self-reports of emotional experience», en *Journal of Personality and Social Psychology*, 87, pág. 684, 2004.

9. *Ibid.*

10. *Ibid.*

11. Jenewein, J., Wittmann, L., Moergeli, H., Creutzig, J. y Schnyder, U., «Mutual influence of posttraumatic stress disorder symptoms and chronic pain among injured accident survivors: a longitudinal study», en *Journal of Traumatic Stress: Official Publication of the International Society for Traumatic Stress Studies*, 22, págs. 540-548, 2009.

12. Morley, S., Eccleston, C. y Williams, A., «Systematic review and meta-analysis of randomized controlled trials of cognitive behaviour therapy and behaviour therapy for chronic pain in adults, excluding headache», en *Pain*, 80, págs. 1-13,1999.

13. Craig, A. D., «How do you feel? Interoception: the sense of the physiological condition of the body», en *Nature Reviews Neuroscience*, 3, 655, 2002.

14. Este divertido debate intenta trazar la línea que separa lo que se considera dentro del cuerpo y fuera. Por ejemplo, las sensaciones en el rostro: exterocepción; las sensaciones de los pulmones: interocepción. Cabría pensar que, a estas alturas, los científicos ya tendrían que haber resuelto la diferencia entre dentro y fuera, pero es muy posible que tú tampoco hayas dedicado mucho tiempo a pensar en si, por ejemplo, los orificios nasales están en el interior del cuerpo o en el exterior.

15. Garfinkel, S. N., *et al.*, «Fear from the heart: sensitivity to fear stimuli depends on individual heartbeats», en *Journal of Neuroscience*, 34, págs. 6573-6582, 2014.

16. *Ibid.*

17. Por desgracia, no todos los experimentos son tan agradables como que te den batido de chocolate.

18. Dalmaijer, E., Lee, A., Leiter, R., Brown, Z. y Armstrong, T. «Forever yuck: oculomotor avoidance of disgusting stimuli resists habituation», en *Journal of Experimental Psychology: General*, en 150, págs. 1598-1611, 2021.

19. Nord, C. L., Dalmaijer, E. S., Armstrong, T., Baker, K. y Dalgleish, T. «A causal role for gastric rhythm in human disgust avoidance». en *Current Biology*, 31, págs. 629-634, 2021.

20. Un coloquialismo que alude a personas que parece que se vayan a morir por un resfriado. Y no es algo exclusivo del sexo masculino. Mi mujer da fe de que algunas mujeres (yo misma) también sufrimos de casos terribles de gripe masculina.

21. Gialluisi, A., *et al.*, «Lifestyle and biological factors influence the relationship between mental health and low-grade inflammation», en *Brain, Behavior, and Immunity*, 85, págs. 4-13, 2020.

22. *Ibid.*

23. *Ibid.*

24. *Ibid.*

25. *Ibid.*

26. Strike, P. C., Wardle, J. y Steptoe, A., «Mild acute inflammatory stimulation induces transient negative mood», en *Journal of Psychosomatic Research*, 57, págs. 189-194, 2004.

27. Brydon, L., *et al.*, «Synergistic effects of psychological and immune stressors on inflammatory cytokine and sickness responses in humans», en *Brain, Behavior, and Immunity*, 23, págs. 217-224, 2009.

28. Harrison, N. A., *et al.*, «A neurocomputational account of how inflammation enhances sensitivity to punishments versus rewards», en *Biological Psychiatry*, 80, págs. 73-81, 2016.

29. Kuhlman, K. R., *et al.*, «Within- subject associations between inflammation and features of depression: Using the flu vaccine as a mild inflammatory stimulus», en *Brain, Behavior, and Immunity*, 69, págs. 540-547, 2018.

30. Bonaccorso, S., *et al.*, «Depression induced by treatment with interferon-alpha in patients affected by hepatitis C virus», en *Journal of Affective Disorders*, 72, págs. 237-241, 2002.

31. Harrison, N. A., *et al.*, «A neurocomputational account of how inflammation enhances sensitivity to punishments versus rewards», en *Biological Psychiatry*, 80, págs. 73-81, 2016.

32. Lynall, M.-E., *et al.*, «Peripheral blood cell-stratified subgroups of inflamed depression», en *Biological Psychiatry*, 88, págs. 185-196, 2020.

33. Dinan, T. G. y Cryan, J. F., «Melancholic microbes: a link between gut microbiota and depression?», en *Neurogastroenterology & Motility*, 25, págs. 713-719, 2013.

34. Cryan, J. F., *et al.*, «The microbiota-gut-brain axis», en *Physiological Reviews*, 99, págs. 1877-2013, 2019.

35. Dominguez-Bello, M. G., *et al.*, «Delivery mode shapes the acquisition and structure of the initial microbiota across multiple body habitats in newborns», en *Proceedings of the National Academy of Sciences*, 107, págs. 11971-11975, 2010.

36. *Ibid.*

37. Morais, L. H., *et al.*, «Enduring behavioral effects induced by birth by caesarean section in the mouse», en Current Biology, 30, págs. 3761-3774, 2020.

38. *Ibid.*

39. *Ibid.*

40. Elvers, K. T., *et al.*, «Antibiotic-induced changes in the human gut microbiota for the most commonly prescribed antibiotics in primary care in the UK: a systematic review», en *BMJ Open*, 10, e035677, 2020.

41. *Ibid.*

42. Lach, G., *et al.*, «Enduring neurobehavioral effects induced by microbiota depletion during the adolescent period», en *Translational Psychiatry*, 10, págs. 1-16, 2020.

43. Tamburini, S., Shen, N., Wu, H. C. y Clemente, J. C., «The microbiome in early life: implications for health outcomes», en *Nature Medicine*, 22, págs. 713-722, 2016.

44. Zhang, T., *et al.*, «Assessment of cesarean delivery and neurodevelopmental and psychiatric disorders in the children of a population-based Swedish birth cohort», en *JAMA Network Open*, 4, e210837, 2021.

45. *Ibid.*

46. Korpela, K., *et al.*, «Intestinal microbiome is related to lifetime antibiotic use in Finnish pre-school children», en *Nature Communications*, 7, págs. 1-8, 2016.

47. *Ibid.*

48. Lavebratt, C., *et al.*, «Early exposure to antibiotic drugs and risk for psychiatric disorders: a population-based study», en *Translational Psychiatry*, 9, págs. 1-12, 2019.

49. Valles-Colomer, M., *et al.*, «The neuroactive potential of the human gut microbiota in quality of life and depression», en *Nature Microbiology* 4, págs. 623-632, 2019.

50. Tillisch, K., et al., «Consumption of fermented milk product with probiotic modulates brain activity», en Gastroenterology, 144, págs. 1394-1401, 2013.

51. Schmidt, K. et al., «Prebiotic intake reduces the waking cortisol response and alters emotional bias in healthy volunteers», en Psychopharmacolog, 232, págs. 1793-1801, 2015.

52. *Ibid.*

53. *Ibid.*

54. Beaumont, W. y Osler, W., Experiments and Observations on the Gastric Juice and the Physiology of Digestion, Courier Corporation, 1996.

55. Konkel, L., «What Is Your Gut Telling You? Exploring the Role of the Microbiome in Gut-Brain Signaling», en *Environmental Health Perspectives*, 126, 2018.

56. Lishman, W. A., *Organic Psychiatry: The Psychological Consequences of Cerebral Disorder*, Blackwell Science Ltd., 1998.

57. Stone, J., *et al.*, «Who is referred to neurology clinics? – The diagnoses made in 3781 new patients», en *Clinical Neurology and Neurosurgery*, 112, págs. 747-751, 2010.

58. Stone, J., Burton, C. y Carson, A., «Recognising and explaining functional neurological disorder», en *BMJ*, 371, 2020.

59. Voon, V., *et al.*, «The involuntary nature of conversion disorder», en *Neurology*, 74, págs. 223-228, 2010.

60. Stone, J., Burton, C. y Carson, A., «Recognising and explaining functional neurological disorder», en *BMJ*, 371, 2020.

61. Brown, R. J. y Reuber, M., «Psychological and psychiatric aspects of psychogenic non-epileptic seizures (PNES): a systematic review», en *Clinical Psychology Review*, 45, págs. 157-182, 2016.

62. Stone, J., *et al.*, «The role of physical injury in motor and sensory conversion symptoms: a systematic and narrative review», en *Journal of Psychosomatic Research*, 66, págs. 383-390, 2009.

63. Walzl, D., Solomon, A. J. y Stone, J., «Functional neurological disorder and multiple sclerosis: a systematic review of misdiagnosis and clinical overlap», en *Journal of Neurology*, 269, págs. 654-663, 2021.

64. Kutlubaev, M. A., Xu, Y., Hackett, M. L. y Stone, J., «Dual diagnosis of epilepsy and psychogenic nonepileptic seizures: systematic review and meta-analysis of frequency, correlates, and outcomes», en *Epilepsy & Behavior*, 89, págs. 70-78, 2018.

65. *Ibid.*

66. Critchley, H., *et al.*, «Transdiagnostic expression of interoceptive abnormalities in psychiatric conditions», en *SSRN*, 3487844, 2019.

67. Nord, C. L., Lawson, R. P. y Dalgleish, T., «Disrupted dorsal mid-insula activation during interoception across psychiatric disorders», en *American Journal of Psychiatry*, 178, págs. 761-770, 2021.

68. Campayo, J. G., Asso, E., Alda, M., Andres, E. M. y Sobradiel, N., «Association between joint hypermobility syndrome and panic disorder: a case-control study», en *Psychosomatics*, 51, págs. 55-56, 2010.

69. Eccles, J. A., *et al.*, «Brain structure and joint hypermobility: relevance to the expression of psychiatric symptoms», en *The British Journal of Psychiatry*, 200, págs. 508-509, 2012.

70. *Ibid.*

Capítulo 3. Aprender a esperar estar bien

1. Munoz, L. M. P., «From Conditioning Monkeys to Drug Addiction: Understanding Prediction and Reward», en *Cognitive Neuroscience Society*, <https://www.cogneurosociety.org/series1predictionreward/>, 2013.

2. O'Doherty, J. P., Dayan, P., Friston, K., Critchley, H. y Dolan, R. J., «Tempo-

ral Difference Models and Reward-Related Learning in the Human Brain», en *Neuron*, 38, págs. 329-337, 2003.

3. Rutledge, R. B., Skandali, N., Dayan, P. y Dolan, R. J., «A computational and neural model of momentary subjective well-being», en *Proceedings of the National Academy of Sciences*, 111, págs. 2252-12257, 2014.

4. Rutledge, R. B., Skandali, N., Dayan, P. y Dolan, R. J., «Dopaminergic modulation of decision making and subjective well-being», en *Journal of Neuroscience*, 35, págs. 9811-9822, 2015.

5. Kieslich, K., Valton, V. y Roiser, J. P., «Pleasure, reward value, prediction error and anhedonia», en *Cultural Topics in Behavioral Neurosciences*, 58, págs. 281-304, 2022.

6. *Ibid.*

7. Peeters, F., Nicolson, N. A., Berkhof, J., Delespaul, P. y deVries, M., «Effects of daily events on mood states in major depressive disorder», en *Journal of Abnormal Psychology*, 112, pág. 203, 2003.

8. Kieslich, K., Valton, V. y Roiser, J. P., «Pleasure, reward value, prediction error and anhedonia», en *Cultural Topics in Behavioral Neurosciences*, 58, págs. 281-304, 2022.

9. Peeters, F., Nicolson, N. A., Berkhof, J., Delespaul, P. y deVries, M., «Effects of daily events on mood states in major depressive disorder», en *Journal of Abnormal Psychology*, 112, pág. 203, 2003.

10. Eshel, N. y Roiser, J. P., «Reward and Punishment Processing in Depression», en *Biological Psychiatry*, 68, págs. 118-124, 2010.

11. McCabe, C., Woffindale, C., Harmer, C. J. y Cowen, P. J., «Neural processing of reward and punishment in young people at increased familial risk of depression», en *Biological Psychiatry*, 72, págs. 588-594, 2012.

12. Eshel, N. y Roiser, J. P., «Reward and Punishment Processing in Depression», en *Biological Psychiatry*, 68, págs. 118-124, 2010.

13. Beats, B. C., Sahakian, B. J. y Levy, R., «Cognitive performance in tests sensitive to frontal lobe dysfunction in the elderly depressed», en *Psychological Medicine*, 26, págs. 591-603, 1996.

14. Matsumoto, M. y Hikosaka, O., «Representation of negative motivational value in the primate lateral habenula», en *Nature Neuroscience*, 12, págs. 77-84, 2009.

15. *Ibid.*

16. Matsumoto, M. y Hikosaka, O., «Lateral habenula as a source of negative reward signals in dopamine neurons», en *Nature*, 447, págs. 1111-1115, 2007.

17. Li, K., *et al.*, «βCaMKII in lateral habenula mediates core symptoms of depression», en *Science*, 341, págs. 1016-1020, 2013.

18. Lawson, R. P., *et al.*, «Disrupted habenula function in major depression», en *Molecular Psychiatry*, 22, págs. 202-208, 2016.

19. Un error de predicción positivo en este experimento fue que, a pesar de que no era el más romántico del mundo, en él conocí a Rebecca, mi mujer, que ahora dirige un laboratorio de neurociencia en Cambridge.

20. Drevets, W. C., *et al.*, «Amphetamine-induced dopamine release in human ventral striatum correlates with euphoria», en *Biological Psychiatry*, 49, págs. 81-96, 2001.

21. Ahmed, S. H. y Koob, G., «Transition from moderate to excessive drug intake: change in hedonic set point», en *Science*, 282, págs. 298-300, 1998.

22. Friedman, A. K., *et al.*, «Enhancing depression mechanisms in midbrain dopamine neurons achieves homeostatic resilience», en *Science*, 344, págs. 313-319, 2014.

23. *Ibid.*

24. Chaudhury, D., et al., «Rapid regulation of depression-related behaviours by control of midbrain dopamine neurons», en Nature 493, págs. 532-536, 2013.

25. Zimmerman, M., Ellison, W., Young, D., Chelminski, I. y Dalrymple, K., «How many different ways do patients meet the diagnostic criteria for major depressive disorder?», en *Comprehensive Psychiatry*, 56, págs. 29-34, 2015.

Capítulo 4. Motivación, voluntad y «querer»

1. Milner, P. M., «The discovery of self-stimulation and other stories», en *Neuroscience & Biobehavioral Reviews*, 13, 61-67, 1989.

2. Peter Milner proporcionó una excelente descripción de este descubri-

miento en *Neuroscience & Biobehavioral Reviews* en 1989, de donde se ha extraído gran parte de lo que menciono aquí. Es una lectura magnífica que recomiendo encarecidamente.

3. Milner, P. M., «The discovery of self-stimulation and other stories», en *Neuroscience & Biobehavioral Reviews*, 13, 61-67, 1989.

4. *Ibid*.

5. Bishop, M., Elder, S. T. y Heath, R. G., «Intracranial self-stimulation in man», en *Science*, 40, págs. 394-396, 1963.

6. Heath, R. G., «Pleasure and brain activity in man. Deep and surface electroencephalograms during orgasm», en *The Journal of Nervous and Mental Disease*, 154, págs. 3-18, 1972.

7. Bishop, M., Elder, S. T. y Heath, R. G., «Intracranial self-stimulation in man», en *Science*, 40, págs. 394-396, 1963.

8. Heath, R. G., «Electrical self-stimulation of the brain in man», en *American Journal of Psychiatry*, 20, págs. 571-577, 1963.

9. Bishop, M., Elder, S. T. y Heath, R. G., «Intracranial self-stimulation in man», en *Science*, 40, págs. 394-396, 1963.

10. Heath, R. G., «Pleasure and brain activity in man. Deep and surface electroencephalograms during orgasm», en *The Journal of Nervous and Mental Disease*, 154, págs. 3-18, 1972.

11. *Ibid*.

12. *Ibid*.

13. Portenoy, R. K., *et al.*, «Compulsive thalamic self-stimulation: a case with metabolic, electrophysiologic and behavioral correlates», en *Pain*, 27, págs. 277-290, 1986.

14. Berridge, K. C., «Pleasures of the brain», en *Brain and cognition*, 52, págs. 106-128, 2003.

15. Portenoy, R. K., *et al.*, «Compulsive thalamic self-stimulation: a case with metabolic, electrophysiologic and behavioral correlates», en *Pain*, 27, págs. 277-290, 1986.

16. Oliveira, S. F., «The dark history of early deep brain stimulation», en *The Lancet Neurology*, 17, pág. 748, 2018.

17. Heath, R. G., *Exploring the Mind-Brain relationship*, Moran Printing Incorporated, 1996.

18. Berridge, K. C., «Pleasures of the brain», en *Brain and cognition*, 52, págs. 106-128, 2003.

19. *Ibid.*

20. Garris, P. A., *et al.*, «Dissociation of dopamine release in the nucleus accumbens from intracranial self-stimulation», en *Nature*, 398, págs., 67-69, 1999.

21. La neuropsicofarmacología estudia cómo influyen los fármacos en la conducta (o la experiencia) mediante los efectos concretos que ejercen en el cerebro. Ya imaginarás cuáles eran las áreas menos calientes.

22. Abbott, A., «The molecular wake-up call», en *Nature*, 447, págs. 368-370, 2007.

23. *Ibid.*

24. Husain, M. y Roiser, J. P., «Neuroscience of apathy and anhedonia: a transdiagnostic approach», en *Nature Reviews Neuroscience*, 19, págs. 470-484, 2018.

25. *Ibid.*

26. Brissaud, É., *Leçons sur les maladies nerveuses*, Masson, 1899.

27. Prange, S., *et al.*, «Historical crossroads in the conceptual delineation of apathy in Parkinson's disease», en *Brain*, 141, págs. 613-619, 2018.

28. Sherrington, C., *Man on his Nature*, Cambridge University Press, 1951.

29. Cools, R., Barker, R. A., Sahakian, B. J. y Robbins, T. W., «L-Dopa medication remediates cognitive inflexibility, but increases impulsivity in patients with Parkinson's disease», en *Neuropsychologia*, 41, págs. 1431-1441, 2003.

30. Scott, B. M., *et al.*, «Co-occurrence of apathy and impulse control disorders in Parkinson's disease», en *Neurology*, 95, 2020.

Capítulo 5. Placebos y nocebos

1. Hróbjartsson, A. y Gøtzsche, P. C., «Placebo interventions for all clinical conditions», en *Cochrane Database of Systematic Reviews*, 2004.

2. *Ibid.*

3. Kaptchuk, T. J., *et al.*, «Components of placebo effect: randomised contro-

lled trial in patients with irritable bowel syndrome», en *BMJ*, 336, págs. 999-1003, 2008.

4. Lucchelli, P. E., Cattaneo, A. D. y Zattoni, J., «Effect of capsule colour and order of administration of hypnotic treatments», en *European Journal of Clinical Pharmacology*, 13, págs. 153-155, 1978.

5. Huskisson, E., «Simple analgesics for arthritis», en *BMJ*, 4, 196-200, 1974.

6. Sihvonen, R., *et al.*, «Arthroscopic partial meniscectomy versus sham surgery for a degenerative meniscal tear», en *The New England Journal of Medicine*, 369, págs. 2515-2524, 2013.

7. Kaptchuk, T. J., *et al.*, «Placebos without deception: a randomized controlled trial in irritable bowel syndrome», en *PLOS ONE*, 5, e15591, 2010.

8. Bingel, U., *et al.*, «The effect of treatment expectation on drug efficacy: imaging the analgesic benefit of the opioid remifentanil», en *Science Translational Medicine*, 3, 70ra14, 2011.

9. *Ibid.*

10. Zunhammer, M., «Meta- analysis of neural systems underlying placebo analgesia from individual participant fMRI data», en *Nature Communications*, 12, págs. 1-11, 2021.

11. *Ibid.*

12. Bingel, U., *et al.*, «The effect of treatment expectation on drug efficacy: imaging the analgesic benefit of the opioid remifentanil», en *Science Translational Medicine*, 3, 70ra14, 2011.

13. Ploghaus, A., *et al.*, «Exacerbation of pain by anxiety is associated with activity in a hippocampal network», en *Journal of Neuroscience*, 21, págs. 9896-9903, 2001.

14. Bushnell, M. C., Čeko, M. y Low, L. A., «Cognitive and emotional control of pain and its disruption in chronic pain», en *Nature Reviews Neuroscience*, 14, págs. 502-511, 2013.

15. De la Fuente-Fernandez, R., *et al.*, «Expectation and dopamine release: mechanism of the placebo effect in Parkinson's disease», en *Science*, 293, págs. 1164-1166, 2001.

16. Scott, D. J., *et al.*, «Placebo and nocebo effects are defined by opposite opioid and dopaminergic responses», en *Archives of General Psychiatry*, 65, págs. 220-231, 2008.

17. Peciña, M., *et al.*, «Association between placebo-activated neural systems and antidepressant responses: neurochemistry of placebo effects in major depression», en *JAMA Psychiatry*, 72, págs. 1087-1094, 2015.
18. *Ibid.*
19. *Ibid.*
20. Furukawa, T., *et al.*, «Waiting list may be a nocebo condition in psychotherapy trials: A contribution from network meta-analysis», en *Acta Psychiatrica Scandinavica*, 130, págs. 181-192, 2014.
21. Gold, S. M., *et al.*, «Control conditions for randomised trials of behavioural interventions in psychiatry: a decision framework», en *The Lancet Psychiatry*, 4, págs. 725-732, 2017.
22. Jepma, M., Koban, L., van Doorn, J., Jones, M. y Wager, T. D., «Behavioural and neural evidence for self-reinforcing expectancy effects on pain», en *Nature Human Behaviour*, 2, págs. 838-855, 2018.
23. *Ibid.*

Capítulo 6. ¿Cómo funcionan los antidepresivos?

1. Crane, G. E., «Further studies on iproniazid phosphate: Isonicotinil-isopropylhydrazine phosphate Marsilid», en *The Journal of Nervous and Mental Disease*, 124, págs. 322-331, 1956.
2. *Ibid.*
3. Loomer, H. P., Saunders, J. C. y Kline, N. S., «A clinical and pharmacodynamic evaluation of iproniazid as a psychic energizer», en Psychiatric Research Reports, 8, págs. 129-141, 1957.
4. Crane, G. E., «The psychiatric side-effects of iproniazid», en *American Journal of Psychiatry*, 112, págs. 494-501, 1956.
5. West, E. D. y Dally, P. J., «Effects of iproniazid in depressive syndromes», en *British Medical Journal*, 1, pág. 1491, 1959.
6. Muller, J. C., Pryor, W. W., Gibbons, J. E. y Orgain, E. S., «Depression and anxiety occurring during Rauwolfia therapy», en *Journal of the American Medical Association*, 159, págs. 836-839, 1955.
7. Jensen, K., «Depressions in patients treated with reserpine for arterial

hypertension», en *Acta Psychiatrica Scandinavica*, 34, págs. 195-204, 1959.

8. Sin embargo, aún hoy, otros antidepresivos populares actúan en el sistema noradrenérgico además de en el serotoninérgico (por ejemplo, la duloxetina o la venlafaxina).

9. Drevets, W. C., *et al.*, «Amphetamine-induced dopamine release in human ventral striatum correlates with euphoria», en *Biological Psychiatry*, 49, págs. 81-96, 2001.

10. Shrestha, S., *et al.*, «Serotonin-1A receptors in major depression quantified using PET: controversies, confounds, and recommendations», en *Neuroimage*, 59, págs. 3243-3251, 2012.

11. Cowen, P. J. y Browning, M., «What has serotonin to do with depression?», en *World Psychiatry*, 14, págs. 158-160, 2015.

12. *Ibid.*

13. Cipriani, A., *et al.*, «Comparative efficacy and acceptability of 12 new-generation antidepressants: a multiple-treatments meta-analysis», en *The Lancet*, 373, págs. 746-758, 2009.

14. Harmer, C. J., Hill, S. A., Taylor, M. J., Cowen, P. J. y Goodwin, G. M., «Toward a neuropsychological theory of antidepressant drug action: increase in positive emotional bias after potentiation of norepinephrine activity», en *American Journal of Psychiatry*, 160, págs. 990-992, 2003.

15. Roiser, J. P., Elliott, R. y Sahakian, B. J., «Cognitive mechanisms of treatment in depression», en *Neuropsychopharmacology*, 37, págs. 117-136, 2012.

16. Harmer, C. J., *et al.*, «Effect of acute antidepressant administration on negative affective bias in depressed patients», en *The American Journal of Psychiatry*, 166, págs. 1178-1184, 2009.

17. Harmer, C. J., Heinzen, J., O'Sullivan, U., Ayres, R. A. y Cowen, P. J., «Dissociable effects of acute antidepressant drug administration on subjective and emotional processing measures in healthy volunteers», en *Psychopharmacology*, 199, págs. 495-502, 2008.

18. Godlewska, B. R., Norbury, R., Selvaraj, S., Cowen, P. J. y Harmer, C. J., «Short- term SSRI treatment normalises amygdala hyperactivity in depressed patients», en *Psychological Medicine* 42, págs. 2609-2617, 2012.

19. Stuhrmann, A., Suslow, T. y Dannlowski, U., «Facial emotion processing

in major depression: a systematic review of neuroimaging findings», en *Biology of Mood and Anxiety Disorders*, 1, 2011.

20. Outhred, T., *et al.*, «Impact of acute administration of escitalopram on the processing of emotional and neutral images: a randomized crossover fMRI study of healthy women», en *Journal of Psychiatry y Neuroscience: JPN*, 39, págs. 267, 2014.

21. Harmer, C. J. y Cowen, P. J., «"It's the way that you look at it" – a cognitive neuropsychological account of SSRI action in depression», en *Philosophical Transactions of the Royal Society B: Biological Sciences*, 368, 20120407, 2013.

22. Harmer, C. J., *et al.*, «Effect of acute antidepressant administration on ne-gative affective bias in depressed patients», en *The American Journal of Psychiatry*, 166, págs. 1178-1184, 2009.

23. Le Masurier, M., Cowen, P. J. y Harmer, C. J., «Emotional bias and waking salivary cortisol in relatives of patients with major depression», en *Psychological Medicine*, 37, págs. 403-410, 2007.

24. Heathcote, L. C., *et al.*, «Negative interpretation bias and the experience of pain in adolescents», en *The Journal of Pain*, 17, págs. 972-981, 2016.

25. Davey, G. C. y Meeten, F., «The perseverative worry about: A review of cognitive, affective and motivational factors that contribute to worry per-severation», en *Biological psychology*, 121, págs. 233-243, 2016.

26. Miskowiak, K. W., *et al.*, «Affective cognition in bipolar disorder: a syste-matic review by the ISBD targeting cognition task force», en *Bipolar Disorders*, 21, págs. 686-719, 2019.

27. Marwick, K. y Hall, J., «Social cognition in schizophrenia: a review of face processing», en *British Medical Bulletin*, 88, págs. 43-58, 2008.

28. Vocks, S., *et al.*, «Meta-analysis of the effectiveness of psychological and pharmacological treatments for binge eating disorder», en *International Journal of Eating Disorders*, 43, págs. 205-217, 2010.

29. Ford, A. C., Talley, N. J., Schoenfeld, P. S., Quigley, E. M. y Moayyedi, P., «Efficacy of antidepressants and psychological therapies in irritable bowel syndrome: systematic review and meta-analysis», en *Gut*, 58, págs. 367-378, 2009.

30. West, E. D. y Dally, P. J., «Effects of iproniazid in depressive syndromes», en *British Medical Journal*, 1, 1491, 1959.

31. Rush, A. J., *et al.*, «Bupropion-SR, sertraline, or venlafaxine-XR after failure of SSRIs for depression», en *New England Journal of Medicine*, 354, págs. 1231-1242, 2006.

32. Godlewska, B. R., Browning, M., Norbury, R., Cowen, P. J. y Harmer, C. J., «Early changes in emotional processing as a marker of clinical response to SSRI treatment in depression», en *Translational psychiatry*, 6, pág. 957, 2016.

33. Horder, J., Cowen, P. J., Di Simplicio, M., Browning, M. y Harmer, C. J., «Acute administration of the cannabinoid CB1 antagonist rimonabant impairs positive affective memory in healthy volunteers», en *Psychopharmacology*, 205, págs. 85-91, 2009.

34. Cipriani, A., *et al.*, «Comparative efficacy and acceptability of 12 new-generation antidepressants: a multiple-treatments meta-analysis», en *The Lancet*, 373, págs. 746-758, 2009.

35. Lewis, G., *et al.*, «Maintenance or discontinuation of antidepressants in primary care», en *New England Journal of Medicine*, 385, págs. 1257-1267, 2021.

Capítulo 7. Otros fármacos y drogas

1. Baum-Baicker, C., «The psychological benefits of moderate alcohol consumption: a review of the literature», en *Drug and Alcohol Dependence*, 15, págs. 305-322, 1985.

2. Sher, K. J. y Walitzer, K. S., «Individual differences in the stress-response-dampening effect of alcohol: A dose-response study», en *Journal of Abnormal Psychology*, 95, pág. 159, 1986.

3. Rodgers, B., *et al.*, «Non-linear relationships in associations of depression and anxiety with alcohol use», en *Psychological Medicine*, 30, págs. 421-432, 2000.

4. *Ibid.*

5. Nutt, D. J., King, L. A., Saulsbury, W. y Blakemore, C., «Development of a rational scale to assess the harm of drugs of potential misuse», en *The Lancet*, 369, págs. 1047-1053, 2007.

6. Nutt, D. J., King, L. A. y Phillips, L. D., «Drug harms in the UK: a multicriteria decision analysis», en *The Lancet*, 376, págs. 1558-1565, 2010.

7. *Ibid.*

8. Nutt, D. J., King, L. A., Saulsbury, W. y Blakemore, C., «Development of a rational scale to assess the harm of drugs of potential misuse», en *The Lancet*, 369, págs. 1047-1053, 2007.

9. Nutt, D., «Government vs science over drug and alcohol policy», en *The Lancet*, 374, págs. 1731-1733, 2009.

10. Nutt, D., «New psychoactive substances: Pharmacology influencing UK practice, policy and the law», en *British Journal of Clinical Pharmacology*, 86, págs. 445-451, 2020.

11. *Ibid.*

12. Eastwood, N., Shiner, M. y Bear, D., «The numbers in black and white: Ethnic disparities in the policing and prosecution of drug offences in England and Wales», en *Release: Drugs, The Law & Human Rights*, 2013.

13. Arria, A. M., Caldeira, K. M., Bugbee, B. A., Vincent, K. B. y O'Grady, K. E., «Marijuana use trajectories during college predict health outcomes nine years post-matriculation», en *Drug and Alcohol Dependence*, 159, págs. 158-165, 2016.

14. Hasan, A., *et al.*, «Cannabis use and psychosis: a review of reviews», en *European Archives of Psychiatry and Clinical Neuroscience*, 270, págs. 403-412, 2020.

15. Kraan, T., *et al.*, «Cannabis use and transition to psychosis in individuals at ultra-high risk: review and meta-analysis», en *Psychological Medicine*, 46, págs. 673-68, 2016.

16. Fusar-Poli, P., *et al.*, «Abnormal frontostriatal interactions in people with prodromal signs of psychosis: a multimodal imaging study», en *Archives of General Psychiatry*, 67, págs. 683-691, 2010.

17. Pasman, J. A., *et al.*, «GWAS of lifetime cannabis use reveals new risk loci, genetic overlap with psychiatric traits, and a causal effect of schizophrenia liability», en *Nature Neuroscience*, 21, págs. 1161-1170, 2018.

18. Morgan, C. J. y Curran, H. V., «Effects of cannabidiol on schizophrenia-like symptoms in people who use cannabis», en *The British Journal of Psychiatry*, 192, págs. 306-307, 2008.

19. Englund, A., *et al.*, «Cannabidiol inhibits THC-elicited paranoid symptoms

and hippocampal-dependent memory impairment», en *Journal of Psychopharmacology*, 27, págs. 19-27, 2013.

20. Morgan, C. J. y Curran, H. V., «Effects of cannabidiol on schizophrenia-like symptoms in people who use cannabis», en *The British Journal of Psychiatry*, 192, págs. 306-307, 2008.

21. *Ibid*.

22. Freeman, T. P., *et al.*, «Cannabidiol for the treatment of cannabis use disorder: a phase 2a, double-blind, placebo-controlled, randomised, adaptive Bayesian trial», en *The Lancet Psychiatry*, 7, págs. 865-874, 2020.

23. Samorini, G., «The oldest archeological data evidencing the relationship of Homo sapiens with psychoactive plants: A worldwide overview», en *Journal of Psychedelic Studies*, 3, págs. 63-80, 2019.

24. Hall, W., «Why was early therapeutic research on psychedelic drugs abandoned?», en *Psychological Medicine*, 52, págs. 26-31, 2022.

25. *Ibid*.

26. Griffiths, R. R., Richards, W. A., Johnson, M. W., McCann, U. D. y Jesse, R., «Mystical- type experiences occasioned by psilocybin mediate the attribution of personal meaning and spiritual significance 14 months later», en *Journal of Psychopharmacology*, 22, págs. 621-632, 2008.

27. Jesse, R. y Griffiths, R. R., «Psilocybin research at Johns Hopkins: A 2014 report», en *Seeking the sacred with psychoactive substances: Chemical paths to spirituality and to god*, 2, págs. 29-43, 2014.

28. Griffiths, R. R., Richards, W. A., Johnson, M. W., McCann, U. D. y Jesse, R., «Mystical- type experiences occasioned by psilocybin mediate the attribution of personal meaning and spiritual significance 14 months later», en *Journal of Psychopharmacology*, 22, págs. 621-632, 2008.

29. Jesse, R. y Griffiths, R. R., «Psilocybin research at Johns Hopkins: A 2014 report», en *Seeking the sacred with psychoactive substances: Chemical paths to spirituality and to god*, 2, págs. 29-43, 2014.

30. Carhart-Harris, R. L., *et al.*, «Psilocybin with psychological support for treatment-resistant depression: an open-label feasibility study», en *The Lancet Psychiatry*, 3, págs. 619-627, 2016.

31. Carhart-Harris, R., *et al.*, «Trial of psilocybin versus escitalopram for depression», en *New England Journal of Medicine*, 384, págs. 1402-1411, 2021.

32. Vollenweider, F. X., *et al.*, «Positron emission tomography and fluoro-deoxyglucose studies of metabolic hyperfrontality and psychopathology in the psilocybin model of psychosis», en *Neuropsychopharmacology*, 16, págs. 357-372, 1997.

33. Carhart-Harris, R. L., *et al.*, «Neural correlates of the psychedelic state as determined by fMRI studies with psilocybin», en *Proceedings of the National Academy of Sciences*, 109, págs. 2138-2143, 2012.

34. *Ibid.*

35. Roseman, L., Demetriou, L., Wall, M. B., Nutt, D. J. y Carhart-Harris, R. L., «Increased amygdala responses to emotional faces after psilocybin for treatment-resistant depression», en *Neuropharmacology*, 142, págs. 263-269, 2018.

36. *Ibid.*

37. Olson, J. A., Suissa-Rocheleau, L., Lifshitz, M., Raz, A. y Veissiere, S. P., «Tripping on nothing: placebo psychedelics and contextual factors», en *Psychopharmacology*, 237, págs. 1371-1382, 2020.

38. Duerler, P., *et al.*, «Psilocybin Induces Aberrant Prediction Error Processing of Tactile Mismatch Responses – A Simultaneous EEG-FMRI Study», en *Cerebral Cortex*, 32, págs. 186-196, 2021.

39. Preller, K. H., *et al.*, «Changes in global and thalamic brain connectivity in LSD-induced altered states of consciousness are attributable to the 5-HT2A receptor», en *eLife*, 7, 2018.

40. Carhart-Harris, R. L. y Friston, K., «REBUS and the anarchic brain: toward a unified model of the brain action of psychedelics», en *Pharmacological Reviews*, 71, págs. 316-344, 2019.

41. Doss, M. K., *et al.*, «Psilocybin therapy increases cognitive and neural flexibility in patients with major depressive disorder», en *Translational Psychiatry*, 11, págs. 1-10, 2021.

Capítulo 8. Modificar el cerebro con psicoterapia

1. Rudd, M. D., *et al.*, «Brief cognitive-behavioral therapy effects on post-treatment suicide attempts in a military sample: results of a randomized clini-

cal trial with 2-year follow-up», en *American Journal of Psychiatry*, 172, págs. 441-449, 2015.

2. Tolin, D. F., «Is cognitive-behavioral therapy more effective than other therapies?: A meta-analytic review», en *Clinical Psychology Review*, 30, págs. 710-720, 2010.

3. Cuijpers, P., Andersson, G., Donker, T. y van Straten, A., «Psychological treatment of depression: results of a series of meta-analyses», en *Nordic Journal of Psychiatry*, 65, págs. 354-364, 2011.

4. Cuijpers, P., van Straten, A., Andersson, G. y van Oppen, P., «Psychotherapy for depression in adults: a meta-analysis of comparative outcome studies», en *Journal of Consulting and Clinical Psychology*, 76, págs. 909-922, 2008.

5. Mobini, S., *et al.*, «Effects of standard and explicit cognitive bias modification and computer-administered cognitive-behaviour therapy on cognitive biases and social anxiety», en *Journal of Behavior Therapy and Experimental Psychiatry*, 45, págs. 272-279, 2014.

6. Paykel, E. S., «Cognitive therapy in relapse prevention in depression», en *International Journal of Neuropsychopharmacology*, 10, págs. 131-136, 2007.

7. Nord, C. L., *et al.*, «Neural effects of antidepressant medication and psychological treatments: a quantitative synthesis across three meta-analyses», en *The British Journal of Psychiatry*, 219, págs. 546-50, 2021.

8. DeRubeis, R. J., Siegle, G. J. y Hollon, S. D., «Cognitive therapy versus medication for depression: treatment outcomes and neural mechanisms», en *Nature Reviews Neuroscience*, 9, págs. 788-796, 2008.

9. Moutoussis, M., Shahar, N., Hauser, T. U. y Dolan, R. J., «Computation in psychotherapy, or how computational psychiatry can aid learning-based psychological therapies», en *Computational Psychiatry*, 2, págs. 50-73, 2018.

10. Dercon, Q., *et al.*, «A core component of psychological therapy causes adaptive changes in computational learning mechanisms», 2022.

11. O'Donohue, W. T. y Fisher, J. E., *Cognitive Behavior Therapy: Core Principles for Practice*, John Wiley & Sons, 2012.

12. Cuijpers, P., *et al.*, «A network meta-analysis of the effects of psychotherapies, pharmacotherapies and their combination in the treatment of adult depression», en *World Psychiatry*, 19, págs. 92-107, 2020.

13. Revell, E. R., Gillespie, D., Morris, P. G. y Stone, J., «Drop attacks as a sub-

type of FND: a cognitive behavioural model using grounded theory», en *Epilepsy & Behavior Reports*, 100491, 2021.

14. *Ibid.*

15. O'Connell, N., *et al.*, «Outpatient CBT for motor functional neurological disorder and other neuropsychiatric conditions: a retrospective case comparison», en *The Journal of Neuropsychiatry and Clinical Neurosciences*, 32, págs. 58-66, 2020.

16. Manjaly, Z.- M. e Iglesias, S., «A computational theory of mindfulness based cognitive therapy from the "bayesian brain" perspective», en *Frontiers in Psychiatry*, 11, pág. 404, 2020.

17. Kuyken, W., *et al.*, «How does mindfulness-based cognitive therapy work?», en *Behaviour Research and Therapy*, 48, págs. 1105-1112, 2010.

18. Lutz, J., *et al.*, «Mindfulness and emotion regulation – an fMRI study», en *Social Cognitive and Affective Neuroscience*, 9, págs. 776- 785, 2014.

19. *Ibid.*

20. Esto se midió con la escala de conciencia y de atención plena (MAAS, por sus siglas en inglés), un cuestionario en el que se pedía a los participantes que respondieran a afirmaciones como «Me cuesta mantener la atención en lo que sucede en el presente» o «Me doy cuenta de que hago cosas sin prestar atención».

21. Carlson, L. E. y Brown, K. W., «Validation of the Mindful Attention Awareness Scale in a cancer population», en *Journal of Psychosomatic Research*, 58, págs. 29-33, 2005.

22. Lutz, J., *et al.*, «Mindfulness and emotion regulation – an fMRI study», en *Social Cognitive and Affective Neuroscience*, 9, págs. 776- 785, 2014.

23. Farias, M., Maraldi, E., Wallenkampf, K. C. y Lucchetti, G., «Adverse events in meditation practices and meditation-based therapies: a systematic review», en *Acta Psychiatrica Scandinavica*, 142, págs. 374-393, 2020.

24. *Ibid.*

25. Hirshberg, M. J., Goldberg, S. B., Rosenkranz, M. y Davidson, R. J., «Prevalence of harm in mindfulness-based stress reduction», en *Psychological Medicine*, 52, págs. 1080-1088, 2022.

26. Van Dam, N. T. y Galante, J., «Underestimating harm in mindfulness-based stress reduction», en *Psychological Medicine*, págs. 1-3, 2020.

27. Roiser, J. P., Elliott, R. y Sahakian, B. J., «Cognitive mechanisms of treatment in depression», en *Neuropsychopharmacology*, 37, págs. 117-136, 2012.
28. Reitmaier, J., *et al.*, «Effects of rhythmic eye movements during a virtual reality exposure paradigm for spider-phobic patients», en *Psychology and Psychotherapy: Theory, Research and Practice*, 95, págs. 57-78, 2022.
29. Mitchell, J. M., *et al.*, «MDMA-assisted therapy for severe PTSD: a randomized, double-blind, placebo-controlled phase 3 study», en *Nature Medicine*, 27, págs. 1025-1033, 2021.
30. Linden, M. y Schermuly-Haupt, M.-L., «Definition, assessment and rate of psychotherapy side-effects», en *World Psychiatry*, 13, pág. 306, 2014.

Capítulo 9. Emociones eléctricas

1. Pagnin, D., de Queiroz, V., Pini, S. y Cassano, G. B., «Efficacy of ECT in depression: a meta-analytic review», en *Focus*, 6, págs. 155-162, 2008.
2. Slotema, C. W., Blom, J. D., Hoek, H. W. y Sommer, I. E., «Should we expand the toolbox of psychiatric treatment methods to include Repetitive Transcranial Magnetic Stimulation (rTMS)? A meta-analysis of the efficacy of rTMS in psychiatric disorders», en *The Journal of Clinical Psychiatry*, 71, págs. 873-84, 2010.
3. Pagnin, D., de Queiroz, V., Pini, S. y Cassano, G. B., «Efficacy of ECT in depression: a meta-analytic review», en *Focus*, 6, págs. 155-162, 2008.
4. Read, J., Cunliffe, S., Jauhar, S. y McLoughlin, D. M., «Should we stop using electroconvulsive therapy?», en *BMJ*, 364, 2019.
5. *Ibid.*
6. *Ibid.*
7. Rozing, M. P., Jørgensen, M. B. y Osler, M., «Electroconvulsive therapy and later stroke in patients with affective disorders», en *The British Journal of Psychiatry*, 214, págs. 168-170, 2019.
8. Osler, M., Rozing, M. P., Christensen, G. T., Andersen, P. K. y Jørgensen, M. B., «Electroconvulsive therapy and risk of dementia in patients with affective disorders: a cohort study», en *The Lancet Psychiatry*, 5, págs. 348-356, 2018.

9. Nuninga, J. O., *et al.*, «Volume increase in the dentate gyrus after electroconvulsive therapy in depressed patients as measured with 7T», en *Molecular Psychiatry*, 25, págs. 1559-1568, 2020.

10. Semkovska, M. y McLoughlin, D. M., «Objective cognitive performance associated with electroconvulsive therapy for depression: a systematic review and meta-analysis», en *Biological psychiatry*, 68, págs. 568-577, 2010.

11. Golinkoff, M. y Sweeney, J. A., «Cognitive impairments in depression», en *Journal of Affective Disorders*, 17, págs. 105-112, 1989.

12. Steinberg, H., «Electrotherapeutic disputes: the "Frankfurt Council" of 1891», en *Brain*, 2011.

13. Cambiaghi, M. y Sconocchia, S., «Scribonius Largus (probably before 1CE-after 48CE)», en *Journal of Neurology*, 265, págs. 2466-2468, 2018.

14. McWhirter, L., Carson, A. y Stone, J., «The body electric: a long view of electrical therapy for functional neurological disorders», en *Brain*, 138, págs. 1113-1120, 2015.

15. Franklin, B., «An Account of the Effects of Electricity in paralytic Cases. In a Letter to John Pringle, MDFRS from Benjamin Franklin, Esq; FRS-See an Account of some surprising Effects of Electricity, in Vol. XXIII, Page 280, of our Magazine», en *New Universal Magazine: or, Miscellany of Historical, Philosophical, Political and Polite Literature*, 25, págs. 282-283, 1759.

16. *Ibid*.

17. McWhirter, L., Carson, A. y Stone, J., «The body electric: a long view of electrical therapy for functional neurological disorders», en *Brain*, 138, págs. 1113-1120, 2015.

18. Ibid.

19. Harris, W., «Diagnosis And Electrical Treatment Of Nerve Injuries Of The Upper Extremity», en *The British Medical Journal*, 722-724,1908.

20. McWhirter, L., Carson, A. y Stone, J., «The body electric: a long view of electrical therapy for functional neurological disorders», en *Brain*, 138, págs. 1113-1120, 2015.

21. Nitsche, M. A. y Paulus, W., «Excitability changes induced in the human motor cortex by weak transcranial direct current stimulation», en *The Journal of Physiology*, 527, págs. 633-639, 2000.

22. Nord, C. L., *et al.*, «The neural basis of hot and cold cognition in depressed

patients, unaffected relatives, and low-risk healthy controls: an fMRI investigation», en *Journal of Affective Disorders*, 274, págs. 389-398, 2020.

23. O'Reardon, J. P., *et al.*, «Efficacy and safety of transcranial magnetic stimulation in the acute treatment of major depression: a multisite randomized controlled trial», en *Biological Psychiatry*, 62, págs. 1208-1216, 2007.

24. Mutz, J., Edgcumbe, D. R., Brunoni, A. R. y Fu, C. H., «Efficacy and acceptability of non-invasive brain stimulation for the treatment of adult unipolar and bipolar depression: a systematic review and meta-analysis of randomised sham-controlled trials», en *Neuroscience & Biobehavioral Reviews*, 2018.

25. Cole, E. J., *et al.*, «Stanford Accelerated Intelligent Neuromodulation Therapy for Treatment-Resistant Depression», en *American Journal of Psychiatry*, 177, págs. 716- 726, 2020.

26. Fitzgerald, P. B., *et al.*, «A randomized trial of rTMS targeted with MRI based neuro-navigation in treatment-resistant depression», en *Neuropsychopharmacology*, 34, págs. 1255-1262, 2009.

27. Fregni, F., *et al.*, «Treatment of major depression with transcranial direct current stimulation», en *Bipolar disorders*, págs. 203-204, 2006.

28. Nord, C. L., *et al.*, «Neural predictors of treatment response to brain stimulation and psychological therapy in depression: a double-blind randomized controlled trial», en *Neuropsychopharmacology*, 44, págs. 1613-1622, 2019.

29. Mayberg, H. S., *et al.*, «Deep brain stimulation for treatment-resistant depression», en *Neuron*, 45, págs. 651-660, 2005.

30. Mayberg, H. S., *et al.*, «Reciprocal limbic-cortical function and negative mood: converging PET findings in depression and normal sadness», en *American Journal of Psychiatry*, 156, págs. 675-682, 1999.

31. Mayberg, H. S., *et al.*, «Deep brain stimulation for treatment-resistant depression», en *Neuron*, 45, págs. 651-660, 2005.

32. Vicheva, P., Butler, M. y Shotbolt, P., «Deep brain stimulation for obsessive-compulsive disorder: A systematic review of randomised controlled trials», en *Neuroscience & Biobehavioral Reviews*, 109, págs. 129-138, 2020.

33. Martinez-Ramirez, D., *et al.*, «Efficacy and safety of deep brain stimulation in Tourette syndrome: the international Tourette syndrome deep brain stimulation public database and registry», en *JAMA Neurology*, 75, págs. 353-359, 2018.

34. Holtzheimer, P. E., *et al.*, «Subcallosal cingulate deep brain stimulation for treatment-resistant depression: a multisite, randomised, sham-controlled trial», en *The Lancet Psychiatry*, 4, págs. 839-849, 2017.
35. *Ibid.*
36. Scangos, K. W., *et al.*, «Closed-loop neuromodulation in an individual with treatment-resistant depression», en *Nature Medicine*, págs. 1-5, 2021.

Capítulo 10. ¿Qué estilos de vida favorecen la salud mental?

1. Jebb, A. T., Tay, L., Diener, E. y Oishi, S., «Happiness, income satiation and turning points around the world», en *Nature Human Behaviour*, 2, págs. 33-38, 2018.
2. Davydov, D. M., Stewart, R., Ritchie, K. y Chaudieu, I., «Resilience and mental health», en *Clinical Psychology Review*, 30, págs. 479-495, 2010.
3. Schuch, F. B., *et al.*, «Exercise as a treatment for depression: a meta-analysis adjusting for publication bias», en *Journal of Psychiatric Research*, 77, págs. 42-51, 2016.
4. Berryman, J. W., «Motion and rest: Galen on exercise and health», en *The Lancet*, 380, págs. 210-211, 2012.
5. Schuch, F. B., *et al.*, «Exercise as a treatment for depression: a meta-analysis adjusting for publication bias», en *Journal of Psychiatric Research*, 77, págs. 42-51, 2016.
6. *Ibid.*
7. *Ibid.*
8. Chalder, M., *et al.*, «Facilitated physical activity as a treatment for depressed adults: randomised controlled trial», en *BMJ*, 344, 2012.
9. Chekroud, S. R., *et al.*, «Association between physical exercise and mental health in 1·2 million individuals in the USA between 2011 and 2015: a cross-sectional study», en *The Lancet Psychiatry*, 5, págs. 739- 746, 2018.
10. *Ibid.*
11. Hawkes, C. H., «Endorphins: the basis of pleasure?», en *Journal of Neurology, Neurosurgery, and Psychiatry*, 55, pág. 247, 1992.
12. Firth, J., *et al.*, «Effect of aerobic exercise on hippocampal volume in hu-

mans: a systematic review and meta- analysis», en *Neuroimage*, 166, págs. 230-238, 2018.

13. Ruscheweyh, R., *et al.*, «Physical activity and memory functions: an interventional study», en *Neurobiology of Aging*, 32, págs. 1304-1319, 2011.

14. Du, M.-Y., *et al.*, «Voxelwise meta-analysis of gray matter reduction in major depressive disorder», en *Progress in Neuro-Psychopharmacology and Biological Psychiatry*, 36, págs. 11-16, 2012.

15. Pereira, A. C., *et al.*, «An in vivo correlate of exercise-induced neurogenesis in the adult dentate gyrus», en *Proceedings of the National Academy of Sciences*, 104, págs. 5638-5643, 2007.

16. Kandola, A., Ashdown-Franks, G., Hendrikse, J., Sabiston, C. M. y Stubbs, B., «Physical activity and depression: Towards understanding the antidepressant mechanisms of physical activity», en *Neuroscience & Biobehavioral Reviews*, 107, págs. 525-539, 2019.

17. *Ibid.*

18. White, K., Kendrick, T. y Yardley, L., «Change in self-esteem, self-efficacy and the mood dimensions of depression as potential mediators of the physical activity and depression relationship: Exploring the temporal relation of change», en *Mental Health and Physical Activity*, 2, págs. 44-52, 2009.

19. Kandola, A., Ashdown-Franks, G., Hendrikse, J., Sabiston, C. M. y Stubbs, B., «Physical activity and depression: Towards understanding the antidepressant mechanisms of physical activity», en *Neuroscience & Biobehavioral Reviews*, 107, págs. 525-539, 2019.

20. White, K., Kendrick, T. y Yardley, L., «Change in self-esteem, self-efficacy and the mood dimensions of depression as potential mediators of the physical activity and depression relationship: Exploring the temporal relation of change», en *Mental Health and Physical Activity*, 2, págs. 44-52, 2009.

21. Babson, K. A., Trainor, C. D., Feldner, M. T. y Blumenthal, H., «A test of the effects of acute sleep deprivation on general and specific self-reported anxiety and depressive symptoms: an experimental extension», en *Journal of Behavior Therapy and Experimental Psychiatry*, 41, págs. 297-303, 2010.

22. Reeve, S., Emsley, R., Sheaves, B. y Freeman, D., «Disrupting sleep: the

effects of sleep loss on psychotic experiences tested in an experimental study with mediation analysis», en *Schizophrenia Bulletin*, 44, págs. 662-671, 2018.

23. McGrath, J. J., *et al.*, «Psychotic experiences in the general population: a cross-national analysis based on 31,261 respondents from 18 countries», en *JAMA Psychiatry*, 72, págs. 697-705, 2015.

24. Reeve, S., Emsley, R., Sheaves, B. y Freeman, D., «Disrupting sleep: the effects of sleep loss on psychotic experiences tested in an experimental study with mediation analysis», en *Schizophrenia Bulletin*, 44, págs. 662-671, 2018.

25. Mendelson, W. B., Gillin, J. C. y Wyatt, R. J., *Human Sleep and Its Disorders*, Plenum Press, 1977.

26. Gehrman, P., *et al.*, «Predeployment sleep duration and insomnia symptoms as risk factors for new-onset mental health disorders following military deployment», en *Sleep*, 36, págs. 1009-1018, 2013.

27. Koffel, E., Polusny, M. A., Arbisi, P. A. y Erbes, C. R., «Pre-deployment daytime and nighttime sleep complaints as predictors of post-deployment PTSD and depression in National Guard troops», en *Journal of anxiety disorders*, 27, págs. 512-519, 2013.

28. Gehrman, P., *et al.*, «Predeployment sleep duration and insomnia symptoms as risk factors for new-onset mental health disorders following military deployment», en *Sleep*, 36, págs. 1009-1018, 2013.

29. Baglioni, C., *et al.*, «Sleep and mental disorders: A meta-analysis of polysomnographic research», en *Psychological Bulletin*, 142, pág. 969, 2016.

30. Geoffroy, P. A., *et al.*, «Insomnia and hypersomnia in major depressive episode: prevalence, sociodemographic characteristics and psychiatric comorbidity in a population-based study», en *Journal of Affective Disorders*, 226, págs. 132-141, 2018.

31. Marcks, B. A., Weisberg, R. B., Edelen, M. O. y Keller, M. B., «The relationship between sleep disturbance and the course of anxiety disorders in primary care patients», en *Psychiatry Research*, 178, págs. 487-492, 2010.

32. Reeve, S., Sheaves, B. y Freeman, D., «Sleep disorders in early psychosis: incidence, severity, and association with clinical symptoms», en *Schizophrenia Bulletin*, 45, págs. 287-295, 2019.

33. Ablin, J. N., *et al.*, «Effects of sleep restriction and exercise deprivation on somatic symptoms and mood in healthy adults», en *Clinical and Experimental Rheumatology*, 31, págs. S53-9, 2013.

34. Lautenbacher, S., Kundermann, B. y Krieg, J.- C., «Sleep deprivation and pain perception», en *Sleep Medicine Reviews*, 10, págs. 357-369, 2006.

35. Ablin, J. N., *et al.*, «Effects of sleep restriction and exercise deprivation on somatic symptoms and mood in healthy adults», en *Clinical and Experimental Rheumatology*, 31, págs. S53-9, 2013.

36. *Ibid.*

37. Freeman, D., *et al.*, «The effects of improving sleep on mental health (OASIS): a randomised controlled trial with mediation analysis», en *The Lancet Psychiatry*, 4, págs. 749-758, 2017.

38. Ioannou, M., *et al.*, «Sleep deprivation as treatment for depression: Systematic review and meta-analysis», en *Acta Psychiatrica Scandinavica*, 143, págs. 22-35, 2021.

39. Humpston, C., *et al.*, «Chronotherapy for the rapid treatment of depression: A meta-analysis», en *Journal of Affective Disorders*, 261, págs. 91-102, 2020.

40. Benedetti, F., *et al.*, «Sleep deprivation hastens the antidepressant action of fluoxetine», en *European Archives of Psychiatry and Clinical Neuroscience*, 247, págs. 100-103, 1997.

41. Handy, A. B., Greenfield, S. F., Yonkers, K. A. y Payne, L. A., «Psychiatric symptoms across the menstrual cycle in adult women: A comprehensive review», en *Harvard Review of Psychiatry*, 30, págs. 100-117, 2022.

42. Dutheil, S., Ota, K. T., Wohleb, E. S., Rasmussen, K. y Duman, R. S., «High-fat diet induced anxiety and anhedonia: impact on brain homeostasis and inflammation», en *Neuropsychopharmacology*, 41, págs. 1874-1887, 2016.

43. Lassale, C., *et al.*, «Healthy dietary indices and risk of depressive outcomes: a systematic review and meta-analysis of observational studies», en *Molecular Psychiatry*, 24, págs. 965-986, 2019.

44. Parletta, N., *et al.*, «A Mediterranean-style dietary intervention supplemented with fish oil improves diet quality and mental health in people with depression: A randomized controlled trial (HELFIMED)», en *Nutritional Neuroscience*, 22, págs. 474-487, 2019.

45. *Ibid.*

46. Cowan, C. S., Callaghan, B. L. y Richardson, R., «The effects of a probiotic formulation (*Lactobacillus rhamnosus* and *L. helveticus*) on developmental trajectories of emotional learning in stressed infant rats», en *Translational psychiatry*, 6, pág. e823, 2016.

47. Liu, R. T., Walsh, R. F. y Sheehan, A. E., «Prebiotics and probiotics for depression and anxiety: a systematic review and meta-analysis of controlled clinical trials», en *Neuroscience & Biobehavioral Reviews*, 102, págs. 13-23, 2019.

48. Ackard, D. M., Croll, J. K. y Kearney-Cooke, A., «Dieting frequency among college females: Association with disordered eating, body image, and related psychological problems», en *Journal of Psychosomatic Research*, 52, págs. 129-136, 2002.

49. Greetfeld, M., *et al.*, «Orthorexic tendencies in the general population: association with demographic data, psychiatric symptoms, and utilization of mental health services», en *Eating and Weight Disorders-Studies on Anorexia, Bulimia and Obesity*, 26, págs. 1511-1519, 2021.

50. Rohde, P., Stice, E. y Marti, C. N., «Development and predictive effects of eating disorder risk factors during adolescence: Implications for prevention efforts», en *International Journal of Eating Disorders*, 48, págs. 187-198, 2015.

51. Hsu, L. G., «Can dieting cause an eating disorder?», en *Psychological Medicine*, 27, págs. 509-513, 1997.

52. Uniacke, B., Walsh, B. T., Foerde, K. y Steinglass, J., «The role of habits in anorexia nervosa: Where we are and where to go from here?», en *Current Psychiatry Reports*, 20, págs. 1-8, 2018.

53. Garfinkel, P. E., «Perception of hunger and satiety in anorexia nervosa», en *Psychological Medicine*, 4, págs. 309-315, 1974.

54. Lautenbacher, S., Hölzl, R., Tuschl, R. y Strian, F., «The significance of gastrointestinal and subjective responses to meals in anorexia nervosa», en Finck, J., Finck, Vandereycken, W., Fontaine, O. y Eelen, P. (comps.), *Topics in behavioral medicine*, págs. 91-99, Swets & Zeitlinger, B. V., 1986.

55. Khalsa, S. S., *et al.*, «Altered interoceptive awareness in anorexia nervosa: effects of meal anticipation, consumption and bodily arousal», en *International Journal of Eating Disorders*, 48, págs. 889-897, 2015.

56. *Ibid.*

57. Bernardoni, F., *et al.*, «More by stick than by carrot: A reinforcement learning style rooted in the medial frontal cortex in anorexia nervosa», en *Journal of Abnormal Psychology*, 130, pág. 736, 2021.

58. Watson, H. J., *et al.*, «Genome-wide association study identifies eight risk loci and implicates metabo-psychiatric origins for anorexia nervosa», en *Nature Genetics*, 51, págs. 1207-1214, 2019.

Capítulo 11. La naturaleza cambiante de la salud y la enfermedad mental

1. Knowles, M., *The Wicked Waltz and Other Scandalous Dances: Outrage at Couple Dancing in the 19th and Early 20th Centuries*, McFarland, 2009.

2. Pearson, J., *Women's reading in Britain, 1750-1835: A Dangerous Recreation*, Cambridge University Press, 1999.

3. «Por lo general, peor, en raras ocasiones, mejor» fue el resumen de un estudio canadiense acerca de la salud mental de niños y adolescentes durante la pandemia. Al menos el setenta por ciento de más de mil encuestados dijeron haber empeorado en al menos un ámbito de la salud mental, aunque cerca de una cuarta parte de la muestra refirió haber mejorado en al menos un ámbito de la salud mental.

4. Cost, K. T., *et al.*, «Mostly worse, occasionally better: impact of COVID-19 pandemic on the mental health of Canadian children and adolescents», en *European Child & Adolescent Psychiatry*, 31, págs. 671-684, 2022.

5. Cybulski, L., *et al.*, «Temporal trends in annual incidence rates for psychiatric disorders and self-harm among children and adolescents in the UK, 2003-2018», en *BMC Psychiatry*, 21, págs. 1-12, 2021.

6. *Ibid.*

7. *Ibid.*

8. Pitchforth, J., *et al.*, «Mental health and well- being trends among children and young people in the UK, 1995-2014: analysis of repeated cross-sectional national health surveys», en *Psychological Medicine*, 49, págs. 1275-1285, 2019.

9. Miller, E., «Hysteria: its nature and explanation», en *British Journal of Clinical Psychology*, 26, págs. 163-173, 1987.

10. Faraone, C. A., «Magical and medical approaches to the wandering womb in the ancient Greek world», en *Classical Antiquity*, 30, págs. 1-32, 2011.

11. Merskey, H. y Potter, P., «The womb lay still in ancient Egypt», *The British Journal of Psychiatry*, 154, págs. 751-753, 1989.

12. Carota, A. y Calabrese, P., «Hysteria around the world», en *Hysteria: The Rise of an Enigma*, 35, págs. 169-180, 2014.

13. *Ibid.*

14. Alessi, R. y Valente, K. D., «Psychogenic non-epileptic seizures at a tertiary care center in Brazil», en *Epilepsy & Behavior*, 26, págs. 91-95, 2013.

15. An, D., Wu, X., Yan, B., Mu, J. y Zhou, D., «Clinical features of psychogenic nonepileptic seizures: a study of 64 cases in southwest China», en *Epilepsy & Behavior*, 17, págs. 408-411, 2010.

16. Dhiman, V., *et al.*, «Semiological characteristics of adults with psychogenic nonepileptic seizures (PNESs): an attempt towards a new classification», en *Epilepsy & Behavior*, 27, págs. 427-432, 2013.

17. Trimble, M. y Reynolds, E. H., «A brief history of hysteria: from the ancient to the modern», en *Handbook of Clinical Neurology*, 139, págs. 3-10, 2016.

18. Carota, A. y Calabrese, P., «Hysteria around the world», en *Hysteria: The Rise of an Enigma*, 35, págs. 169-180, 2014.

19. Popkirov, S., Wessely, S., Nicholson, T. R., Carson, A. J. y Stone, J., «Different shell, same shock», en *BMJ*, 359, 2017.

20. Chu, C., «Morgellons Disease – Dredged Up From History and Customized», en *JAMA Dermatology*, 154, pág. 451, 2018.

21. Kellett, C. E., «Sir Thomas Browne and the disease called the Morgellons», en *Annals of Medical History*, 7, pág. 467, 1935.

22. Hylwa, S. A. y Ronkainen, S. D., «Delusional infestation versus Morgellons disease», en *Clinics in Dermatology*, 36, págs. 714-718, 2018.

23. Pearson, M. L., *et al.*, «Clinical, epidemiologic, histopathologic and molecular features of an unexplained dermopathy», en *PLOS ONE*, 7, e29908, 2012.

24. *Ibid.*

25. Freudenmann, R. W., *et al.*, «Delusional infestation and the specimen

sign: a European multicentre study in 148 consecutive cases», en *British Journal of Dermatology*, 167, págs. 247- 251, 2012.

26. Hylwa, S. A. y Ronkainen, S. D., «Delusional infestation versus Morgellons disease», en *Clinics in Dermatology*, 36, págs. 714-718, 2018.

27. Lepping, P., Rishniw, M. y Freudenmann, R. W., «Frequency of delusional infestation by proxy and double delusional infestation in veterinary practice: observational study», en *The British Journal of Psychiatry*, 206, págs. 160-163, 2015.

28. Chakraborty, A. y McKenzie, K., «Does racial discrimination cause mental illness?», en *The British Journal of Psychiatry*, 180, págs. 475-477, 2002.

29. Neeleman, J., Mak, V. y Wessely, S., «Suicide by age, ethnic group, coroners' verdicts and country of birth: A three-year survey in inner London», en *The British journal of psychiatry*, 171, págs. 463-467, 1997.

30. Boydell, J., *et al.*, «Incidence of schizophrenia in ethnic minorities in London: ecological study into interactions with environment», en *BMJ*, 323, pág. 1336, 2001.

31. Neeleman, J., Wilson-Jones, C. y Wessely, S., «Ethnic density and deliberate self-harm; a small area study in southeast London», en *Journal of Epidemiology & Community Health*, 55, págs. 85-90, 2001

32. Gevonden, M. J., *et al.*, «Sexual minority status and psychotic symptoms: findings from the Netherlands Mental Health Survey and Incidence Studies (NEMESIS)», en *Psychological medicine*, 44, págs. 421-433, 2014.

33. Cochran, S. D., Sullivan, J. G. y Mays, V. M., «Prevalence of mental disorders, psychological distress, and mental health services use among lesbian, gay, and bisexual adults in the United States», en *Journal of Consulting and Clinical Psychology*, 71, pág. 53, 2003.

34. Boller, F. y Forbes, M. M., «History of dementia and dementia in history: an overview», en *Journal of the Neurological Sciences*, 158, págs. 125-133, 1998.

35. Schultheis, C., *et al.*, «The IL-1β, IL-6, and TNF cytokine triad is associated with post-acute sequelae of COVID-19», en *Cell Reports Medicine*, 3, 100663, 2022.

36. Dahl, J., *et al.*, «The plasma levels of various cytokines are increased during ongoing depression and are reduced to normal levels after recovery», en *Psychoneuroendocrinology*, 45, págs. 77-86, 2014.

37. Dowlati, Y., *et al.*, «A meta-analysis of cytokines in major depression», en *Biological Psychiatry*, 67, págs. 446-457, 2010.

38. Köhler, O., *et al.*, «Effect of anti-inflammatory treatment on depression, depressive symptoms, and adverse effects: a systematic review and meta-analysis of randomized clinical trials», en *JAMA Psychiatry*, 71, págs. 1381-1391, 2014.

39. Dixon, K. E., Keefe, F. J., Scipio, C. D., Perri, L. M. y Abernethy, A. P., «Psychological interventions for arthritis pain management in adults: a meta-analysis», en *Health Psychology*, 26, pág. 241, 2007.

40. Lackner, J. M., Mesmer, C., Morley, S., Dowzer, C. y Hamilton, S., «Psychological treatments for irritable bowel syndrome: a systematic review and meta-analysis», en *Journal of Consulting and Clinical Psychology*, 72, pág. 1100, 2004.

Índice analítico y onomástico

(Confeccionado por Paula Clarke Bain)

metabolismo, 40, 269
metanfetamina, 179
metilfenidato (Ritalin), 190
microbioma, 43, 70, 78-82, 263-264
migrañas, 37, 229
Milner, Peter, 119-120, 122, 127, 132
mindfulness, *22, 200, 208, 213-217*
minorías étnicas, 279
minorías, 279
mirada, 71-72
Montague, Read, 96, 99
morfina, 30, 45, 59
Morgellons, 276-278
motivación, 22, 56, 115-117, 126-129, 132-134, 136, 166
motora, corteza, 231
Moutoussis, Michael, 207
movimiento, 129, 131, 133, 236, 249
movimientos oculares rápidos (REM), 59
mujeres, 260, 273-275, 280
multitudes, fobia a las, 207-208
música, 43, 45

nacimientos, 79
nadar, 29-32, 59
negatividad, sesgo de, 162, 164, 166, 169-170, 172
negativos, errores de predicción, 94-95, 97, 99-102, 105, 208
nervioso, sistema, 16, 87, 228, 281, 286
neurociencia, 13, 20-22, 118-119, 124, 189, 202, 226, 229, 232
neurogénesis, 227, 253-254

neurohackers, 222, 241-242
neurológicos, trastornos, 83-87, 280
neuroplasticidad, 118, 231
neuropsicofarmacología, 129
neurosis de guerra, 276
niños, 78, 80, 273-274
no epilépticas, convulsiones, 274, 276
nocebo, efecto, 148, 151, 242
nociceptores, 34-35, 93
noradrenalina, 130-131, 135, 157-158, 163
Nummenmaa, Lauri, 48-49
Nutt, David, 178, 180, 182, 186, 191

obesidad, 170, 270
obsesivo compulsivo, trastorno (TOC), 18, 204, 206, 229, 238, 252
Olds, James, 119-122, 127, 132
olíbano, 157
opio, 30, 45
opioides
    centrarse en el placer, 48, 56-57, 59
    colocón natural del dolor, 28-32
    la comida y el sabor, 50-51
    las vías del placer en el cerebro, 37, 44, 46-49
    opioides endógenos/naturales, 47-48, 51, 57, 95, 253
    placebos, 146, 148-149, 171
    risa, 53-54
    sobredosis, 46
opioides endógenos (naturales), 30-31, 47-48, 51, 57, 95, 253
orbitofrontal, corteza, 43-44, 48